"十三五"应用型人才培养规划教材　公共基础

大学计算机基础实践教程

（Windows 7+Office 2010版）

黄晓宇 主　编

曹燚 王宁 副主编

清華大學出版社

北京

内 容 简 介

本书根据教育部非计算机专业计算机基础课程教学指导分委员会对《大学计算机基础》课程教学的基本要求和全国计算机等级考试大纲编写，基于 Windows 7＋Office 2010。全书与《大学计算机基础（Windows 7＋Office 2010 版）》配套，分为三个部分：实验部分、习题与解答部分和综合练习部分。内容涉及计算机硬件、Windows 7、Word 2010、Excel 2010、PowerPoint 2010、Access 2010、Internet 应用以及信息安全等部分，内容丰富、全面，适合大学一年级学生使用。

图书在版编目（CIP）数据

大学计算机基础实践教程：Windows 7＋Office 2010 版/黄晓宇主编. --北京：清华大学出版社，2016（2020.8重印）
"十三五"应用型人才培养规划教材. 公共基础
ISBN 978-7-302-44498-5

Ⅰ. ①大…　Ⅱ. ①黄…　Ⅲ. ①Windows 操作系统－高等学校－教材 ②办公自动化－应用软件－高等学校－教材　Ⅳ. ①TP316.7 ②TP317.1

中国版本图书馆 CIP 数据核字（2016）第 171734 号

责任编辑： 张　弛
封面设计： 牟兵营
责任校对： 袁　芳
责任印制： 宋　林

出版发行： 清华大学出版社
网　　址： http://www.tup.com.cn，http://www.wqbook.com
地　　址： 北京清华大学学研大厦 A 座　　**邮　　编：** 100084
社 总 机： 010-62770175　　**邮　　购：** 010-62786544
投稿与读者服务： 010-62776969，c-service@tup.tsinghua.edu.cn
质量反馈： 010-62772015，zhiliang@tup.tsinghua.edu.cn
资源下载： http://www.tup.com.cn，010-62770175-4278
印 装 者： 三河市铭诚印务有限公司
经　　销： 全国新华书店
开　　本： 185mm×260mm　　**印　　张：** 14.5　　**字　　数：** 346 千字
版　　次： 2016 年 8 月第 1 版　　**印　　次：** 2020 年 8 月第 8 次印刷
定　　价： 34.00 元

产品编号：071338-02

前　言

本书是大学本科所有非计算机专业计算机基础课程教学体系三个层次中的第一层的主要基础课程,它面向大学所有非计算机专业学生。

大学本科非计算机专业的学生需要了解和掌握计算机硬件/软件系统的基础知识,掌握常用办公自动化软件的操作和应用,熟悉计算机(网络)平台运行环境,了解计算机网络通信的基本原理和技术、互联网技术,了解计算机软件工程原理、计算机程序设计方法、数据库技术和信息安全技术及策略等。

培养学生的实际动手能力及熟练掌握计算机技术这一门有用的工具是本书的目标,而反复实验和练习是达成目标的最佳方法和手段。为了能使学生更好地认识、理解、学习、使用和掌握计算机,成为遵循社会责任与职业道德规范,具备使用软件工具处理日常工作中的各种信息的能力,能够使用 Internet 实现信息获取、信息交流和资源共享的当代大学生,我们专门编写了与《大学计算机基础(Windows 7＋Office 2010 版)》相配套的《大学计算机基础实践教程(Windows 7＋Office 2010 版)》一书,以便读者能在实验时根据实验要求及步骤完成实验任务并在课后自行练习。

本书的实验部分详细介绍了与"大学计算机基础"课程相关的每个实验目的、实验内容和实验方法。所涉及的内容和方法能为后续学习和工作提供指导。

本书的习题与解答部分提供了配套教材《大学计算机基础(Windows 7＋Office 2010 版)》各章节的习题及其解答,为读者课后的知识巩固和自学提供了帮助。

本书的第三部分以 Office 2010 综合练习的形式,以全国计算机等级考试二级 Office 大纲为基础,给出了多套包含文字处理、电子表格和演示文稿的二级 Office 模拟考试题,以强化读者 Office 2010 的应用与操作水平。

希望同学们在本书的学习中,对书中的错误和遗漏多提宝贵意见。

编　者

2016 年 4 月

目 录

第一部分

实　　验

实验一　指法练习与 Windows 7 基本操作

一、实验目的

(1) 掌握正确的击键指法。

(2) 掌握 Windows 7 基本操作。

二、实验内容

1. 指法训练与测试

操作提示：

(1) 启动计算机，双击桌面上“金山打字通”快捷图标，启动指法测试程序，如图 1-1 所示。

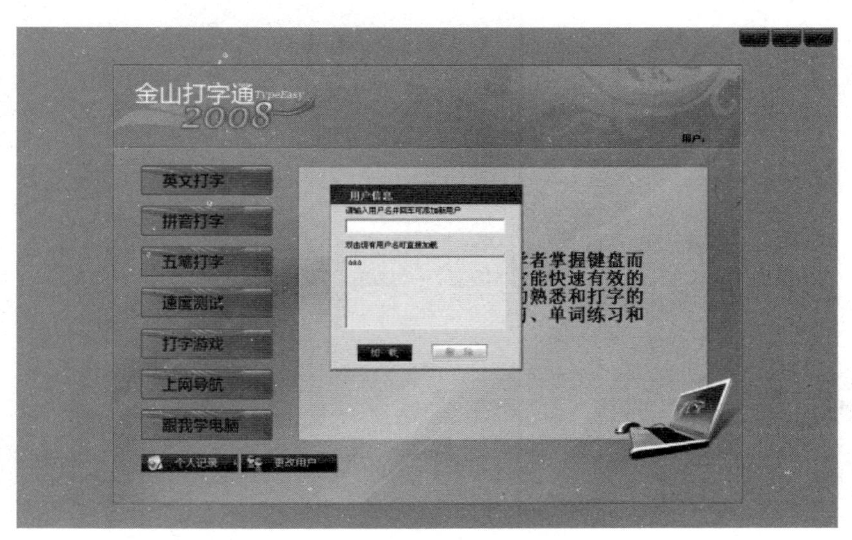

图 1-1　金山打字通界面

(2) 在输入了用户自行定义的用户名或选择了已有用户名后，单击“英文打字”菜单，即进入英文的键盘练习界面，如图 1-2 所示。用户可以选择“键位练习(初级)”、“键位练习(高级)”、“单词练习”和“文章练习”等练习方式，其训练基本方法是“根据系统显示的字母或单词，单击相应键盘符号”，用正确的击键指法，逐个正确地输入，直到熟练。

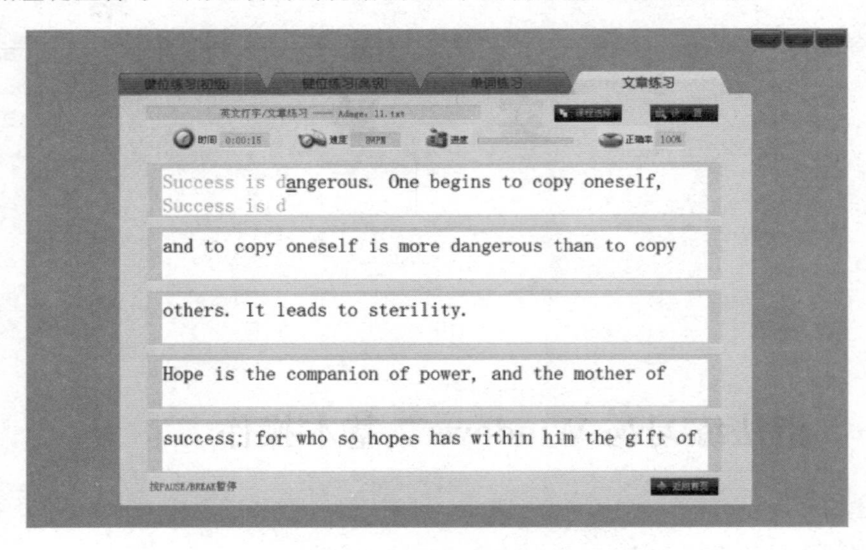

图 1-2　英文键盘练习界面

(3) 单击“返回首页”按钮，在首页中单击“速度测试”菜单，若系统是进行的汉字输入测试，则单击“课程设置”按钮，从中选择“英文”及所列出的一篇文章名，如图 1-3 所示。系统将进行英文输入速度测试方式，如图 1-4 所示，反之亦然。用正确的击键指法，逐个正确地输入，直到最后。

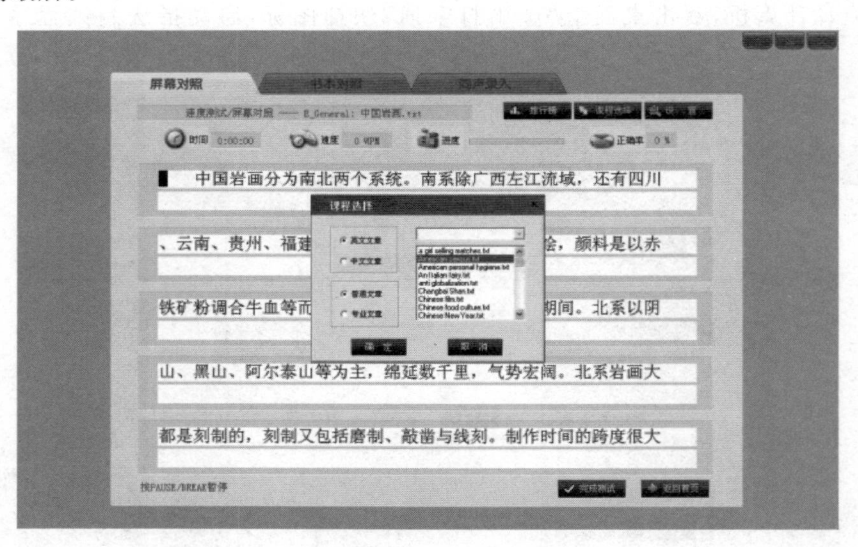

图 1-3　英文输入速度测试设置

要求：速度大于等于 30wpm，准确度大于等于 95%。可以重复多次测试，记录下自己的最好的键盘测试成绩。

速度：________________；准确度：________________。

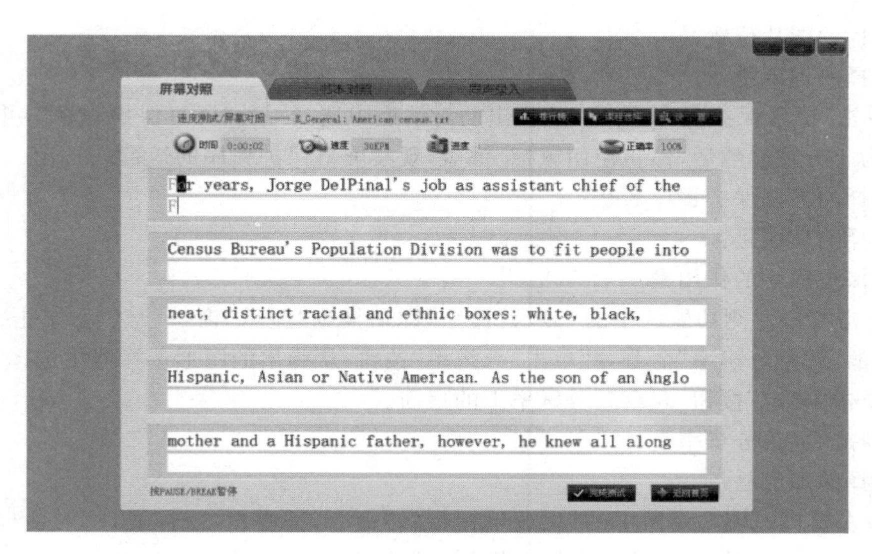

图 1-4 英文输入测试界面

2. Windows 7 基本操作

(1) 检查 PC 的硬盘属性

操作提示：双击 Windows 7 桌面的"我的电脑"图标，将光标分别移动到"硬盘"栏下的各个硬盘图标上，右击鼠标，在弹出的快捷菜单中选择"属性"命令。

要求：观察弹出的"属性"对话框中"常规"选项卡中显示的信息，请记录 PC"硬盘"的以下属性。

C:盘　类型：____________；文件系统：____________；
　　　已用空间：____________ GB；可用空间：____________ GB；
　　　容量：____________。

D:盘　类型：____________；文件系统：____________；
　　　已用空间：____________ GB；可用空间：____________ GB；
　　　容量：____________。

E:盘　类型：____________；文件系统：____________；
　　　已用空间：____________ GB；可用空间：____________ GB；
　　　容量：____________。

(2) 设置桌面

操作提示：将鼠标移动到 Windows 7 桌面的任一空白处，右击鼠标，在弹出的快捷菜单中选择"个性化"命令，然后在"个性化"对话框中，分别完成以下操作。

① 在"主题"选项卡中，选择其他的"主题"，观察其下面的预览部分的变化，并确定一个自己认可的选择。

你选择的主题是：____________；

你选择的理由是：____________。

② 单击"桌面背景"命令，从其对话框中，选择"图片位置"列表项，并设置"更改图片时间间隔"为 10 秒，然后观察桌面上图片的变化，并最终确定一个自己认可的选择。

你选择的图片位置是：______________；

你选择的理由是：______________。

③ 单击“屏幕保护程序”命令，从弹出的对话框中选择一种“屏幕保护程序”，并设置“等待”时间为 1 分钟。然后，停止使用鼠标/键盘，观察屏幕保护程序的运行。

你选择的屏幕保护程序名是：______________；

你选择的理由是：______________；

屏幕保护程序的作用是______________。

④ 单击窗口左侧功能区中的“显示”命令，即切换到“显示”窗口。然后，单击窗口左侧功能区中的“调整分辨率”命令，并单击“分辨率”按钮，从弹出的图形选择器中选择一种分辨率，然后单击“确定”按钮，观察新分辨率下的桌面。

你选择的屏幕分辨率是：______________；

你选择的理由是：______________。

⑤ 单击窗口左侧功能区中的“更改鼠标指针”命令，即弹出“鼠标属性”对话框。然后，在“指针”选项卡中，单击“方案”下的“方案列表”按钮，并从中选择一种鼠标指针方案，即可在鼠标指针的预览区中显示所选的鼠标指针方案形状，然后，单击“确定”按钮，观察鼠标指针。

你选择的鼠标指针方案是：______________；

你选择的理由是：______________。

⑥ 单击窗口左侧功能区中的“更改账户图片”命令，即呈现“更改图片”窗口。然后，从所列的多种图片中选择一种账户图片，并单击“更改图片”按钮，然后，在“开始”菜单上观察账户图片的变化。

你选择的用户账户图片方案是：______________；

你选择的理由是：______________。

(3) 修改实验用 PC 的系统时钟和日期

将鼠标移动到屏幕右下角的时间显示处，单击鼠标，在弹出的“日期和时间属性”对话框中，再单击“更改日期和时间设置”命令，然后分别完成以下填空和设置。

2020 年 10 月 1 日是星期______________；

将当前时间改为 23:45:30。

(4) 重新排列桌面上的图标

将鼠标移到桌面的一个空白处，右击鼠标，在弹出的快捷菜单中选择“排列方式”命令，然后，在其下一级菜单中选择一种排列方式，观察桌面图标的排列情况并完成以下填空。

你选择的桌面图标方案是：______________；

你选择的理由是：______________。

实验二　计算机硬件及性能测试

一、实验目的

(1) 掌握计算机硬件及性能的基本测试方法。

(2) 了解计算机硬件及性能的各种数据和指标。

（3）掌握常用的计算机测试软件的使用方法。

二、实验内容

1. CPU 及硬件测试

操作提示：

（1）从 C:\大学计算机基础实验资源\计算机测试\的文件夹中双击 cpu-z.exe 程序。该程序经默认方式安装后即可运行，其运行界面如图 2-1 所示，以多页方式显示当前计算机的硬件测试结果。

图 2-1　CPU-Z 运行界面

（2）逐一查看 CPU-Z 的处理器、缓存、主板、内存、SPD、显卡等各测试参数页，请记下计算机硬件的部分测试数据并分析。

处理器名称：____________；

核心速度：____________；

核心数：____________；

缓存

　　一级数据：____________；二级数据：____________；三级数据：____________；

主板型号：____________；

芯片组：____________；南桥：____________；

内存类型：____________；内存大小：____________；

显示设备：____________。

2. GPU 及硬件测试

操作提示：

（1）从 C:\大学计算机基础实验资源\计算机测试\的文件夹中双击 gpu-z.exe 程序。该程序经默认安装并自动运行后，如图 2-2 所示，将以多页方式显示当前计算机的图形卡及其 GPU 的测试结果。

图 2-2 GPU-Z 运行界面

(2) 逐一查看 GPU-Z 的“Graphics Card”(显卡)和“Sensors”(传感器)各参数。

要求:请记下计算机的显卡和 GPU 部分测试数据并分析。

显卡名称:______________;

显存大小:______________;带宽:______________;总线宽度:______________;

是否有 GPU ______________,如果有则 GPU 名称为:______________;

实际频率:______________;显存频率:______________;

着色器频率:______________;GPU 核心频率:______________;

GPU 温度:______________。

3. 计算机硬件及性能测试

软件“鲁大师”拥有专业而易用的硬件检测功能,能准确提供中文测试信息,让计算机配置一目了然。它适合各种 PC,能实时地对关键性部件进行监控预警,有效预防硬件故障,同时具有硬件温度监测等功能。

操作提示:

(1) 在本机上安装“鲁大师”软件。从 C:\大学计算机基础实验资源\计算机测试\的文件夹中双击“鲁大师.exe”程序,该程序将弹出一个“安装向导”,按“安装向导”,以默认方式进行安装即可。安装完成后,即可运行该程序,将显示如图 2-3 所示的软件运行界面。

(2) 在“鲁大师”首页的“硬件检测”选项卡中,单击“查看详情”命令。

然后请记下你所看到的部分测试数据,并将所检测的其他结果与之前用 cpu-z.exe 和 gpu-z.exe 两种软件测试的结果进行比较。

CPU 温度:______________;显卡温度:______________;主硬盘温度:______________;

处理器:____________________________;

内存：＿＿＿＿＿＿＿＿；主板：＿＿＿＿＿＿＿＿；

显示器：＿＿＿＿＿＿＿＿＿＿＿＿＿＿＿＿＿＿＿；

光驱：＿＿＿＿＿＿＿＿＿＿＿＿；

声卡：＿＿＿＿＿＿＿＿＿＿＿＿；

网卡：＿＿＿＿＿＿＿＿＿＿＿＿。

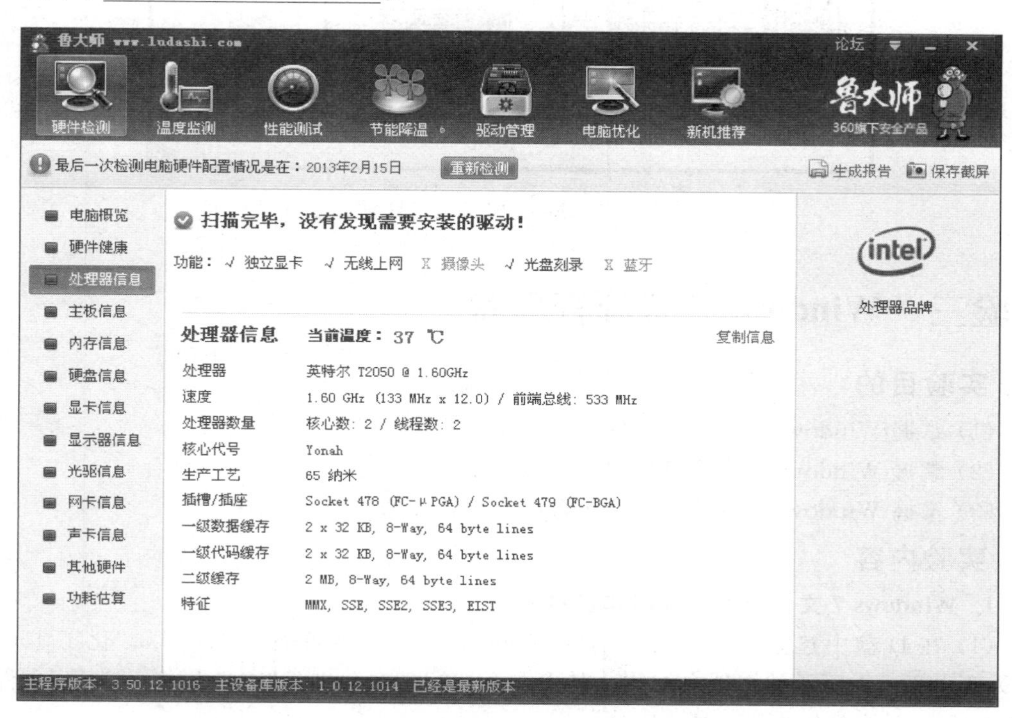

图 2-3　鲁大师运行界面

4. CPU 运算性能测试

Super-PI 是一款专用于检测 CPU 运算性能和稳定性的软件。该软件通过计算圆周率让 CPU 高负荷运作，以达到考验 CPU 计算能力与稳定性的作用。该软件的使用很简单，下载运行后，单击软件主界面“计算”菜单，软件将弹出对话框让你选择要计算的圆周率位数，计算的位数越多，检测时间越长，对 CPU 的考验也越严格。一般情况下可以选择 100 万位的运算，如果要求较高则可以选择 400 万位的运算。如果 CPU 能够在最高的 3200 万位的检测中通过，则该 CPU 将能够在非常苛刻的环境下稳定运行。

操作提示：从 C:\大学计算机基础实验资源\计算机测试\的文件夹中双击 super-pi.exe 程序，安装并运行该程序后，系统将弹出一个窗口，如图 2-4 所示。然后单击“开始计算”菜单，在弹出的设置对话框中的“请选择所需计算的位数”列表框中选择“13 万”计算位数，然后单击“确定”按钮开始计算，完成后记录其完成时间；然后再选择“104 万”计算位数。

要求：完成后记录其完成时间。

13 万计算位数：＿＿＿＿＿＿＿＿；

104 万计算位数：＿＿＿＿＿＿＿＿。

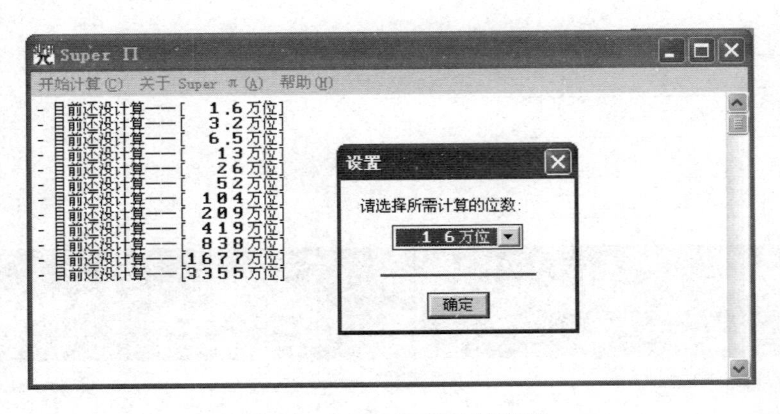

图 2-4 Super-PI 的运行界面

实验三 Windows 7 资源管理器

一、实验目的

(1) 掌握 Windows 7 的基本操作。

(2) 掌握 Windows 7 资源管理器的一般操作。

(3) 掌握 Windows 7 的附件中所包含的常用软件的使用。

二、实验内容

1. Windows 7 文件夹和文件操作实验

(1) 在 D 盘中建立一个以自己的"专业班级—学号"为文件夹名(例如"化工 1505—25"),形如图 3-1 所示的文件夹结构。其中 sub1 和 sub2 分别是"专业班级—学号"文件夹下的两个子文件夹名。

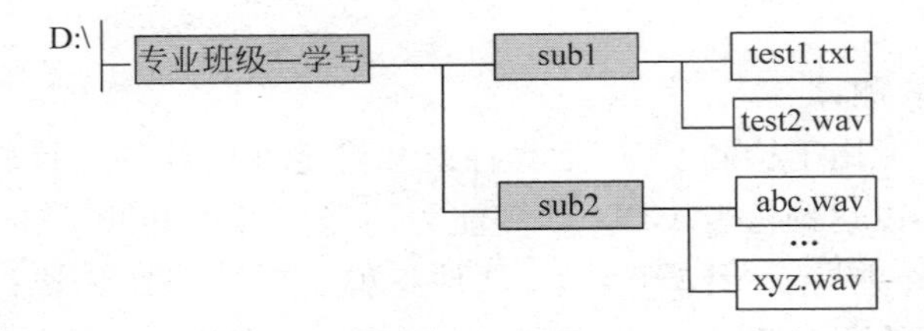

图 3-1 实验三要求建立的文件夹和文件结构

(2) 将 C:\Windows\system32\update. ini 文件复制到 D:\专业班级—学号\sub1\文件夹中,并改名为 test1. txt。

(3) 将 C:\Windows\Media\文件夹下的所有. wav 文件复制到 D:\专业班级—学号\sub2\的文件夹中,再将其中的 Windows 启动. wav 和 Windows 关机. wav 文件分别改名为 startup. wav 和 shotdown. wav。

(4) 将 D:\专业班级—学号\sub2\的文件夹中的 shotdown. wav 文件移动到 D:\专业班级—学号\sub1\文件夹中,并改名为 test2. wav。

(5) 删除 D:\专业班级—学号\sub2\的文件夹下文件名以 w 开头的扩展名为 wav 的波文件。

(6) 为 D:\专业班级—学号\sub1\的文件夹中 test1.txt 文件创建快捷方式,并放置到桌面,快捷方式的名称改为 MYTEST。

(7) 将 D:\专业班级—学号\sub1\的文件夹中 test1.txt 文件的属性改为只读。

(8) 在 D:\专业班级—学号\sub1\的文件夹中,首先将鼠标移到该文件夹窗口中的空白处,右击鼠标,在弹出的快捷菜单中执行"新建"命令,并在其下级子菜单中选择"文本文档",命名为 MYTXT.txt 的文本文件,输入以下文件内容。

这是我的第一次计算机实验。我喜欢计算机,它太神奇了,我一定要学好它。

然后存盘退出。

2. Windows 7 的"附件"中的常用软件实验

(1) 利用"附件"中的"计算器"程序(科学型)计算圆面积,并填写在下面的下划线处。

已知:圆半径=657.8765421

圆周率=3.1415926

则: 圆面积=____________

(2) 利用"附件"中的"计算器"程序(程序员型)将十进制数 1920 分别转换为二、八和十六进制数,并填写在下面的下划线处。

$(1920)_{10} = (\underline{\qquad\qquad})_2$

$= (\underline{\qquad\qquad})_8$

$= (\underline{\qquad\qquad})_{16}$

$(3CCFF)_{16} = (\underline{\qquad\qquad})_2$

$= (\underline{\qquad\qquad})_8$

$= (\underline{\qquad\qquad})_{10}$

$(12345)_8 = (\underline{\qquad\qquad})_2$

$= (\underline{\qquad\qquad})_{10}$

$= (\underline{\qquad\qquad})_{16}$

思考题:该计算器能否进行十进制小数的二、八和十六进制的转换?

(3) 利用"附件"中的"计算器"程序(程序员型)完成下列二进制数的逻辑与(And)、逻辑或(Or)、逻辑异或(Xor)和逻辑非(Not)的计算。

```
      10111011
And   11101010
结果: ________

      11101010
Or    10111011
结果: ________

      11101010
Xor   10011011
结果: ________

Not   10011011
结果: ________
```

(4) 利用“附件”中的“画图”程序,绘制一幅图像。通过该软件提供的工具按钮学会设置前景和背景颜色,绘制多种圆、椭圆、矩形、直线等基本图案,并将该文件以 test.bmp 为文件名保存到“D:\专业班级—学号”的文件夹中。

(5) 利用“附件”中的“记事本”程序,编写一个文本文件,其内容为:

实验二　Windows 7 基本实验

将该文件以 test3.txt 为文件名保存到“D:\专业班级—学号”的文件夹中。

实验四　Windows 7 控制面板

一、实验目的

(1) 掌握 Windows 7 的基本操作。

(2) 掌握 Windows 7 控制面板的一般操作。

二、实验内容

1. 设置用户账户实验

操作提示:

(1) 单击“开始”按钮,执行“开始”菜单中的“控制面板”命令,启动 Windows 7 控制面板程序,如图 4-1 所示。

图 4-1 “控制面板”窗口

(2) 双击“控制面板”窗口中的“用户账户”命令,即打开“用户账户”窗口,如图 4-2 所示。

(3) 创建账户密码。在“用户账户”窗口中,执行“更改密码”命令,给当前用户(Administrator)设置密码为 123456(没有当前密码)。然后,重新启动系统,再用所设置的密码进入系统。注意不要关机,因为实验室的计算机是设置了 C 盘保护的。

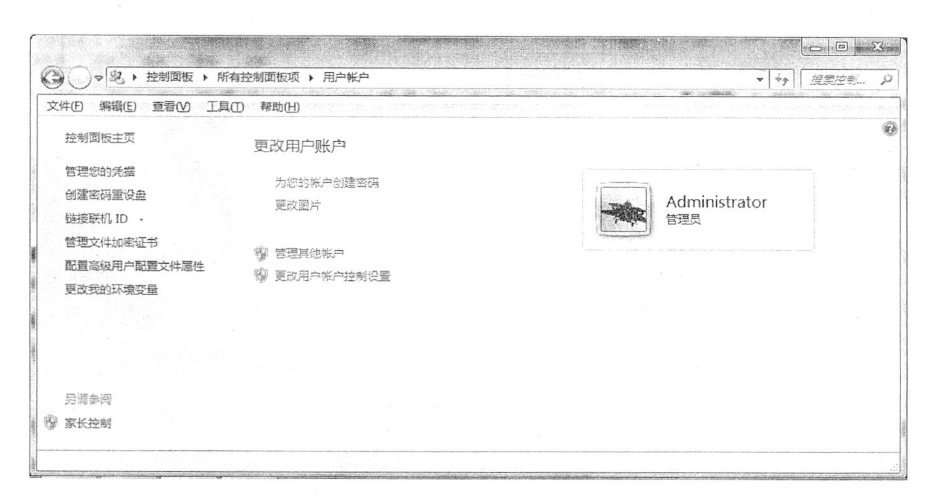

图 4-2 “用户账户”窗口

(4) 删除账户密码。在“用户账户”窗口中,执行“删除密码”命令,删除为当前用户(Administrator)设置的密码 123456。然后,重新启动系统,用无密码方式进入系统。

(5) 创建账户及密码。在“用户账户”窗口中,执行“管理其他账户”命令,为系统创建一个新的管理员账户 user,并设置其密码为 456789。在“管理账户”窗口,执行“创建一个新账户”命令;在“创建新账户”窗口的“新账户名”文本框中输入“user”并选中“管理员”单选按钮,然后,单击“创建账户”按钮;在“管理账户”窗口单击 user 按钮,在“更改账户”窗口执行“创建密码”命令,然后在“创建密码”窗口中的“新密码”文本框中输入 user 管理员的新密码 456789,在“确认新密码”文本框中输入 456789,单击“创建密码”按钮。最后,重新启动系统,再用所设置的 user 账户及密码进入系统。

(6) 删除账户。重新启动系统,再用 Administrator 账户进入系统。依次单击“控制面板”→“用户账户”→“管理其他账户”→“user 管理员”,在“更改账户”窗口中单击“删除账户”按钮,然后,在“删除账户”窗口中单击“删除文件”按钮,在“确认删除”窗口中单击“删除账户”按钮。最后,在“管理账户”窗口中检验 user 账户的删除情况。

2. 删除一个已安装的程序实验

操作提示:

(1) 单击“开始”按钮,在“开始”菜单中执行“控制面板”命令,启动 Windows 7 控制面板。

(2) 双击“控制面板”窗口中的“程序和功能”命令,系统将呈现“程序和功能”窗口,如图 4-3 所示。

(3) 在所列出的已安装程序中,选择一个已经安装的应用软件,例如 WinRAR 4.20,再单击“卸载”按钮。

检查软件 WinRAR,并根据系统运行的结果完成以下填空。

该软件是否还存在:________________;

该软件是否还能运行:________________。

3. 配置 IIS 服务器实验

Windows 7 中包含了大量的软件功能,例如,Internet 信息服务、Microsoft Information Services 可承载的 Web 核心、NFS 服务等。Windows 7 安装时,这些功能是没有打开的。

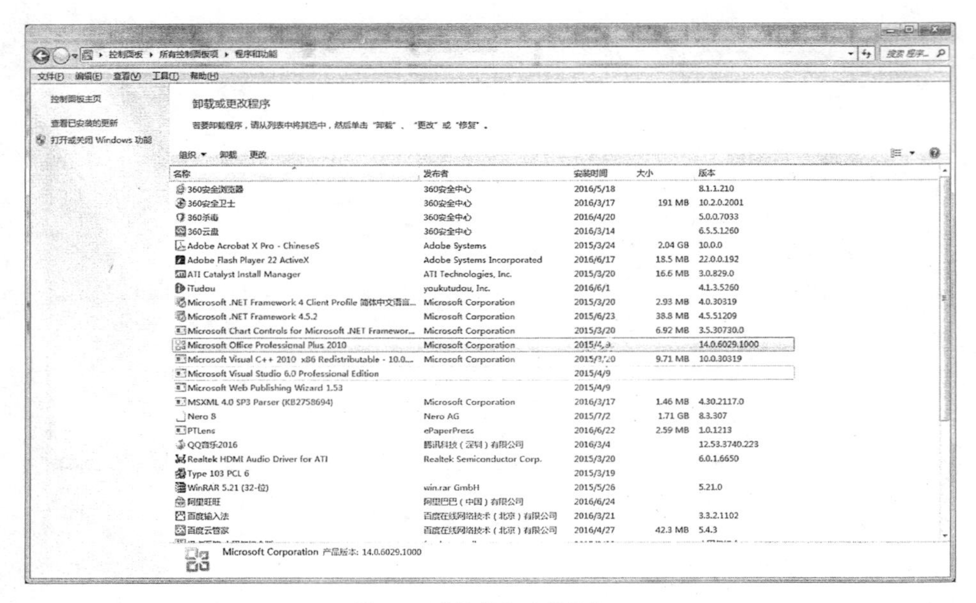

图 4-3 “程序和功能”窗口

Windows 7 的“打开或关闭 Windows 功能”命令允许用户在需要时打开这些功能。

Internet 信息服务(Internet Information Services,IIS)可以在 Internet 或 Intranet 上非常容易地发布信息。IIS 包含许多管理网站和 Web 服务器的功能,而且具有像 Active Server Pages(ASP)一样的编程功能,用户可以利用它创建并配置可升级的、灵活的 Web 应用程序。在 Windows 7 中打开(安装)Internet 信息服务的操作如下。

操作提示:

(1) 单击“开始”按钮,在“开始”菜单中执行“控制面板”命令,启动 Windows 7 控制面板。

(2) 双击“控制面板”窗口中的“程序和功能”命令,呈现“程序和功能”窗口,在其左侧单击“打开或关闭 Windows 功能”按钮,系统将弹出如图 4-4 所示的对话框。

图 4-4 “打开或关闭 Windows 功能”对话框

(3) 在弹出的“打开或关闭 Windows 功能”对话框中，列出包含的 Windows 功能，选中“Internet 信息服务”和“Microsoft Information Services 可承载的 Web 核心”功能前的复选框。需要说明的是，Internet 信息服务包含有许多服务，需要逐层展开进行选择，初学者可以全部选择，再单击“确定”按钮。

(4) 系统将弹出 Microsoft Windows 对话框，提示需要等待几分钟。系统完成了 Internet 信息服务的打开后，会自动关闭所弹出的对话框。双击桌面上的“计算机”图标，然后双击 C 盘，在其根目录下检查是否增加了一个名为 Intpub 的文件夹。

(5) Internet 信息服务的配置。Internet 信息服务中的各种服务均还需要进行配置才能使用。具体方法是：在“控制面板”窗口中单击“管理工具”按钮，然后在“管理工具”窗口中双击“Internet 信息服务(IIS)管理器”快捷图标，系统将弹出“Internet 信息服务(IIS)管理器”窗口，展开左侧的目录树，执行 Default Web Site 命令，再双击右侧的 ASP 图标，如图 4-5 所示，在呈现的 ASP 配置表中将“启用父路径”设置为 True，如图 4-6 所示；再执行 Default Web Site 右侧的“高级设置”命令，系统将弹出如图 4-7 所示的“高级设置”对话框，从中设“物理路径”为用户自己存放网页文件的目录(既可以是系统默认的，也可以是用户另外指定的)。至此，IIS 配置全部完成。

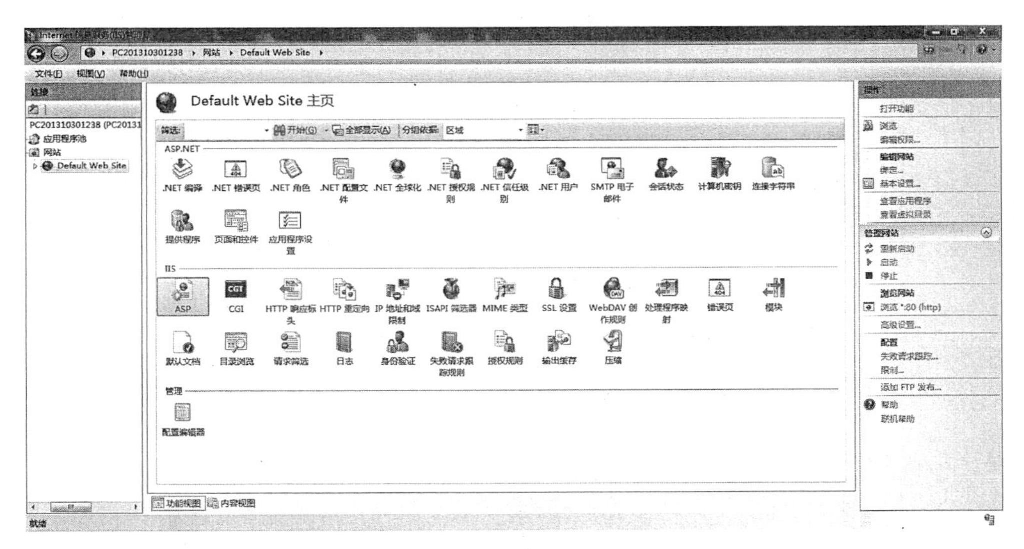

图 4-5　“Internet 信息服务(IIS)管理器”窗口

(6) IIS 配置验证。打开 IE 浏览器，在浏览器的地址栏中输入“http://localhost”，若显示默认的欢迎页，如图 4-8 所示，则表示 IIS 配置成功。

根据系统运行及配置情况(＊标记的部分为选做部分)的结果，完成以下填空。

系统的 Internet 信息服务打开情况是否正常：________________；

C 盘根目录下是否增加了一个名为 Intpub 的文件夹：________________；

＊系统的 IIS 配置情况：________________________________；

＊系统的 IIS 验证情况：________________________________。

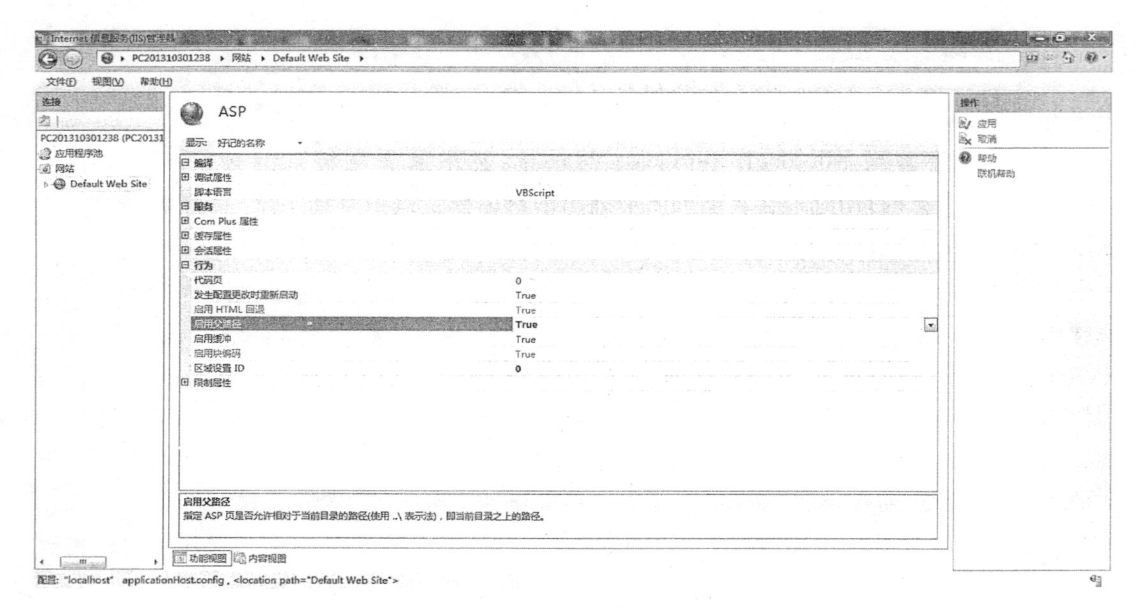

图 4-6 “ASP”配置界面

图 4-7 “高级设置”对话框

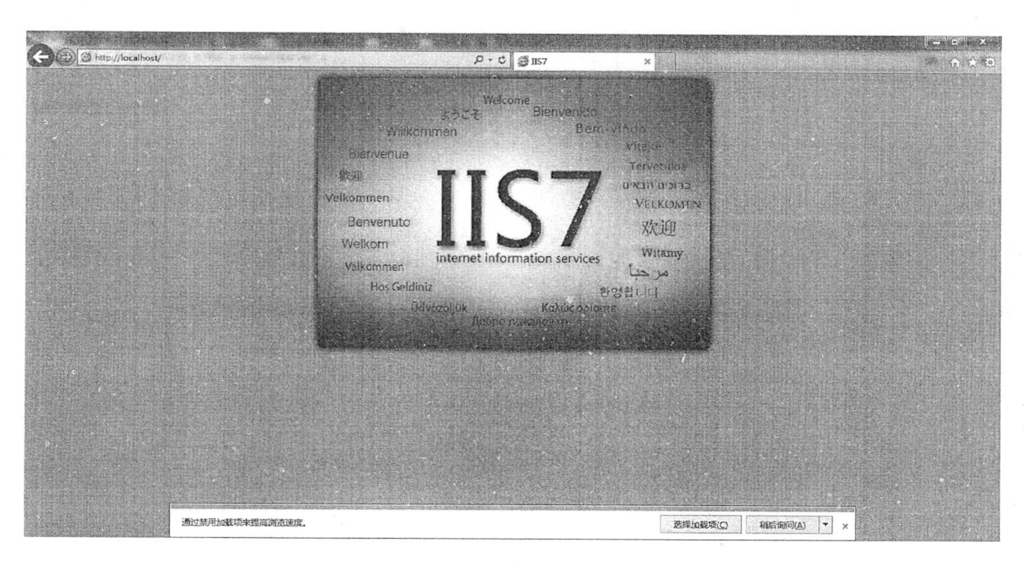

图 4-8　IIS 默认的欢迎页

4. “磁盘清理”工具的使用

操作提示：

(1) 右击“计算机”图标，在弹出的快捷菜单中执行“管理”命令，启动 Windows 7 的“计算机管理”窗口，如图 4-9 所示。

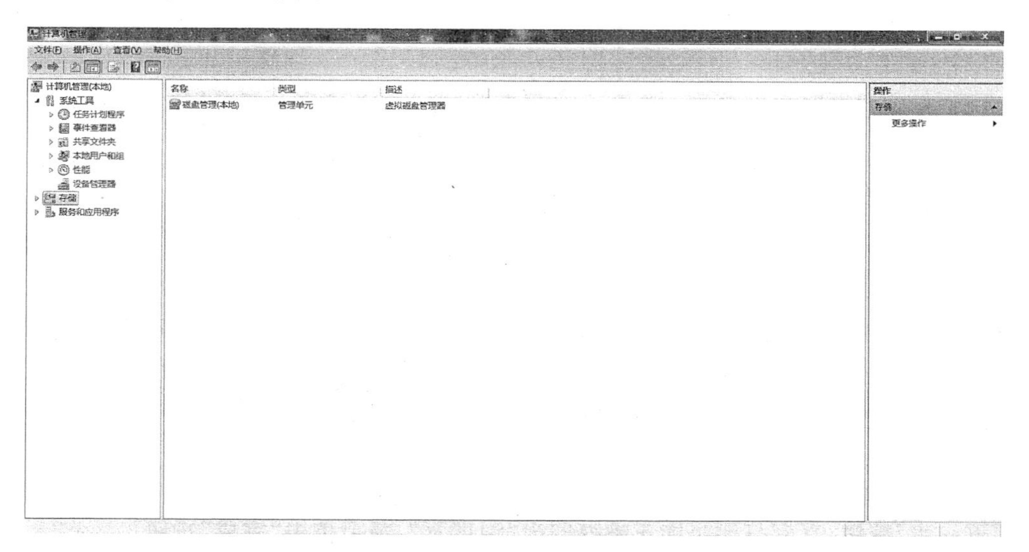

图 4-9　“计算机管理”窗口

(2) 执行“计算机管理”窗口左侧“存储”下的“磁盘管理”命令，系统将呈现本计算机的存储设备的信息，如图 4-10 所示。

(3) 在磁盘区域中右击 C 盘，在弹出的快捷菜单中执行“属性”命令，在系统弹出的“本地磁盘(C:)属性”对话框中的“常规”选项卡中单击“磁盘整理”按钮。

(4) 观察该硬盘驱动器的“碎片整理”过程，并记录“整理报告”中的主要信息如下。

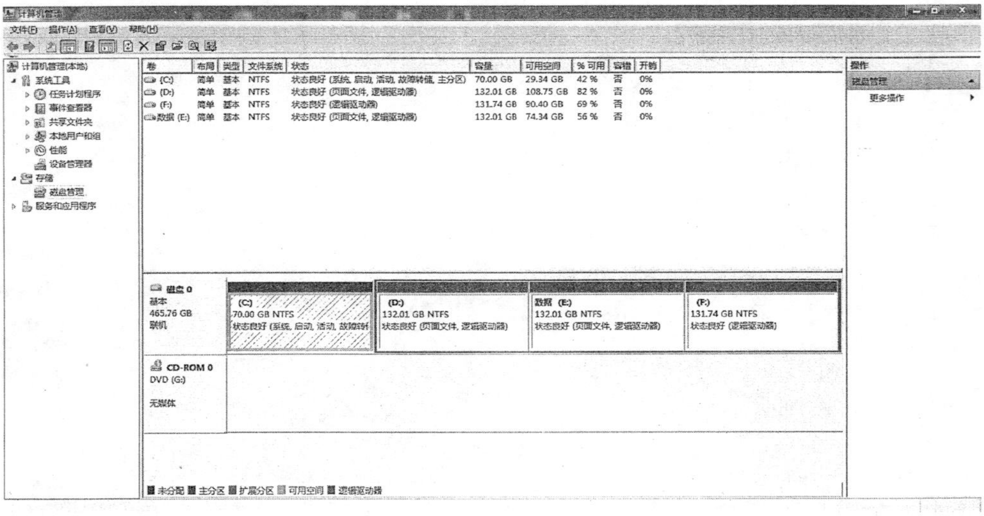

图 4-10 “磁盘管理”界面

卷名：________________；

卷大小：____________；

簇大小：____________；

已使用空间：____________；

可用空间：____________；

可用空间百分比：____________。

将该“整理报告”(文件名为：卷 D. txt)保存到“D:\专业班级—学号”的文件夹中。

5. 安装打印机驱动程序的实验

操作提示(安装 HP LeasrJet 2200L 激光打印机)：

(1) 单击“开始”按钮，在“开始”菜单中执行“设备和打印机”命令，或执行“控制面板”命令，再在“控制面板”窗口中执行“设备和打印机”命令，启动 Windows 7 控制面板。

(2) 在弹出的“设备和打印机”窗口工具栏中单击“添加打印机”按钮，系统将弹出如图 4-11 所示的“添加打印机”向导，然后选择“添加本地打印机”命令。

(3) 选中“使用现有的端口”单选按钮，并在其右侧列表中选择 USB001，如图 4-12 所示，然后单击“下一步”按钮。

(4) 在“厂商”列表框中选择 HP，在“型号”列表框中选择 HP LeasrJet 2200L PS，然后单击“下一步”按钮，直到打印机能正确打印出“测试页”，最后单击“完成”按钮。

6. 添加桌面小工具实验

操作提示：

(1) 单击“开始”按钮，在“开始”菜单中执行“控制面板”命令，启动 Windows 7 控制面板。

(2) 在“控制面板”窗口中执行“桌面小工具”命令，系统将打开“桌面小工具”窗口。Windows 7 自带了 8 种常用的桌面小工具，双击每种小工具的图标，即可将它们添加到桌面。

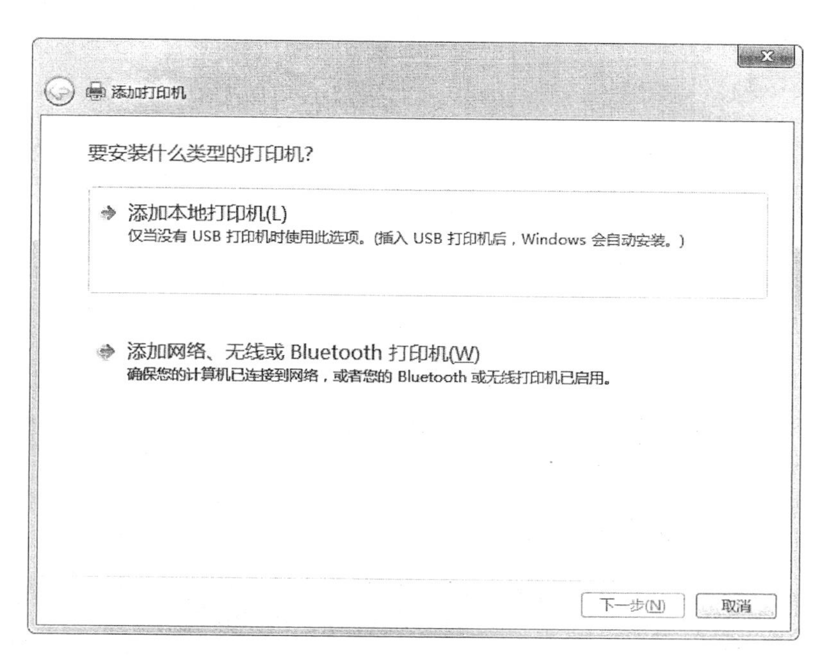

图 4-11 “添加打印机”向导 1

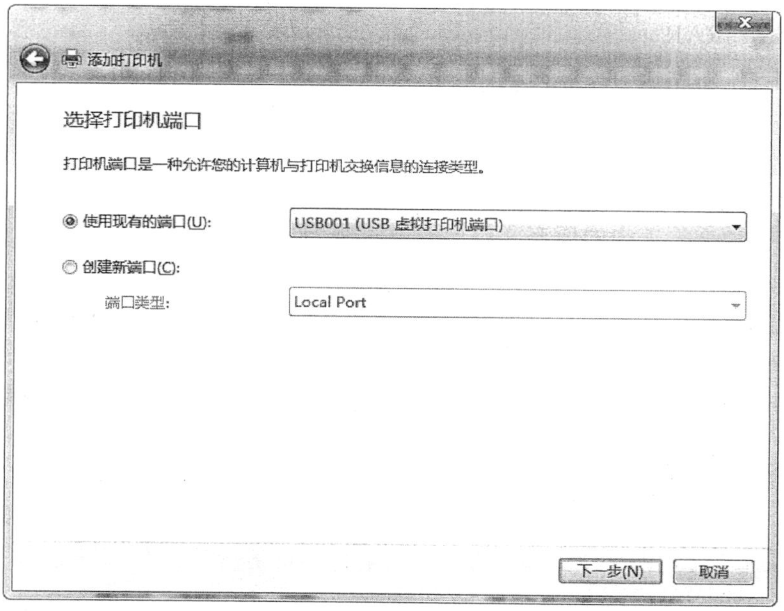

图 4-12 “添加打印机”向导 2

(3) 将“日历”、“时钟”和“天气”小工具添加到桌面。

说明：微软于 2012 年 8 月正式对外宣布停止对 Windows 7 官方小工具的下载和支持，主要是由于 Windows 7 的小工具自出现后表现远不如预期，并且多次出现性能和安全上的问题。例如，Windows 7 的桌面小工具中的“天气”工具不能定位到本机所在的地点进行天气预报。

用户可尝试能否从网上下载一个能在 Windows 7 桌面运行且气象信息搜索正常的第三方“天气”小工具。

实验五 常用软件的安装与使用

一、实验目的

(1) 掌握文件压缩软件 WinRAR 的使用。

(2) 掌握和了解 GHOST 硬盘恢复软件的使用。

(3) 掌握 PDF 文档制作和 Adobe Acrobat 的使用。

二、实验内容

1. 创建实验文件夹

在 D 盘或任何一个硬盘分区中,以“专业班级—学号”为文件夹名(文件夹名中的“班级”、“学号”应为实验者的班级和学号),创建一个实验文件夹。

2. WinRAR 软件安装与使用实验

WinRAR 是一个强大的压缩文件管理器。它提供了 RAR 和 ZIP 文件的完整支持,能解压 ARJ、CAB、LZH、ACE、TAR、GZ、UUE、BZ2、JAR、ISO 等多种格式文件。WinRAR 的功能包括强力压缩、分卷、加密、自解压模块、备份简易。

(1) 安装 WinRAR

从 C:\大学计算机基础实验资源\常用软件\的文件夹中,双击 wrar392sc. exe 图标,进入 WinRAR 安装界面。单击“安装”按钮后即开始 WinRAR 的安装。

(2) 建立压缩文件

用 WinRAR 可以将一个或若干个文档压缩为一个文档。将 C:\大学计算机基础实验资源\文档资源\的文件夹中的所有文件压缩成一个压缩文件,压缩文件名为 testwar1. rar,存放在“D:\专业班级—学号”的文件夹中的操作如下。

打开 C:\大学计算机基础实验资源\文档资源\文件夹,选择其中的所有文件并右击鼠标,打开快捷菜单,执行“添加到压缩文件(A)”命令,将打开 WinRAR 的“压缩文件名和参数”对话框,单击“浏览”按钮,选择压缩文件的路径为“D:\专业班级—学号”和压缩文件名称为 testwar1. rar,单击“确定”按钮开始压缩。

(3) 打开压缩文件

要求:将 testwar1. rar 解压到 C 盘根目录。在“D:\专业班级—学号”的文件夹中双击压缩文件 testwar1. rar,即可启动 WinRAR 主界面并将被压缩文件显示在窗口中。然后,执行工具栏中的“解压到”命令,在弹出的“解压路径和参数”对话框中选择中选择 C 盘,最后单击“确定”按钮。

3. GHOST 硬盘恢复软件安装与使用实验

(1) GHOST 的获取和安装

GHOST 基本上属于免费软件,一键 GHOST 硬盘版是 GHOST 软件系列中的一种,主要功能包括一键备份系统、一键恢复系统、中文向导、GHOST、DOS 工具箱。一键 GHOST 是一种高智能的 GHOST,只需按一个键,就能实现全自动无人值守操作。在 C:\大学计算机基础实验资源\常用软件\的文件夹中，双击“一键 Ghost. exe”图标，即可安装该软件。

(2) 用 GHOST 备份某个数据分区

执行 Ghost. exe 文件，在显示出 GHOST 主画面后，依次选择 Local→Partition→To Image 菜单，屏幕将显示出硬盘选择画面和分区选择画面，请根据要求选择所需要备份的数据分区硬盘(例如 E 盘，当然，数据分区中应有文件夹和文件，如果没有，需要从 C 盘中复制一定容量的文件夹和文件到 E 盘)和分区名，将映像文件保存在“D:\专业班级—学号”中，完成映像文件的属性设定(只读)。

(3) 数据分区的恢复

首先，物理删除或格式化要操作的数据盘；然后，用 GHOST 快速恢复数据。方法是在 GHOST 主界面里依次选择 Local→Partition→From Image 菜单，然后确定映像文件及其位置、目标盘(不是 C 盘)，最后单击 Yes 按钮，即开始恢复。恢复工作结束后，软件会提醒用户重新启动计算机。

4. Windows Media Player 10. 0 播放器安装与使用实验

(1) 安装并启动 Windows Media Player 10. 0

在 C:\大学计算机基础实验资源\常用软件\的文件夹中，双击 Win Media Player 10. exe 图标，即可安装该软件。将该软件安装在实验用的计算机的“D:\专业班级—学号”文件夹中。

(2) Windows Media Player 10. 0 的设置

定义播放器可以更改播放器的大小、颜色、外观等，包括完整模式、最小播放器模式等设置。

(3) Windows Media Player 10. 0 播放

分别以 MP3、MP4、AVI、MPG、FLV 为关键字，从本机搜索或从互联网上下载相应格式的音视频文件到“D:\专业班级—学号”文件夹中，然后用 Windows Media Player 10. 0 播放，观察并记录该软件播放 MP3、MP4、AVI、MPG、FLV 这 5 类媒体文件的情况。

正常播放 MP3 文件：能/不能(打√选择)

正常播放 MP4 文件：能/不能(打√选择)

正常播放 AVI 文件：能/不能(打√选择)

正常播放 MPG 文件：能/不能(打√选择)

正常播放 FLV 文件：能/不能(打√选择)

5. PDF 文档阅读器安装与使用实验

(1) PDF 文档阅读器下载与安装。

在 C:\大学计算机基础实验资源\常用软件\的文件夹中，双击 AdbeRdr110_zh_CN. exe 图标，即可安装该软件。

(2) 启动 Adobe Reader。

(3) 用 Adobe Reader 查看 PDF 文档。

以 PDF 为关键词，从本机搜索或通过网络搜索引擎，找到并复制或下载多个 PDF 格式的文档(文档内容不限)到“D:\专业班级—学号”文件夹中，然后分别双击这些 PDF 文件以查看这些文档中的信息。

实验六 Word 2010 文档的编辑与排版

一、实验目的

(1) 掌握 Word 2010 的启动与退出,文档的创建、打开、保存与关闭的基本操作。

(2) 掌握在 Word 2010 中录入文本与各种符号的方法。

(3) 掌握文档的基本编辑方法,包括文本的选定、复制、移动、删除,查找与替换文本。

(4) 掌握字符格式和段落格式的设置方法、分栏排版的基本方法。

(5) 掌握页面设置方法。

(6) 掌握页眉和页脚的设置方法。

二、实验内容

1. 启动 Word 2010

启动 Word 2010 可以有多种方法。

(1) 执行"开始"菜单中的"所有程序"中的 Microsoft Office 下的 Microsoft Word 2010 命令,启动 Word 2010。

(2) 双击桌面上的 Word 2010 的快捷方式图标,启动 Word 2010。

(3) 执行"开始"菜单中的"运行"命令,在弹出的"运行"对话框中输入"Winword",单击"确定"按钮(或者按 Enter 键),启动 Word 2010。

无论用上面哪种方式启动 Word 2010,都创建了一个空白文档,文档默认文件名为"文档 1",如图 6-1 所示。

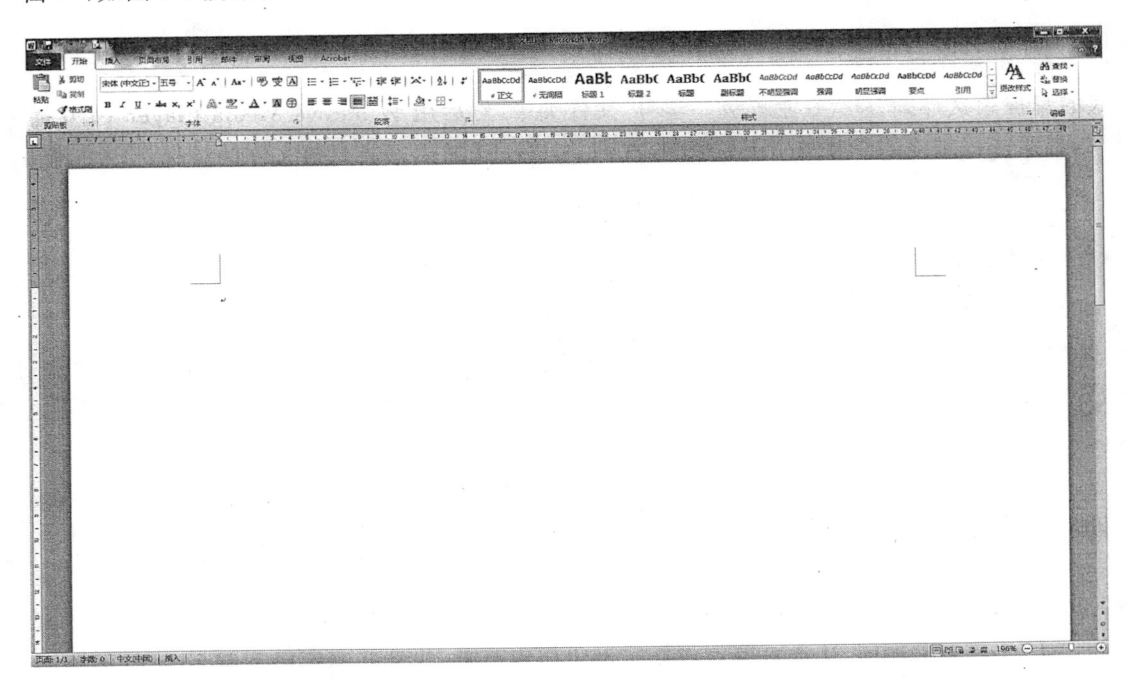

图 6-1 新建的 Word 2010 空文档

2. 新建空白文档

除了以上面方法启动 Word 2010 后可以创建一个空白文档外，还可以在 Word 2010 窗口中用以下方式新建文档。

(1) 执行“文件”选项卡下的“新建”命令，在“新建文档”窗格中，选中“空白文档”图标，然后再单击窗口右侧“创建”按钮，如图 6-2 所示。

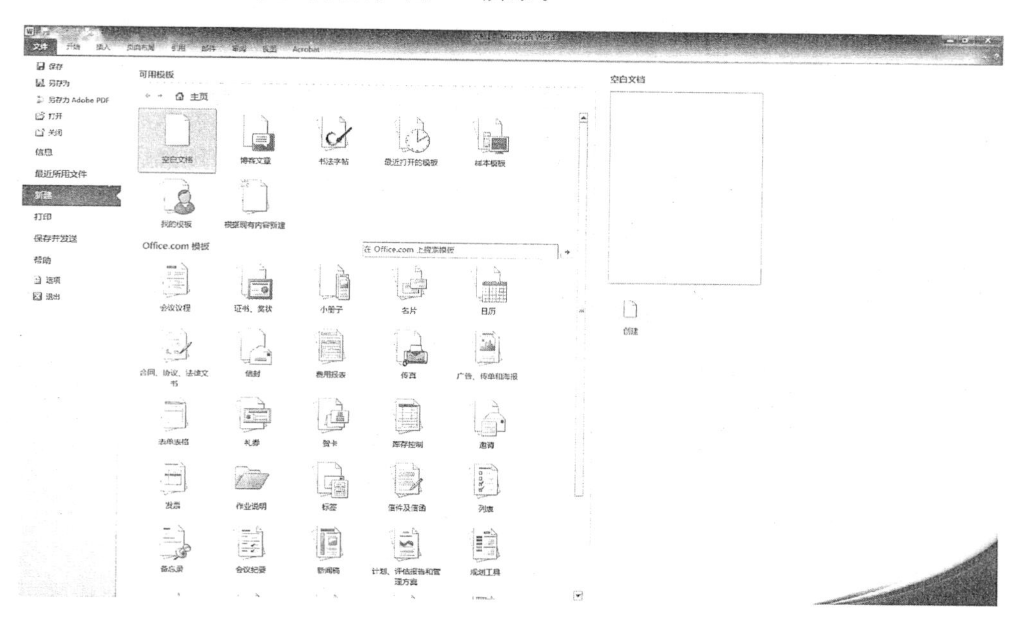

图 6-2　Word 2010 的新建菜单窗格

(2) 在桌面空白处右击，在弹出的快捷菜单中单击“新建”下的 Microsoft Word 2010 命令。

要求：请使用以上两种方法分别建立两个空白文档，文档名分别为“文档 2”和“文档 3”。

3. 输入文本

在新建的空白文档“文档 1”中，选择你所熟悉的中文输入法，录入以下文本框中的样文。

计算机硬件系统

计算机是一种处理信息的电子工具，它能自动、高速地对信息进行存储、传送与加工处理。微型计算机，简称微机，有时又叫 PC(Personal Computer)，是大规模或超大规模集成电路和计算机技术结合的产物。

IBM 公司于 1981 年推出它的微型计算机——PC 系统后，在短短的 30 年时间里，微型计算机以其体积小、功能强、价格低、使用方便等优点迅猛发展，现在已成为国内外应用最广泛、最普及的一类计算机。

目前计算机中发展最快的是微型计算机。微型计算机自 1971 年美国 Intel 公司研制了第一个单片微处理器 Intel 4004 以来，由于其功能齐全、可靠性高、体积小、价格低廉、使用方便，得到了迅速的发展和广泛的应用，已经历了 4 位、8 位、16 位、32 位、64 位发展阶段，其性能已达到以前中小型计算机的水平。

随着超大规模集成电路技术的迅猛发展,运算器和控制器被集成在一块集成电路芯片上,这就是微处理器(CPU),又称微处理机。

以微处理器为基础,配以内存储器、输入输出(I/O)接口电路和相应的辅助电路而构成的裸机,称为微型计算机;微型计算机系统是指由微型计算机配以相应的外围设备及其他专用电路、电源、面板、机架以及足够的软件而构成的系统。

微型计算机以微处理器和总线为核心。微处理器是微型计算机的中央处理部件,包括寄存器、累加器、算术逻辑部件、控制部件、时钟发生器、内部总线等;总线是传送信息的公共通道,并将各个功能部件连接在一起,总线分为数据总线、地址总线和控制总线三种。此外,微型计算机还包括随机存取存储器(RAM)、只读存储器(ROM)、输入/输出电路以及组成这个系统的总线接口等。

4. 文档的保存、关闭和打开

(1) 将上面已录入文本的文档以文件名“实验六-1. doc *”保存在“D:\专业班级—学号”文件夹中。

操作提示:单击“快速访问工具栏”中的“保存”按钮,或者执行“文件”选项卡中的“保存”命令,在出现的对话框中的“保存位置”中选择“D:\专业班级—学号”,“文件名”输入“实验六-1”即可(实验六-1. docx)。

说明:希望同学们把这个文件存放在自己的U盘上,以备实验八使用。

(2) 关闭文档“实验六-1. docx”

操作提示:双击 Word 2010 窗口左上角的图标,另外,还可以有以下的方法:①单击 Word 2010 窗口右上角的按钮;②“文件”选项卡下单击 退出 按钮。

(3) 打开文档“实验六-1. docx”

操作提示:打开“计算机”窗口,并将当前文件夹定位到“D:\专业班级—学号”,双击文档“实验六-1. docx”的图标。另外,还可以采用如下两种方法:①单击“开始”按钮,在“开始”菜单中选择“最近使用的项目”命令,在弹出的级联菜单中选中并单击“实验六-1. docx”图标;②启动 Word 2010,执行“文件”选项卡中的 打开 命令,从弹出的“打开”对话框中将当前文件夹定位到“D:\专业班级—学号”并从中选择“实验六-1. docx”图标。

(4) 将已经打开的“实验六-1. docx”文档另存为“实验六-2. docx”。

操作提示:如果修改了原文件,但又不想改变原文件的内容及格式就可使用“另存为”命令来实现。具体的操作方法是:在 Word 2010 窗口中执行“文件”选项卡中的 另存为 命令,从弹出的“另存为”对话框中将当前文件夹定位到“D:\专业班级—学号”并输入该文件另存为的文件名。

希望同学们把文件存放在自己的U盘上,“实验六-2. docx”文档将要作为实验八的原始文档。

5. 文本的选定

要对文字进行编辑排版,首先就要选定文本。选定文本的方法有两种:①用鼠标选定文字(首先将光标定位到要选定文字的左侧,然后按住鼠标左键再拖动鼠标至选定文字的右侧);②用键盘选定文字(首先将光标定位到要选定文字的左侧,然后按住 Shift 键再使用光标移动键“→”或“↓”，使光标移至选定文字的右侧）。

6. 文本的复制、移动和删除

（1）将“实验六-1. docx”文档的前 4 段内容复制到一个空白文档中，并命名为“复件 1”。

操作提示：首先选中“实验六-1. docx”文档的前 4 段文本，然后，按以下步骤操作：①单击“开始”选项卡中“剪贴板”组中的“复制”按钮，或按组合键 Ctrl＋C；②执行“文件”选项卡中的“新建”命令，在文档窗格中选择“新建空白文档”命令，再单击“创建”按钮，以创建一个空白新文档；③单击“开始”选项卡中“剪贴板”组中的“粘贴”按钮，或按组合键 Ctrl＋V 完成粘贴操作（文字复制操作）；④单击“快速访问工具栏”中的“保存”按钮，将此文档保到“D:\专业班级—学号”文件夹中，文件命名为“复件 1”。最后，关闭“复件 1”文档。

（2）将文档“实验六-1. docx”中第 4 段内容移动到第 5 段内容之后。

操作提示：选中“实验六-1. docx”文档的第 4 段内容，并拖曳到第 5 段内容之后即可。

（3）将文档“实验六-1. docx”中的最后一段内容删除。

操作提示：选中“实验六-1. docx”文档的最后一段内容，按 Delete 键或 Del 键。

7. 操作的撤销和恢复

想撤销刚才的删除操作，可单击“快速访问工具栏”中的“撤销”按钮。恢复刚才撤销的删除操作，可单击“常用”工具栏中的“恢复”按钮。

8. 查找与替换文本

要将“实验六-1. docx”文档中的文字“计算机”全部替换为 Computer。

操作提示：执行“开始”选项卡“编辑”组中的“替换”命令，系统将打开“查找和替换”对话框，选择“替换”选项卡，然后，按以下步骤操作：①在“查找内容”下拉列表框中输入“计算机”，在“替换为”下拉列表框中输入“Computer”，如图 6-3 所示。②单击“全部替换”按钮，系统会自动完成查找与替换的操作。

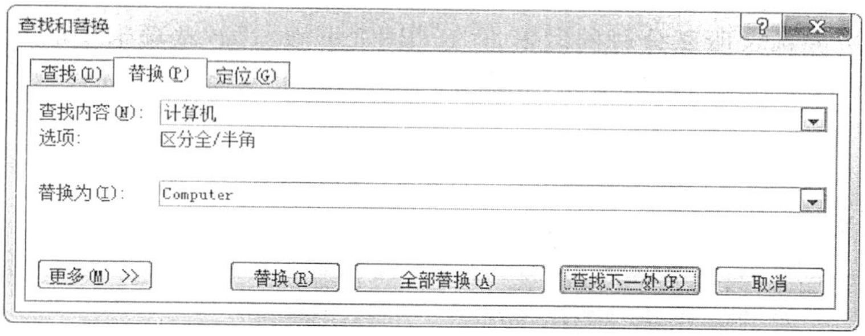

图 6-3　“查找和替换”对话框

9. 设置文字的字体、字形、字号

对“实验六-1. docx”文档的文字设置要求如下：第一段文字设为黑体、四号、加粗、双线型下划线、红色，字符间距缩放为 150%，间距为加宽 1 磅；其余文字中，中文字体为隶书，西文字体为 MingLiU，所有文字小四号、蓝色。

操作提示：先选定所要进行设置的文字，然后执行“开始”选项卡“字体”组中的相关命令来设置，更重要的是通过单击“字体”组右下角的“对话框启动器”按钮，在弹出的“字体”对话框中进行设置。

10. 段落的格式化

(1) 将“实验六-1. docx”文档第一段居中,段前、段后间距均为 0.5 行;第二段左右各缩进两个字符;其余段落首行缩进两个字符;所有行的行距为固定值 18 磅。

操作提示:先选定所要设置的段落,然后单击“开始”选项卡“段落”组右下角的“对话框启动器”按钮。在弹出的对话框中进行相应的设置。

(2) 为第一段文本添加“白色背景 1 深色 15%”底纹,第二段文本加上 1.5 磅粗红色实线边框。

操作提示:先选定所要设置的第一段文本,然后单击“开始”选项卡“段落”组中的“底纹”按钮的下拉按钮,在弹出的“主题颜色”列表项中选择“白色背景 1 深色 15%”底纹;再选定第二段文本,然后单击“开始”选项卡“段落”组中的“底纹”按钮的下拉按钮,在弹出的“边框”列表项中选择“边框和底纹”项,在弹出的“边框和底纹”对话框中的“边框”选项卡中选定边框的样式、颜色和宽度,并在“应用于”列表框中选定“段落”。

(3) 为文档第三至第六段加上项目符号◆。

操作提示:先选定所要设置的段落,然后单击“开始”选项卡中的“段落”组中的“项目符号”按钮的下拉按钮,在弹出的“项目符号库”中选定相应的符号来设置。

(4) 对第二段的第一个字进行首字下沉,设置为下沉 3 行。

操作提示:先选定所要进行首字下沉的文字,然后单击“插入”选项卡中的“文本”组中的“首字下沉”按钮的下拉按钮,在弹出的列表项中选择“首字下沉选项”,在弹出的“首字下沉”对话框中进行相应的设置。

11. 版面设计

(1) 将文档的第四、第五段分为等宽的两栏,栏间距为 3 字符,栏间加分隔线。最后一段分成等宽的 3 栏,栏间距为两字符。

操作提示:先选定所要分栏的段落,然后单击“页面布局”选项卡中的“页面设置”组中的“分栏”按钮的下拉按钮,在弹出的“分栏”列表项中选定“更多分栏”项,在弹出的“分栏”对话框中进行设置。

(2) 设置页面格式:“纸型”为 16K;“页边距”上、下、左、右均为 3 厘米,“页眉”、“页脚”距边界均分别为 1.5 厘米和 1.75 厘米。

操作提示:单击“页面布局”选项卡中的“页面设置”组右下角的“页面设置”按钮 ,在弹出的“页面设置”对话框中进行相应的设置。

(3) 设置页眉为“计算机硬件”,黑体、小五、右对齐,在页脚处插入当前日期,居中。

操作提示:单击“插入”选项卡中的“页眉和页脚”组中的“页眉”按钮和“页脚”按钮,在弹出的“页眉”和“页脚”列表项选择合适的格式进行相应的设置。

(4) 为文档插入页码,“位置”为“纵向内侧”,“对齐方式”为“右侧”,起始页码为 10。

操作提示:单击“插入”选项卡中的“页眉和页脚”组中的“页码”按钮,在弹出的“页码”列表项中选择合适的格式进行相应的设置。

进行上述排版后,效果如图 6-4 所示。编辑完成后,以“实验六-1. docx”为文件名保存到自己的文件夹中。

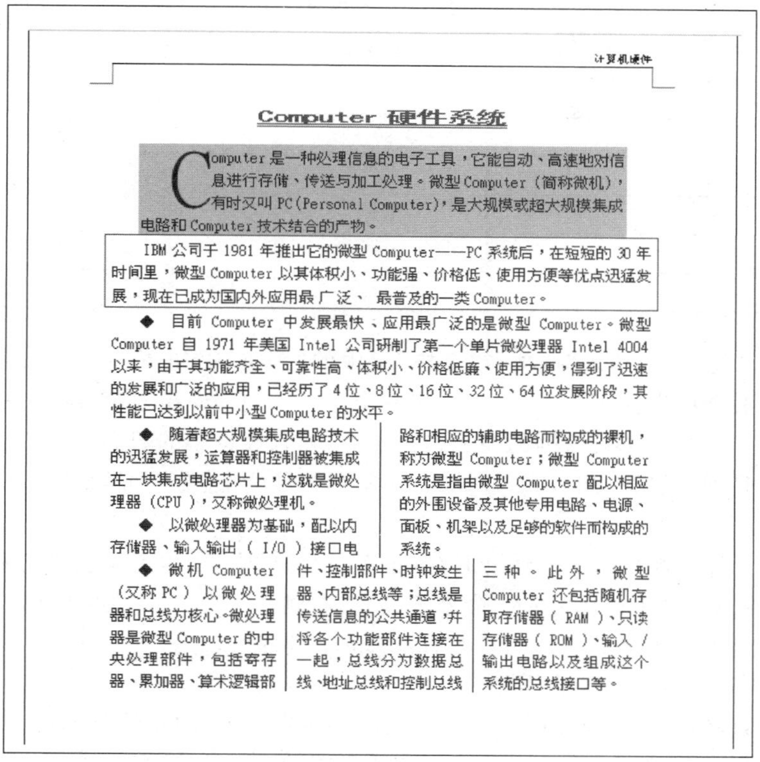

计算机硬件

Computer 硬件系统

Computer 是一种处理信息的电子工具，它能自动、高速地对信息进行存储、传送与加工处理。微型 Computer（简称微机），有时又叫 PC(Personal Computer)，是大规模或超大规模集成电路和 Computer 技术结合的产物。

IBM 公司于 1981 年推出它的微型 Computer——PC 系统后，在短短的 30 年时间里，微型 Computer 以其体积小、功能强、价格低、使用方便等优点迅猛发展，现在已成为国内外应用最广泛、最普及的一类 Computer。

◆ 目前 Computer 中发展最快、应用最广泛的是微型 Computer。微型 Computer 自 1971 年美国 Intel 公司研制了第一个单片微处理器 Intel 4004 以来，由于其功能齐全、可靠性高、体积小、价格低廉、使用方便，得到了迅速的发展和广泛的应用，已经历了 4 位、8 位、16 位、32 位、64 位发展阶段，其性能已达到以前中小型 Computer 的水平。

◆ 随着超大规模集成电路技术的迅猛发展，运算器和控制器被集成在一块集成电路芯片上，这就是微处理器（CPU），又称微处理机。

◆ 以微处理器为基础，配以内存储器、输入输出（I/O）接口电路和相应的辅助电路而构成的裸机，称为微型 Computer；微型 Computer 系统是指由微型 Computer 配以相应的外围设备及其他专用电路、电源、面板、机架以及足够的软件而构成的系统。

◆ 微机 Computer（又称 PC）以微处理器和总线为核心。微处理器是微型 Computer 的中央处理部件，包括寄存器、累加器、算术逻辑部件、控制部件、时钟发生器、内部总线等；总线是传送信息的公共通道，并将各个功能部件连接在一起，总线分为数据总线、地址总线和控制总线三种。此外，微型 Computer 还包括随机存取存储器（RAM）、只读存储器（ROM）、输入/输出电路以及组成这个系统的总线接口等。

图 6-4 “实验六-1.docx”文档排版后的效果

三、实验思考题

(1) 利用“邮件合并”功能，给每个同学发送一个成绩通知单。

操作提示： 首先建立主文档，然后建立数据源，再插入合并域，最后合并。

(2) 利用“制表位”功能，设计出本实验教材的目录。

操作提示： 利用“格式”菜单中的“制表位”功能。

实验七 Word 2010 文档的表格与绘制

一、实验目的

(1) 掌握 Word 2010 表格的制作和排版。

(2) 掌握 Word 2010 中公式的使用。

(3) 掌握根据表格生成图表的操作。

二、实验内容

1. 创建和编辑表格

(1) 创建如表 7-1 所示的表格，以“实验七-1.docx”保存在“D:\专业班级—学号”文件夹中。

表 7-1 成绩表

姓 名	高等数学	大学物理	计算机	大学英语
胡 南	87	66	90	80
付正武	85	80	86	98
王胜利	76	70	78	68
周正天	90	80	89	78
木 子	100	85	75	84
赵中天	67	72	65	70

操作提示：先单击"插入"选项卡"表格"组中的"表格"按钮下部的下拉按钮，在弹出的"插入表格"列表项中选择第一项，并拖画出一个 7 行 5 列的模拟表，系统会在文档的光标处同时自动显示所设置的 7 行 5 列的空表格。然后，输入表格中的数据。

(2) 在第 E 列(最后一列)的右边插入一列，列标题为"总分"；在表格最后增加一行，行标题为"平均分"。

操作提示：首先将光标定位到第 E 列(最后一列)的右侧，也就是表格的右外侧，右击鼠标，在弹出的快捷菜单中选择"插入"命令下的"在右侧插入列"；将光标定位到第 7 行(最后一行)的右侧(也就是表格的右外侧)，然后按 Enter 键即可。

(3) 删除"王胜利"和"木子"所在行。

操作提示：首先将光标移到第 4 行("王胜利"所在的行)的左外侧，右击鼠标，在弹出的快捷菜单中选择"删除行"命令；同样的方法删除"木子"所在的行。

(4) 利用公式计算学生总分；计算各科平均分，保留 2 位小数。

操作提示：求总分时，先将光标定位在所要求总分的单元格，右击鼠标，然后在弹出的"表格工具"选项卡中"布局"选项子卡中的"合并"组中单击"公式"按钮 f_x，在弹出的"公式"对话框中选择求和函数 sum()，在参数中输入"left"，即 sum(left)，就可计算一个同学成绩的总分，同样的方法求出每个同学的总分。类似地，选择求平均值函数 averger(above)可以求出每门课程的平均分。

(5) 在"总分"列右侧插入一列，列标题为"说明"，合并该列的其他单元格。

操作提示：首先将光标定位到最后一列的右外侧，右击，在弹出的快捷菜单中执行"插入"命令下的"在右侧插入列"；选中该列第一个单元格以下的所有单元格，右击，然后在弹出的"表格工具——布局"选项卡"合并"组中单击"合并单元格"按钮。

2. 设置表格格式

(1) 为表格增加标题文字"学生成绩表"，居中、隶书、三号字、加粗。

操作提示：按一般的文字编辑方法，完成表格标题的输入及设置。

(2) 表格的对齐方式为居中；第一行背景色为"白色背景 1 深色 15%"，高度 0.9 厘米，文字中部居中；后续各行行高为 0.7 厘米。

操作提示：按一般的文字编辑方法，完成表格数据的居中、背景的设置；选中要设置高度的行，右击鼠标，然后在弹出的"表格工具——布局"选项卡中的"单元格大小"组中的"高度"列表框中单击"增减"按钮，使高度值满足要求。

(3) 第一行标题文字为黑体、小四号字、红色；姓名文字加粗、居中；所有成绩数据宋体5号字右对齐。

操作提示：按一般的文字编辑方法。

(4) 表格外边框设为2.25磅单实线，第一行下边框和第A列右边框为1.5磅双实线，第六行上边框为1.5磅单实线。所有的线条的颜色均为黑色。

操作提示：先将光标定位于表格的某个单元格，右击，然后在弹出的“表格工具——设计”选项卡“绘图边框”组中的“笔样式”列表框中设置线型，在“笔画粗细”列表框中设置画线的粗细，单击“笔颜色”按钮的下拉按钮以设置线条颜色，最后单击“绘制表格”按钮，即可开始绘制表格线。

(5) 为表格左上角单元格增加斜线，并调整“科目”和“姓名”的位置。

操作提示：表格斜线的绘制方法与绘制边框线相似。

3. 制作同学成绩的图表

操作提示：先选定表格内4位同学和各科成绩(也就是单元格范围为A1:E5)，再执行“插入”选项卡“插图”组中的“图表”命令就可完成图表的插入，再调整图表的大小和位置即可。

完成以上操作后，表格的效果和图表的效果如图7-1和图7-2所示。最后要以文件名“实验七-1.docx”保存在自己的文件夹下。

学生成绩表

科目 姓名	高等数学	大学物理	计算机	大学英语	总分	说明
胡南	87	66	90	80	323	
付正武	85	80	86	98	349	
周正天	90	80	89	78	337	
赵中天	67	72	65	70	274	
平均分	82.25	74.50	82.50	81.50	320.75	

图7-1　学生成绩表格

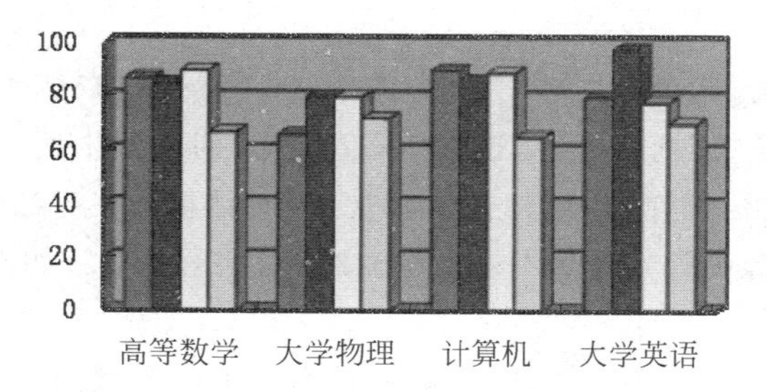

图7-2　成绩图表

三、实验思考题

设计如图7-3所示的两款表格，按其样式进行排版，并以“实验七-2.docx”保存。

节次\星期		星期一	星期二	星期三	星期四	星期五
上午	第一节					
	第二节					
下午	第三节					
	第四节					

基本情况						
姓名		学历		政治面貌		照片
性别		出生年月		籍贯		
民族		婚姻情况		外语水平		
毕业院校				所学专业		
联系电话				电子邮箱		

图 7-3 表格

实验八 Word 2010 混合图文排版

一、实验目的

(1) 掌握在文档中插入艺术字的方法。

(2) 掌握在文档中插入图片或自选图形等对象的方法。

(3) 掌握图形编辑及修饰方法和图文混排的技巧。

(4) 掌握在文档中使用文本框的方法。

(5) 掌握公式编辑器使用。

二、实验内容

1. 打开文件

打开"D:\专业班级—学号"文件夹中的"实验六-2.docx"文件。

2. 插入艺术字

(1) 插入艺术字。在标题处插入艺术字,内容为"计算机硬件系统",样式为艺术字库的第一行,第四列;楷体、32 磅。

操作提示: 首先单击"插入"选项卡"文本"组中的"艺术字"按钮右侧下拉按钮,系统将弹出如图 8-1 所示的"艺术字样式"列表框,单击"艺术字样式"列表框中所需艺术字样式(例如,第一行,第四列的样式),系统将弹出"编辑艺术字文字"对话框;在对话框的"文本"框中输入或粘贴"计算机硬件系统",设置字体为"楷体-GB2312",字号为 32,如图 8-2 所示,单击"确定"按钮完成插入操作。

(2) 设置艺术字格式。对插入的艺术字设置格式:填充颜色为"红色",版式为"浮于文字上方",距页边距水平方向 1.5 厘米,垂直方向 0 厘米;弯曲样式:弯弧。

操作提示: 选定所插入的艺术字,右击,在弹出的快捷菜单中执行"设置艺术字格式"命令,在弹出的"设置艺术字格式"对话框中选择"颜色和线条"选项卡,在"填充"区域中的"颜色"下拉列表中选择"红色";选择"版式"选项卡,在"环绕方式"区域中选择"浮于文字上方"

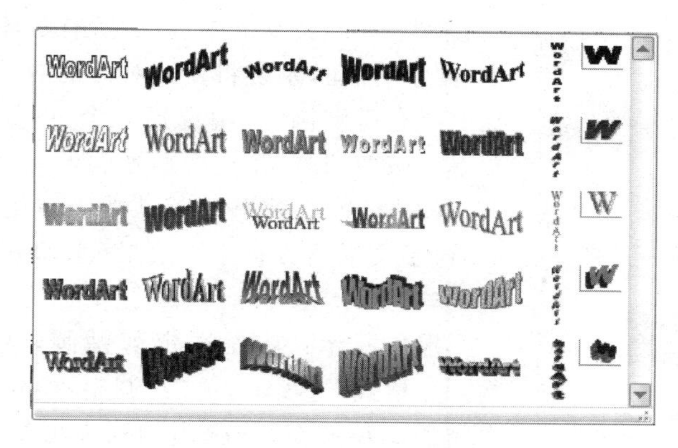

图 8-1　“艺术字样式”列表框

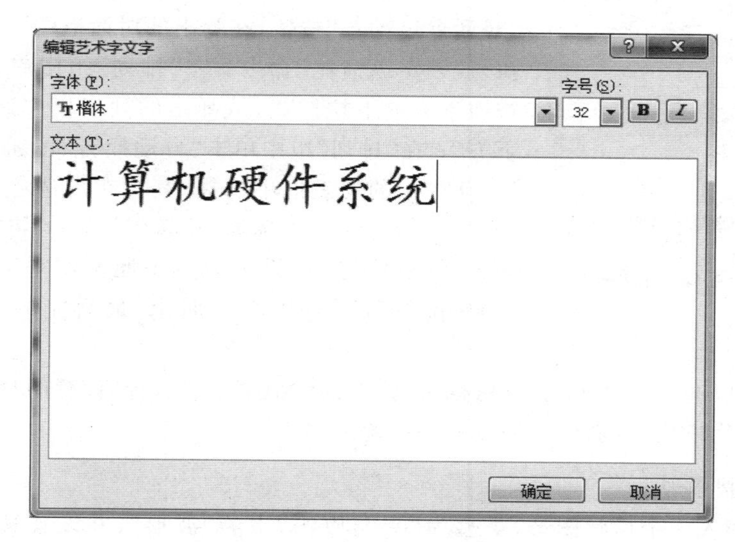

图 8-2　“编辑艺术字文字”对话框

方式，并单击“高级”按钮，在弹出的“布局”对话框中，选择“位置”选项卡，在“水平”栏中单击“绝对位置”按钮，并在左侧的下拉列表中选择“页边距”，在“左侧”右边的微调框中输入“1.5 厘米”；在“垂直”栏中设置为“绝对位置”，距页边距下侧 0 厘米；单击“确定”按钮两次，退出“设置艺术字格式”对话框；选中已插入的艺术字，再选择“艺术字”选项卡中的“格式”子选项卡，单击“艺术字样式”组中的“更改形状”按钮，在弹出的“形状”列表中选择“粗上弯弧”。

注意：选定所插入的艺术字，再选择“艺术字——格式”子选项卡，还可以实现艺术字文字的编辑、文字间距的调整、文字的排列、更改艺术字样式、更改艺术字形状、设置阴影效果和三维效果等设置，读者可以自行练习。

3. 插入剪贴画

(1) 在文档中插入一幅剪贴画 architecture.wmf。

操作提示：将插入点定位到文档任意位置，单击“插入”选项卡“插图”组中的“剪贴画”按钮，系统将在 Word 2010 窗口的右侧打开“剪贴画”对话框，如图 8-3 所示；在对话框中的

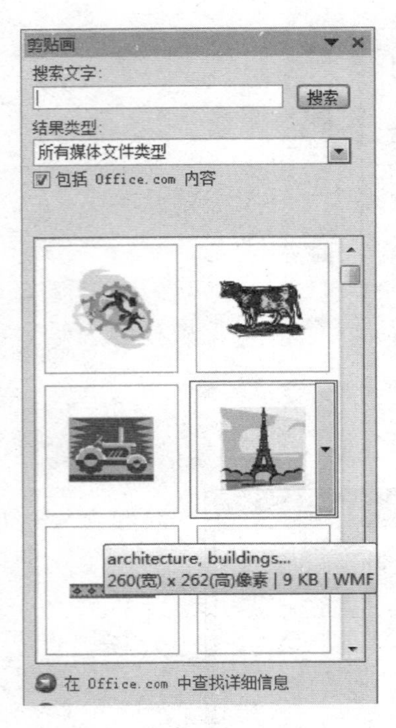

图 8-3 “剪贴画”对话框

“结果类型”的文本框中选取“所有媒体文件类型”，然后单击“搜索”按钮，系统将在该对话框的显示窗格中显示能找到的所有剪贴画，从中选择一个，例如 architecture. wmf，并单击该剪切画，完成剪贴画插入。

(2) 设置该剪贴画格式为：高度 10 厘米，锁定纵横比，衬于文字下方；冲蚀效果(水印效果)，水平垂直距页边距均为 1 厘米。

操作提示：首先选定剪贴画，选择弹出的“图片工具——格式”选项卡，单击“调整”组中的“重新着色”按钮右侧的下拉按钮，从弹出的列表项中选择“冲蚀”；在“大小”组中的“形状高度”文本框中设置值为 10 厘米，并单击“对话框启动器”按钮，在弹出的对话框的“大小”选项卡中执行“锁定纵横比”命令；在“排列”组中单击“自动换行”按钮下方的下拉按钮，从弹出的列表框中选择“衬于文字下方”；在“排列”组中单击“自动换行”按钮下方的下拉按钮，从弹出的列表框中选择“其他布局选项”，系统将弹出“布局”对话框，从中选择“位置”选项卡，将“水平对齐”设置为“绝对位置”且距页边距 1 厘米，“垂直对齐”设置为“绝对位置”，距页边距 1 厘米，最后完成剪贴画格式的设置。

当然，也可以选中剪贴画，右击鼠标，在弹出的快捷菜单中选择“设置图片格式”命令，在弹出的“设置图片格式”对话框中完成相关设置。

4. 插入形状图形

在文档中插入一个形状图形，类型为“星与旗帜”中的“波形”，并设置其大小为：高度 2.5 厘米、宽度 6.5 厘米，填充颜色为“黄色”，版式为“四周型环绕”。

操作提示：单击“插入”选项卡“插图”组中的“形状”按钮下方的下拉按钮，从弹出的“形状”列表框中选择“星与旗帜”类型中的“波形”图形，如图 8-4 所示，在文档中鼠标指针形状变为十字形；拖动鼠标至合适的大小和位置后释放，即可画出“波形”形状的图形，系统同时弹出“绘图工具”选项卡；选中该图形，单击“绘图工具”选项卡“格式”子选项卡中的“大小”组中的“形状高度”和“形状宽度”按钮，设置高度 2.5 厘米，宽度 6.5 厘米；单击“形状样式”组中的“形状填充”按钮右侧的下拉按钮，从弹出的“颜色”列表项中选择“黄色”；单击“排列”组中的“自动换行”按钮下方的下拉按钮，从弹出的“自动换行”列表项中选择“四周型环绕”。

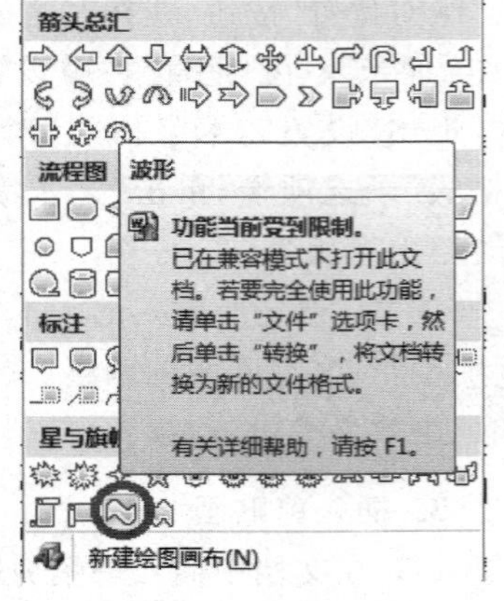

图 8-4 部分的“形状”列表

当然，也可以选中“波形”图案，右击，在弹出的快捷菜单中执行“设置图片格式”命令，在弹出的“设置图片格式”对话框中完成相关设置。

5. 插入文本框

在文档中插入一个文本框，在文本框中输入文字“计算机硬件系统”，黑体、四号、红色、居中，并设置文本框格式：高度 1 厘米、宽度 4 厘米；无填充色、无线条色；文本框内部边距上下左右均为 0 厘米。

操作提示：单击“插入”选项卡“文本”组中的“文本框”按钮下方的下拉按钮，在弹出的“文本框类型”列表项中选择“绘制文本框”选项，将插入点定位到合适位置拖动鼠标画出一个适当大小的文本框，在文本框中输入文字“计算机硬件系统”并按要求设置文字的格式；单击“文本框工具——格式”选项卡“文本框样式”组右下角的“对话框启动器”按钮，在弹出的“设置文本框格式”对话框中的“颜色与线条”选项卡中在“线条”区内设置颜色为“无颜色”，在“填充”区内设置颜色为“无颜色”；选择“文本框”选项卡，设置文本框内部文字的边距，将所有“内部边距”的上、下、左、右均设置为“0 厘米”；选择“大小”选项卡，设置文本框的高度的绝对值为 1 厘米、宽度的绝对值为 4 厘米。

6. 自选图形与文本框的组合与对齐

将插入的形状“波形”和插入的文本框“计算机硬件系统”组合为一个图形，并要求文本框相对于图案水平和垂直居中；设置组合后的图形的格式：环绕方式为“四周型”，相对于页边距水平居中、垂直居中。

操作提示：先右击“波形”图案，在弹出的快捷菜单中单击“叠放次序”命令，在其子菜单中选择“置于底层”，再单击文本框，同样的方法将其“置于顶层”；选中已插入的文本框，按住 Shift 键，选中已插入的“波形”图案（即同时选中文本框和形状），选择“绘图工具——格式”选项卡，在“排列”组中单击“对齐”按钮，在弹出的“对齐方式”列表中选择“左右居中”，再次单击“对齐”按钮，在弹出的“对齐方式”列表中选择“上下居中”，即可使两个插入对象重叠到一起；单击“排列”组中的“组合”按钮，从弹出的“组合”列表中单击“组合”按钮；选中组合后的图形，单击“排列”组中的“自动换行”按钮，在弹出的“自动换行方式”列表中单击“四周型环绕”命令；再单击“排列”组中的“自动换行”按钮，执行“其他布局选项”命令，在弹出的“布局”对话框中选择“位置”选项卡，设置图形的位置：在“水平”区中选中“对齐方式”单选按钮，并在右边的下拉列表框中选择“居中”，在“垂直”区中选中“对齐方式”单选按钮，并在右边的下拉列表框中选择“居中”，并在其右边的“相对于”的下拉列表框中选择“页边距”。

所有设置完成后，排版效果如图 8-5 所示（图中的文字只进行了简单的排版）。所有排版完成后，将此文档以文件名“实验八-1. docx”保存在自己的文件夹下。

三、实验思考题

（1）利用公式编辑器编辑以下公式，以文件名“实验八-2. docx”保存在自己的文件夹下。

$$f(x)=\frac{1}{\sqrt{2\pi\sigma}}\mathrm{e}^{\frac{(x\mu)^2}{2\sigma^2}} \quad WPL=\sum_{k=1}^{n}W_kL_k$$

操作提示：单击“插入”选项卡“符号”组中的“公式”按钮，系统将呈现“公式工具”选项卡中的“设计”子选项卡，其中包含了“工具”组、“符号”组、“结构”组，相比之前的“Microsoft

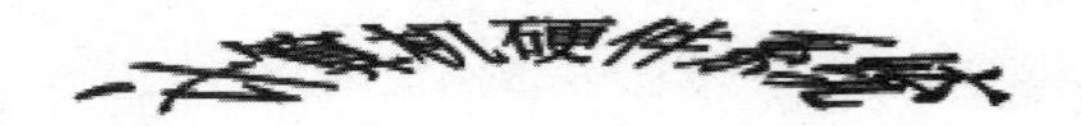

计算机是一种处理信息的电子工具，它能自动、高速地对信息进行存储、传送与加工处理。微型计算机（简称微机），有时又叫 PC（Personal Computer），是大规模或超大规模集成电路和计算机技术结合的产物。
IBM 公司于 1981 年推出它的微型计算机——PC 系统后，在短短的 30 年时间里，微型计算机以其体积小、功能强、价格低、使用方便等优点迅猛发展，现在已成为国内外应用最为广泛、最普及的一类计算机。
目前计算机中发展最快，应用最广泛的是微型计算机。微型计算机自 1971 年美国 Intel 公司研制了第一个单片微处理器 Intel 4[illegible]以来，由于其功能齐全、可靠性高、体积小、价格低廉、使用方便，得到了迅速的发[illegible]泛的应用，已经历了 4 位、8 位、16 位、32 位、64 位发展阶段，其性能已达到以前[illegible]机的水平。
随着超大规模集成电路技术的迅猛[illegible]器和控制器被集成在一块集成电路芯片上，这就是微处理器（CPU），又称微处[illegible]
以微处理器[illegible]配以内存储[illegible] I/O）接口电[illegible]相应的辅助电路而构成的裸机，称为微型计算机；微型[illegible]机系统是[illegible]计算机配以相应的外围设备及其他专用电路、电[illegible]机架以及足够的软件而构成的系统。
微型计算机（又称 PC）以微处理器和总线为核心。微处理器是微型计算机的中央处理部件，包括寄存器、累加器、算术逻辑部件、控制部件、时钟发生器、内部总线等；总线是传送信息的公共通道，并将各个功能部件连接在一起，总线分为数据总线、地址总线和控制总线三种。此外，微型计算机还包括随机存取存储器（RAM）、只读存储器（ROM）、输入/输出电路以及组成这个系统的总线接口等。

计算机硬件系统

图 8-5 排版效果图

公式 3.0”软件包的功能要强大很多。

(2) 绘制如图 8-6 所示的程序流程图，并以文件名“实验八-3.docx”保存在“D:\专业班级—学号”文件夹下。

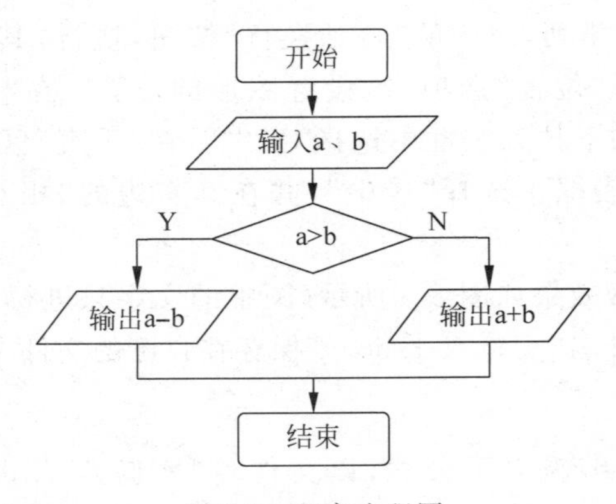

图 8-6 程序流程图

操作提示：单击“插入”选项卡“插图”组中的“形状”按钮，在弹出的“形状”列表中选择“流程图”类型的相关图形来绘制，还要利用“线条”类型中的“箭头”、“直线”按钮绘制出各个箭头和直线。各图形绘制完成后，要进行图形组合。

实验九 Excel 2010 工作表的编辑和格式化

一、实验目的

(1) 掌握 Excel 2010 创建工作表的方法。

(2) 掌握工作表的基本操作。

(3) 掌握公式和函数计算。

(4) 掌握工作表排版。

二、实验内容

1. 启动 Excel 2010

启动 Excel 2010 可以有多种方法，下面就是 Excel 2010 的启动方法。

(1) 执行“开始”菜单中的“所有程序”中的“Microsoft Office”文件夹下的“Microsoft Excel 2010”命令，启动 Excel 2010。

(2) 双击桌面上的 Excel 2010 的快捷方式图标，启动 Excel 2010。

(3) 执行“开始”菜单中的“运行”命令，在弹出的“运行”对话框中输入“Excel”，单击“确定”按钮(或者按 Enter 键)，启动 Excel 2010。

无论用上面哪种方式启动 Excel 2010，都创建了一个空工作簿文件，系统自动默认工作簿的文件文件名为“工作簿 1”，如图 9-1 所示。

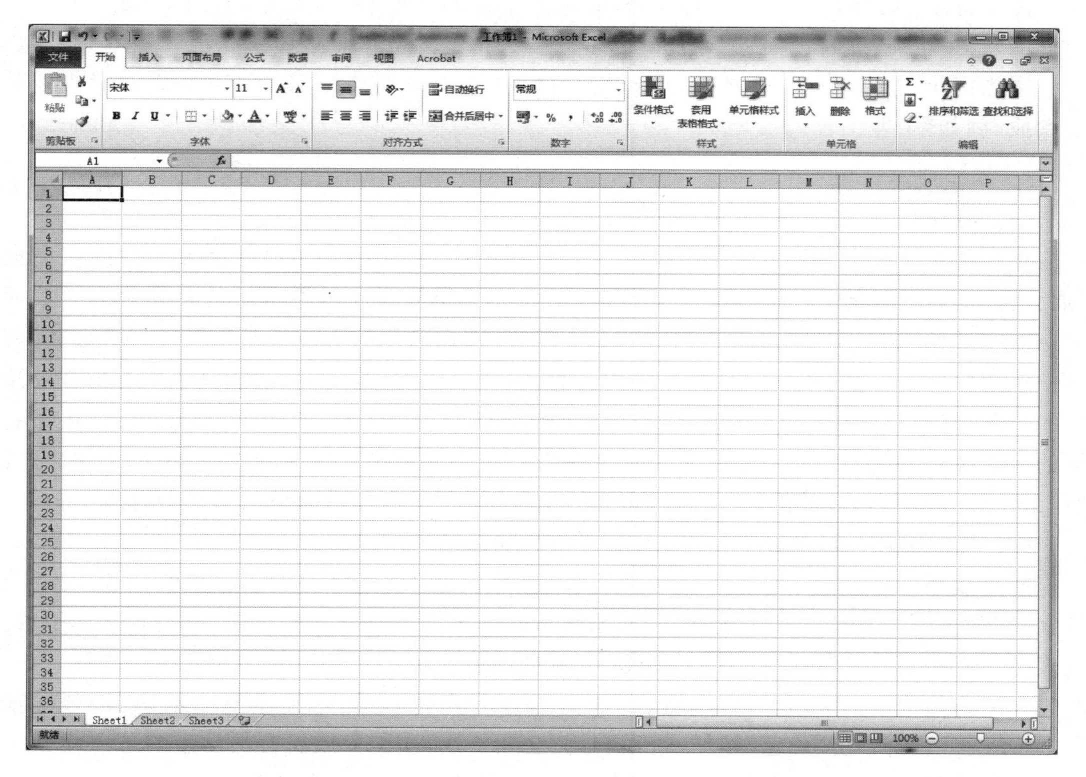

图 9-1 新建的 Excel 2010 空工作簿

2. 创建工作表

(1) 在工作表 Sheet1 中输入以下数据,如图 9-2 所示。将工作簿保存到"D:\专业班级—学号"文件夹中,命名为"实验九-1. xlsx"。

	A	B	C	D	E	F	G	H
1	学号	姓名	性别	英语	数学	计算机	总分	总评
2	2015040201	周大力	男	86	65	88		
3	2015040202	王小满	男	76	87	84		
4	2015040203	李又清	女	65	77	65		
5	2015040204	胡北	男	53	40	74		
6	2015040205	丁一	女	77	75	64		
7	2015040206	刘来	男	86	94	90		
8	2015040207	王伟	男	43	66	78		
9	2015040208	赖晓霞	女	97	90	88		
10		最高分						
11		平均分						

图 9-2 工作表数据

操作提示:按照图 9-2 所示的数据,输入工作表 Sheet1 中,单元格的位置不变。

(2) 在"性别"列右边插入"专业"列,输入自行拟定的数据。

操作提示:选择 D 列,右击,在弹出的快捷菜单中执行"插入"命令。可以为该表拟定某个专业,例如"工业工程"。

3. 学生成绩计算

(1) 计算总分、最高分、平均分(利用函数 Sum()、Max()、Average())。

操作提示:选中 H2 单元格,双击"开始"选项卡"编辑"组中的"自动求和"按钮,完成"周大力"的总分计算,进而利用"公式复制"功能完成所有学生的总分计算;选中 E10 单元格,单击"开始"选项卡中"编辑"组中的"自动求和"按钮右侧的下拉按钮,在弹出的"公式"列表中选择"最大值",完成"英语"最高分的计算,进而利用"公式复制"功能完成所有课程及总分的最高分计算;选中 E11 单元格,单击"开始"选项卡中"编辑"组中的"自动求和"按钮右侧的下拉按钮,在弹出的"公式"列表中选择"平均值",需重新选择数据区域 E2:E9,完成"英语"平均分的计算,进而利用"公式复制"功能完成所有课程及总分的平均分计算。

(2) 使用函数计算总评,其中"总分>=270"的为优秀(函数 IF())。

操作提示:选中 H2 单元格,单击"开始"选项卡"编辑"组中的"自动求和"按钮的下拉按钮,在弹出的"公式"列表中选择"其他函数",在弹出的"插入函数"对话框中的"选择函数"列表框中双击 IF,在弹出的"函数参数"对话框中的 Logical_test 文本框中输入"H2>=270",在 Value_if_true 文本框中输入"优秀",在 Value_if_false 文本框中输入"一般",如图 9-3 所示,然后单击"确定"按钮,进而利用"公式复制"功能完成所有的学生的总评计算。

(3) 在 H13 单元输入文字"优秀率",I13 单元计算优秀率(函数 COUNTIF()、COUNTA())。

操作提示:选中 I13 单元格,单击"开始"选项卡"编辑"组中的"自动求和"按钮右侧的

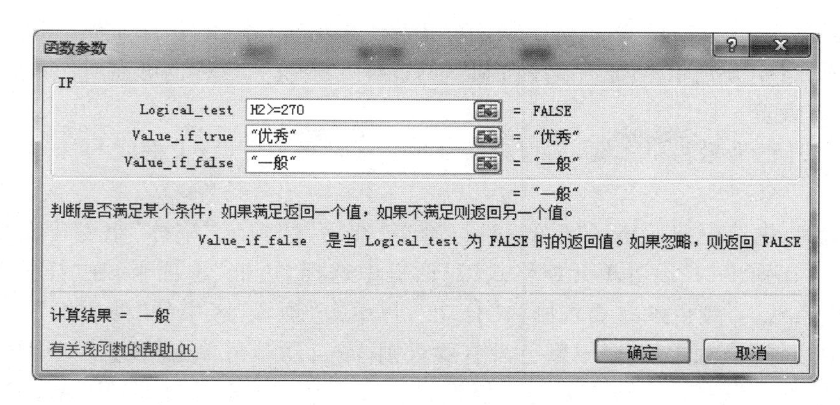

图 9-3　IF 函数的参数输入

下拉按钮，在弹出的“公式”列表中选择“其他函数”，在弹出的“插入函数”对话框中单击“或选择类别”文本框右侧的下拉按钮，在弹出的“函数类型”列表中选择“统计”；在“选择函数”列表框中找到 COUNTIF 并双击；在弹出的“函数参数”对话框中的 Range 文本框中输入“I2:I9”，在 Criteria 文本框中输入“优秀”后确定即可，如图 9-4 所示；在编辑框修改公式为“=COUNTIF(I2:I9,"优秀")/COUNTA(I2:I9)”。

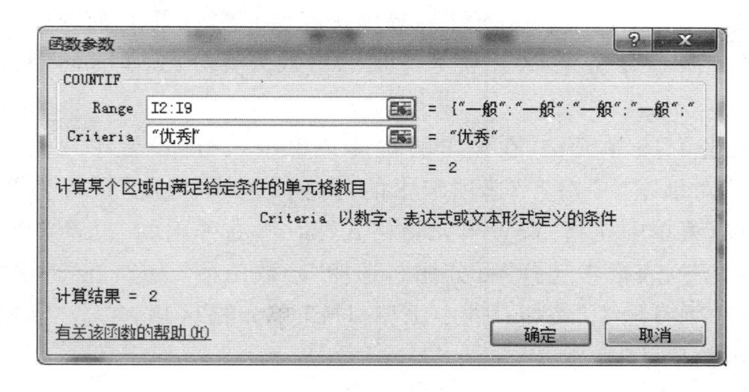

图 9-4　COUNTIF 函数的参数输入

4. 工作表格式化

(1) 第一行前插入空行，输入文字“工业工程 2 班成绩表”，设为蓝色、粗楷体、16 磅大小、下划双线，区域 A1:I1 合并及居中。

操作提示：选中第一行，右击，在弹出的快捷菜单中执行“插入”命令；在 A1 单元格输入“工业工程 2 班成绩表”；在“开始”选项卡中的“字体”组中完成输入文字的设置；选中单元格区域 A1:I1，单击“对齐方式”组中的“合并后居中”按钮。

(2) 第二行前插入空行，输入文字“制表日期：2015-05-10”，设为隶书、倾斜，区域 A2:I2 合并居中，并将文字居右。

操作提示：选中第二行，右击鼠标，在弹出的快捷菜单中选择“插入”命令；在 A2 单元格输入“制表日期：2015-05-10”；在“开始”选项卡“字体”组中完成输入文字的设置；选中单元格区域 A2:I2，单击“对齐方式”组中的“合并后居中”按钮，然后，再单击“文本右对齐”按钮。

(3) 将标题行设置为粗体、水平居中和垂直居中。

操作提示：选择 A3:I3 单元格区域，在“开始”选项卡“字体”组中完成“粗体”的设置；在“对齐方式”组中分别单击“居中”按钮和“垂直居中”按钮。当然也可在“设置单元格格式”对话框中进行设置。

(4) 表格外框为最粗单实线，内框为最细单实线，“最高分”行上框线与标题行下框线为双实线。

操作提示：先选中单元格区域 A3:I13，单击“开始”选项卡“字体”组右下角的“对话框启动器”按钮，在弹出的“设置单元格格式”对话框中选择“边框”选项卡，在“样式”列表框中选择“最粗单实线”；颜色没有要求则为“自动”，再单击“预置”区中的“外边框”按钮；在“样式”列表框中选择“最细单实线”；颜色没有要求则为“自动”，再单击“预置”区中的“内部”按钮，然后单击“确定”按钮，完成主要的边框设置。接下来作局部改变，选中 A12:I12 单元格区域，还是在“设置单元格格式”对话框的“边框”选项卡中，选择“样式”为“双实线”，然后单击“边框”区域中的“上边框”按钮，再单击“确定”按钮；选中 A2:I3 单元格区域，类似的方法，可完成标题行下边框线的双实线设置。

(5) 设置标题行、最高分、平均分和优秀率单元格的图案设为“白色，背景 1，深色－25%”。

操作提示：首先选择 A3:I3 单元格区域，然后，按住 Ctrl 键，再分别单击 B12、B13 和 H15 单元格，同时选中需要填充的单元格；单击“开始”选项卡“字体”组中的“填充颜色”按钮右侧的下拉按钮，在弹出的“填充颜色”列表中选择“白色，背景 1，深色－25%”。

(6) 优秀率单元格文字方向 30°；优秀率值的格式为百分比、垂直居中、水平居中；平均分保留两位小数。

操作提示：右击 H15 单元格，在弹出的快捷菜单中执行“设置单元格格式”命令，在弹出的“设置单元格”对话框中“对齐”选项卡中的“方向”区的“角度”设置为 30°；右击 I15 单元格，在弹出的快捷菜单中执行“设置单元格格式”命令，在弹出的“设置单元格”对话框中的“数字”选项卡“分类”列表框中选择“百分比”，选择“小数位数”为 2，在“对齐方式”组中分别单击“居中”按钮和“垂直居中”按钮；选中 E13:H13 单元格区域，单击“开始”选项卡中“数字”组中的“减少小数倍数”按钮。

(7) 设置所有“总分≥270”的总分为“浅蓝”色图案，文字加粗、倾斜；设置“总分＜180”的总分为红色、加粗、倾斜。

操作提示：选中 H4:H11 单元格区域，单击“开始”选项卡“样式”组中的“条件格式”按钮，在弹出的“格式”列表中执行“突出显示单元规则”之下的“大于”命令，在弹出的“大于”对话框中的“为大于以下值的单元格设置格式”文本框中输入“269”；单击“设置为”文本框右侧的下拉按钮，从列表框中执行“自定义格式”命令，在弹出的“设置单元格格式”对话框中的“字体”选项卡中设置“颜色”为“浅蓝”、“字形”为“加粗倾斜”。以类似的方法设置“总分＜180”的总分。

(8) 保存文档。

操作提示：排版完成后，效果如图 9-5 所示，单击“保存”按钮即可。

三、实验思考题

1. 创建表格，求出总评

创建如图 9-6 所示的表格，并求出每个同学的总评，要求如下。

(1) 学号采用自动序列产生。

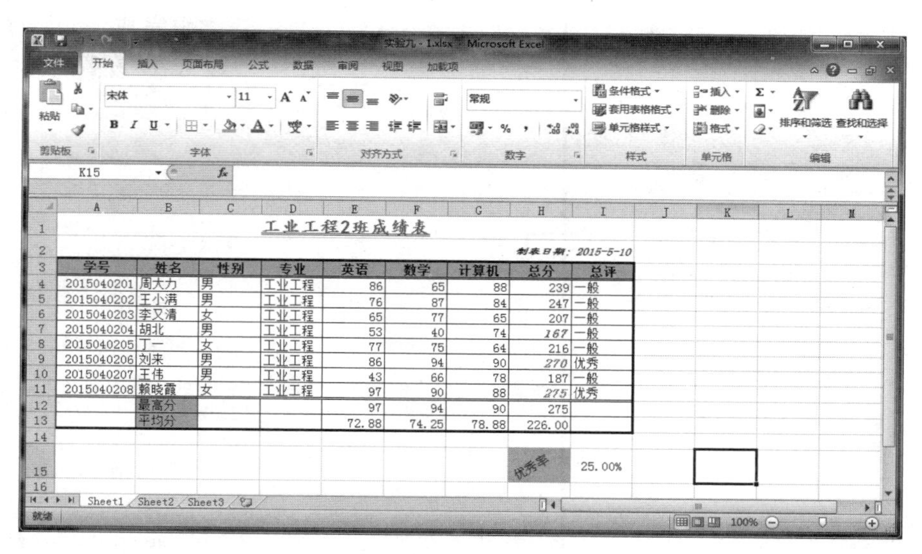

工业工程2班成绩表

制表日期：2015-5-10

学号	姓名	性别	专业	英语	数学	计算机	总分	总评
2015040201	周大力	男	工业工程	86	65	88	239	一般
2015040202	王小满	男	工业工程	76	87	84	247	一般
2015040203	李又清	女	工业工程	65	77	65	207	一般
2015040204	胡北	男	工业工程	53	40	74	167	一般
2015040205	丁一	女	工业工程	77	75	64	216	一般
2015040206	刘来	男	工业工程	86	94	90	270	优秀
2015040207	王伟	男	工业工程	43	66	78	187	一般
2015040208	赖晓霞	女	工业工程	97	90	88	275	优秀
	最高分			97	94	90	275	
	平均分			72.88	74.25	78.88	226.00	

优秀率 25.00%

图 9-5 样图

(2) 总评利用公式：总评＝平时×30%＋期中×30%＋期考×40%来求出。

(3) 按“总评”从高到低排序。

(4) 要对表格进行适当的排版，要求有表格线，“学生成绩表”要放在表格的中间。

(5) 以文件名“实验九-2. xlsx”保存在自己的文件夹下。

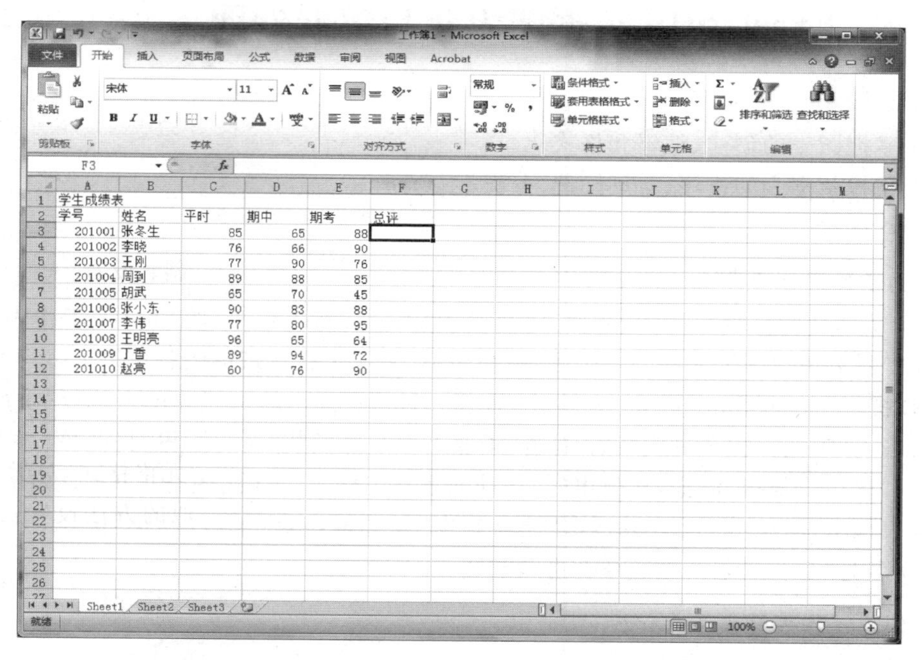

学生成绩表

学号	姓名	平时	期中	期考	总评
201001	张冬生	85	65	88	
201002	李晓	76	66	90	
201003	王刚	77	90	76	
201004	周到	89	88	85	
201005	胡武	65	70	45	
201006	张小东	90	83	88	
201007	李伟	77	80	95	
201008	王明亮	96	65	64	
201009	丁香	89	94	72	
201010	赵亮	60	76	90	

图 9-6 表格一

2. 创建表格，绘折线图

创建如图 9-7 所示的表格，利用公式求出增长率，并绘出家电销售的折线图，以文件名“实验九-3. xlsx”保存在自己的文件夹下。

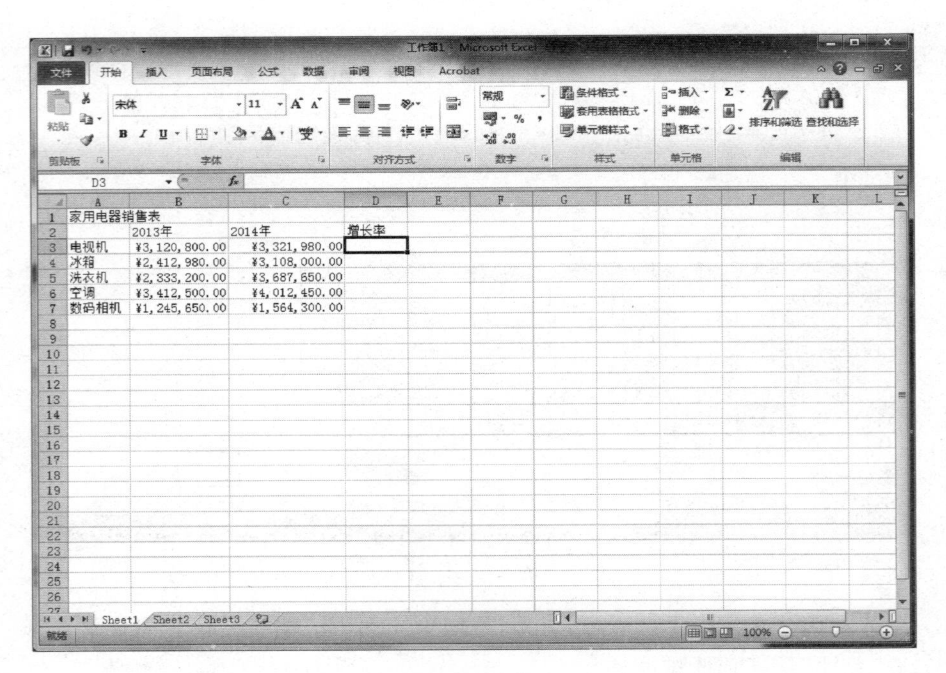

图 9-7　表格二

实验十　Excel 2010 数据图表化与数据处理

一、实验目的

(1) 掌握图表的创建、编辑和格式化。

(2) 掌握数据表的排序、自动筛选、分类汇总。

二、实验内容

1. 为工作表建立副本

打开“D:\专业班级—学号”文件夹中的“实验九-1. xls”文件，将 Sheet1 工作表重命名为“工业工程 2 班成绩”，并复制一个副本，命名为“工业工程 2 班成绩备份”。

操作提示：右击 Sheet1 表的标签处(即 Sheet1)，在弹出的快捷菜单中执行“重命名”命令，然后输入“工业工程 2 班成绩”；右击“工业工程 2 班成绩”表的标签处，在弹出的快捷菜单中执行“移动或复制”命令，在弹出的“移动或复制工作表”对话框中的“下列选定的工作表之前”列表框中选择 Sheet2 表并选中“建立副本”复选框，然后单击“确定”按钮；将工作表副本重命名为“工业工程 2 班成绩备份”，如图 10-1 所示。

2. 创建工作表图表

在“工业工程 2 班成绩备份”工作表中，对前 5 名学生的 3 门课程成绩，创建“三维簇状柱形图”图表，标题为“学生成绩表”。

操作提示：先选中 B4:B8 单元格区域，按住 Ctrl 键，再选中 E4:G8 单元格区域，执行“插入”选项卡“图表”组中的“柱形图”命令下拉按钮，在弹出的“柱形图”列表框中选择“三维簇状柱形图”；选中所建图表的“图例项”，单击“图表工具——设计”选项卡中“数据”组中的

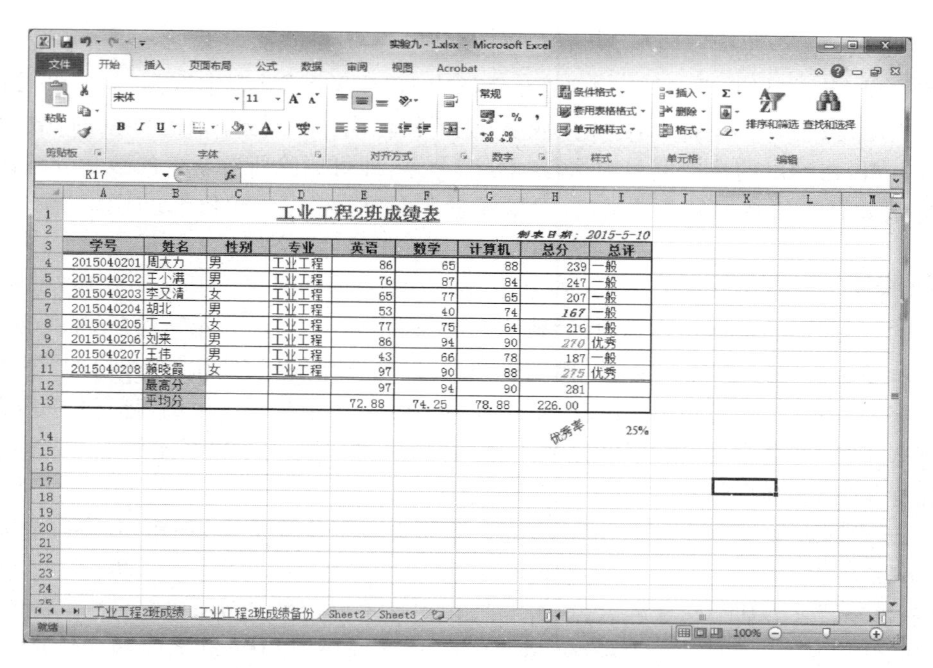

图 10-1　为工作表建立副本

“选择数据”按钮，在弹出的“选择数据源”对话框的“图例项”列表框中选中“系列 1”，然后单击其上方的“编辑”按钮，在弹出的“编辑数据系列”对话框中的“系列名称”文本框中输入“英语”，并依次修改其他两个图例项名称为“数学”和“计算机”；单击“图表工具——设计”选项卡“图表布局”组中的“布局 1”按钮，选中呈现的图表标题并改为“学生成绩表”。完成后的效果如图 10-2 所示。

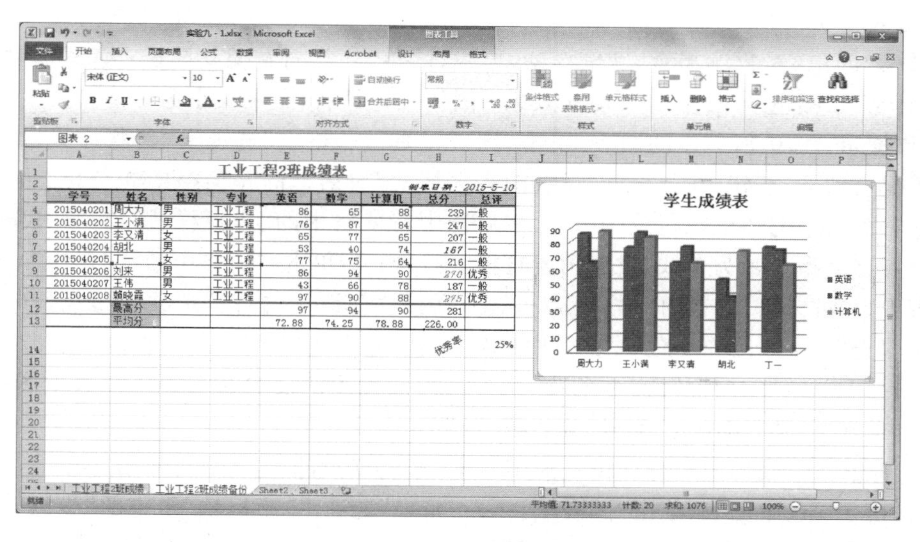

图 10-2　5 名学生的成绩图表

3. 图表的编辑

（1）将以上创建的图表的图表类型改为“簇状圆柱图”，并删除高等数学数据系列。

操作提示:选中所创建的图表,单击"图表工具——设计"选项卡"类型"组中的"更改图表类型"按钮,在弹出的"更改图表类型"对话框中的"柱形图"类型中选择"簇状圆柱图",然后单击"确定"按钮;单击某个学生的"数学成绩"柱形图,即可选中所有学生的"数学成绩"柱形图,右击,在弹出的快捷菜单中执行"删除"命令,即可删除所有学生的数学成绩柱形。

(2) 设定计算机系列显示数据值,数据标志大小为16号、上标效果;计算机系列颜色改为红色。

操作提示:单击某个学生"计算机成绩"柱形图,单击"图表工具——布局"选项卡"标签"组中的"数据标签"按钮,在弹出的"数据标签"列表项中选择"显示",然后,选中所显示的数据标签,单击"开始"选项卡"字体"组右下角的"对话框启动器"按钮,在弹出的"字体"对话框中的"字号"列表框中选择16,并选中"上标"复选框;选中某个学生的"计算机成绩"柱体,单击"图表工具"选项卡中"格式"子选项卡中的"形状样式"组中的"填充颜色"按钮,在弹出的"填充标签"列表项中选择"红色"。

(3) 设定图表中学生姓名字号为12磅;标题文字字体为隶书、加粗、18磅、单下划线。添加分类轴标题"姓名",加粗;添加数值轴标题"分数",粗体、12号、−45°方向。

操作提示:单击某个学生姓名,单击"开始"选项卡"字体"组中的"字号"文本框右侧的下拉按钮,从中选择12号;选中标题,单击"开始"选项卡"字体"组中的按钮完成隶书、加粗、18磅、单下划线的设置;选中图表,单击"图表工具——布局"选项卡"标签"组中的"坐标轴标题"按钮,在弹出的"坐标轴标题"列表中选择"主要横坐标轴标题"下的"坐标轴下方标题"命令,然后,将其改为"姓名"且字号为12、粗体,再次单击"坐标轴标题"按钮,在弹出的"坐标轴标题"列表中选择"主要纵坐标轴标题"下的"横排标题"命令,然后,将其改为"分数"且字号为12、粗体,然后右击鼠标,在弹出的快捷菜单中执行"设置坐标轴标题格式"命令,在弹出的"设置坐标轴标题格式"对话框中的选择"对齐方式",在其中的"自定义角度"文本框中输入"−45"。

(4) 设定图表边框为黑色,宽度3磅,单线,圆角,外部向右偏移阴影;背景墙颜色为橄榄色,强调文字颜色3,淡色60%填充效果;图例位置靠右,文字大小为9磅。

操作提示:选中所创建的图表,单击"图表工具——格式"选项卡"形状样式"组右下角的"对话框启动器"按钮,在弹出的"设置图表区格式"对话框的左窗格中先选择"边框颜色"项,将其右窗格中的边框颜色改为黑色,然后选中右窗格中的"边框样式"项,将其宽度设置为3磅、复合类型设置为单线、在圆角复选框上打钩;再单击右窗格中的"阴影"项,将在"预设"列表中设置"外部"中的"向右偏移";单击"图表工具——格式"选项卡"形状样式"组中的"形状填充"按钮,在弹出的列表项中的"主题颜色"中选中所需的颜色;单击"图表工具——布局"子选项卡"标签"组中的"图例"按钮,设置图例位置靠右,最后,选中图例,单击"开始"选项卡"字体"组中的"字号"列表框,设置其为9。

(5) 将纵数值轴的主要刻度设置为10,最大值为100,字体大小为8磅。

操作提示:选中图表,单击"图表工具——布局"选项卡"坐标轴"组中的"坐标轴"按钮,在弹出的列表框中选择"主要纵坐标轴"项下的"其他主要纵坐标轴选项"项,在弹出的"设置坐标轴格式"对话框中将"主要刻度单位"设置为"固定",其文本框中的值为10.0,"最大值"设置为"固定",其文本框中的值为100;最后,选中图表中的纵轴主要刻度,单击"开始"选项卡"字体"组中的"字号"按钮,设置为8。完成后的图表效果如图10-3所示。

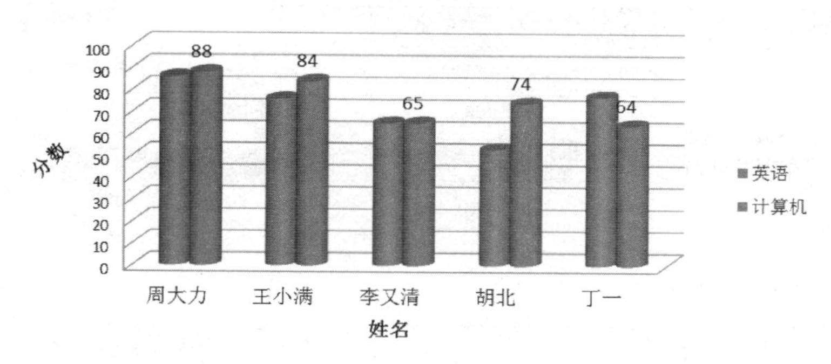

图 10-3 图表效果

4. 数据处理

(1) 建立“工业工程 2 班成绩”表的另一个副本并命名为“工业工程 2 班成绩筛选”，从中筛选总分小于 240 分及大于 270 分的女生记录。

操作提示：创建建立“工业工程 2 班成绩”表的另一个副本，并命名为“工业工程 2 班成绩筛选”；选择 A3:I11 单元格区域，单击“开始”选项卡“编辑”组中的“排序和筛选”按钮下方的下拉按钮，在弹出的列表项中选择“筛选”项，系统将在表格标题行(A3:I3)的每个单元格中的右侧自动加入一个下拉按钮；单击“总分”单元格右侧的下拉按钮，在弹出的“筛选”列表项中选择“数字筛选”下的“自定义筛选”项，在弹出的“自定义自动筛选方式”对话框中作如图 10-4 所示的设置；再单击“性别”单元格右侧的下拉按钮，在弹出的“筛选”列表项中选择“文本筛选”下的“等于”项，在弹出的“自定义自动筛选方式”对话框中的“等于”文本框中输入“女”。完成后的显示信息应该只有 3 位女生。

图 10-4 “自动筛选”的总分筛选条件的设置

(2) 建立“工业工程 2 班成绩”表的另一个副本，并命名为“工业工程 2 班成绩排序”，将该表中数据按性别排序，性别相同的按总分降序排列。

操作提示：首先建立“工业工程 2 班成绩”表的另一个副本并命名为“工业工程 2 班成绩排序”；选择 A3:I11 单元格区域，单击“开始”选项卡“编辑”组中的“排序和筛选”按钮下方的下拉按钮，在弹出的列表项中选择“自定义排序”项，在弹出的如图 10-5 所示的“排序”对话框中先设“主要关键字”为性别按升序排序，再单击“添加条件”按钮，将弹出“次要关键字”设置行，然后选择“总分”按降序排序。

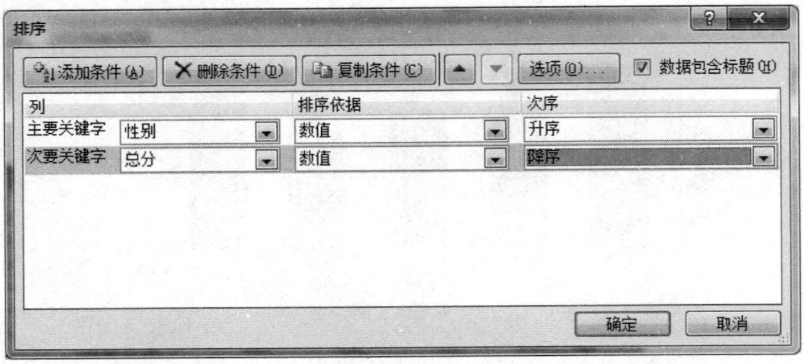

图 10-5 “排序”对话框的性别与总分排序条件的设置

(3) 建立“工业工程 2 班成绩”表的另一个副本并命名为“工业工程 2 班成绩汇总”，将该表中数据按性别分类汇总，在“性别”列统计人数；再次按性别分类汇总，统计各科成绩及总分的平均分。

操作提示：先建立表的备份，并按“性别”进行排序；然后选择 A3:I11 单元格区域，单击“数据”选项卡中“分级显示”组中的“分类汇总”按钮，在弹出的“分类汇总”对话框中将“分类字段”文本框设置为“性别”，“汇总方式”文本框设置为“计数”，“选定汇总项”列表框中选择“性别”，单击“确定”按钮；再次单击“数据”选项卡中“分级显示”组中的“分类汇总”按钮，在弹出的“分类汇总”对话框中将“分类字段”文本框设置为“性别”、“汇总方式”，文本框设置为“平均值”，“选定汇总项”列表框中分别选择“英语”、“数学”、“计算机”和“总分”，并将“替换当前分类汇总”复选框中的“√”去掉，最后单击“确定”按钮。

所有操作完成后，另存为文件名“实验十-1. xlsx”保存。

三、实验思考题

如图 10-6 所示创建工作簿文件“销售. xlsx”，并按下述要求对其进行操作。

	A	B	C	D	E	F	G	H	I	J
1	2014年第1、2季度家电销售情况表									
2	序号	销售小组	产品编号	产品类型	生产厂家	单价	季度	数量	销售额	
3	1	1	A0001	电视机	长虹	3500	1	30		
4	2	1	A0002	电视机	康佳	3420	1	20		
5	3	2	A0003	电视机	海信	4590	1	36		
6	4	2	A0004	电视机	创维	3980	1	52		
7	5	1	B0001	空调机	海信	3600	1	21		
8	6	1	B0002	空调机	美的	3580	1	35		
9	7	2	B0003	空调机	海尔	3900	1	29		
10	8	2	B0004	空调机	科龙	3320	1	29		
11	9	1	A0001	电视机	长虹	3500	2	23		
12	10	1	A0002	电视机	康佳	3420	2	45		
13	11	2	A0003	电视机	海信	4590	2	41		
14	12	2	A0004	电视机	创维	3980	2	34		
15	13	1	B0001	空调机	海信	3600	2	55		
16	14	1	B0002	空调机	美的	3580	2	48		
17	15	2	B0003	空调机	海尔	3900	2	63		
18	16	2	B0004	空调机	科龙	3320	2	56		

图 10-6 家电销售情况表

1. 编辑工作表

(1) 输入数据(有些数据可以用序列填充来实现)。

(2) 计算销售额：使用公式“销售额=单价×数量”来填充“销售额”。

(3) 设置格式：第一行，输入“2014 年第 1、2 季度家电销售情况表”，行高 30 磅，华文行楷、加粗、红色、在 A1～I1 间跨列居中、垂直靠上；设置第二行的行高为 20 磅，字体为幼圆、14 磅、加粗、蓝色，水平、垂直均居中，浅灰色底纹；为表格添加边框，外边框设置为粗线，内部设置为细线。

2. 数据管理

将 Sheet1 工作表制作成 4 个副本，然后按如下要求进行操作。

(1) 排序：在第一个工作表副本中按“产品类型”升序、“生产厂家”降序对工作表进行排序，并将工作表重命名为“排序”。

(2) 分类汇总：在第二个工作表副本中按“季度”分类汇总“销售额”的总和，并将工作表重命名为“分类汇总”。

(3) 高级筛选：在第三个工作表副本中筛选出“产品类型”为“电视机”，“季度”为“1”，“销售额”大于“100000”的记录。

条件区域：在 $D$20 开始的单元格。

筛选结果：在 $A$24 开始的单元格。

在原有数据区域中显示筛选结果，并将工作表重命名为“高级筛选”。

(4) 数据透视表：在第四个工作表副本中按“季度”和“产品类型”对“数量”和“销售额”求和，“季度”在行，“产品类型”在列，数据透视表放在原工作表下方，并将工作表重命名为“数据透视表”。

3. 插入图表

根据“分类汇总”工作表做一个数据点折线图，数据区域为“第一季度”的所有记录，图表标题为“2014 年第一季度销售额”，分类轴标题为“生产厂家”，数值轴标题为“金额”；数据系列为“销售额”；图例位置为“靠上”；分类轴刻度为每个生产厂家显示一个刻度单位；作为新工作表插入，并将图表工作表重命名为“第一季度销售额”。

实验十一　演示文稿 PowerPoint 2010 的建立与编辑

一、实验目的

(1) 掌握演示文稿的创建与保存。

(2) 学会编辑演示文稿。

(3) 学会在演示文稿中插入各种对象。

(4) 掌握幻灯片动画设计与超级链接的制作。

(5) 掌握演示文稿的放映。

二、实验内容

1. 启动 PowerPoint 2010

启动 PowerPoint 2010 有多种方法。

(1) 执行"开始"菜单中的"所有程序"中的"Microsoft Office"文件夹中的"Microsoft PowerPoint 2010"命令,启动 PowerPoint 2010。

(2) 双击桌面上的 PowerPoint 2010 的快捷方式图标,启动 PowerPoint 2010。

(3) 单击"开始"菜单中的"运行"命令,在弹出的"运行"对话框中输入"PowerPoint",单击"确定"按钮(或者按 Enter 键),启动 PowerPoint 2010。

启动 PowerPoint 2010 成功后,会出现如图 11-1 所示界面。

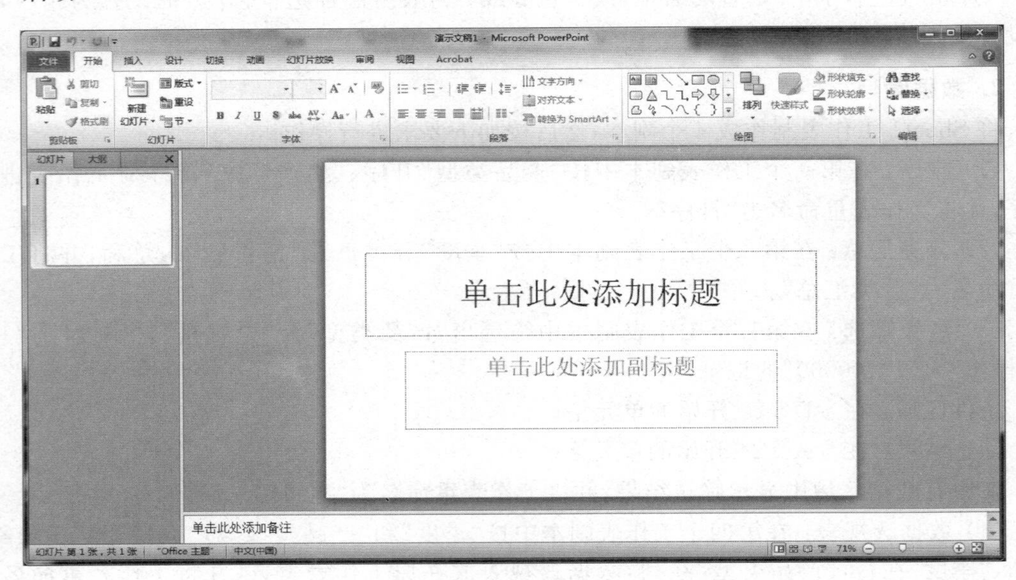

图 11-1 PowerPoint 2010 界面

2. 创建和保存演示文稿

(1) 新建演示文稿

新建演示方稿的方式有多种,可以用内容提示向导建立演示文稿;用模板建立演示文稿;用空白演示文稿的方式创建演示文稿。启动 PowerPoint 2010 后,就可以创建空白演示文稿,系统自动起文件名为"演示文稿 1",用户可以根据需要来选择幻灯片版式。具体操作在此不再一一说明。如果创建好一张幻灯片后,可以在"插入"菜单中选择"新幻灯片"来创建第二张幻灯片,依次类推,直到最后一张幻灯片。

(2) 保存演示文稿

创建幻灯片后,要保存文件,可使用"文件"选项卡中的"保存"命令。这些操作与 Word 2010 的文件操作是一样的,在此不作介绍。

3. 编辑演示文稿

(1) 打开 C:\大学计算机基础实验资源\文件夹中的"PPT 操作题 1. pptx",完成如下操作。

① 把演示文稿第一张幻灯片版式设计为"垂直排列标题与文本"。

操作提示:选中第一张幻灯片,单击"开始"选项卡"幻灯片"组中"版式"按钮右侧的下拉按钮,在弹出的"默认设计版式"列表中选择"垂直排列标题与文本"。

② 把演示文稿的第三张幻灯片的切换效果设置为"立方体",持续时间为 0.5。

操作提示:选中第三张幻灯片,单击"切换"选项卡"切换到此幻灯片"组中的"立方体"

按钮,在“计时”组中的“持续时间”文本框中输入“0.5”。

③ 在演示文稿的第二张幻灯片插入形状为“基本形状”的“太阳形”,用颜色渐变效果填充,设置过渡颜色为“预设”,预设颜色为“熊熊火焰”。

操作提示:选中第二张幻灯片,单击“插入”选项卡“插图”组中的“形状”按钮的下拉按钮,在弹出的列表框中“基本类型”类型中选择“太阳形”,然后在幻灯片中画出一个“太阳”;选择“绘图工具——格式”选项卡“形状样式”组中的“形状填充”命令,在弹出的列表项中选择“渐变”项中的“其他渐变”项,在弹出的“设置形状格式”对话框的右窗格中选择“填充”,在其左窗格中选择“渐变填充”,在“预设颜色”下拉列表项中选择“熊熊火焰”。

④ 设置演示文稿的第五张幻灯片中图像的宽度为7厘米,高度为5厘米,图像控制中的颜色为“冲蚀”,动画效果为“闪烁”。

操作提示:选中第五张幻灯片并单击已经存在的图片,单击“图片工具”选项卡“大小”组右下角的“对话框启动器”按钮,在弹出的“设置图片格式”对话框中的左窗格中选择“大小”,在其右窗格中首先去掉“锁定纵横比”复选项前的“√”,然后在“高度”文本框输入“5”,在“宽度”文本框中输入“7”;选择“设置图片格式”对话框中的左窗格中的“图片颜色”项,单击其右窗格中的“重新着色”下的“预设”按钮右侧的下拉按钮,在弹出的列表项中选择“冲蚀”;选择该图片,选择“动画”选项卡中“动画”组中的“其他”按钮,在弹出的列表项中选择“更多强调效果”项,在弹出的“更改强调效果”对话框中的“华丽型”类型中选择“闪烁”,然后单击“确定”按钮。

⑤ 在演示文稿的第六张幻灯片插入形状为“立方体”,建立超链接,单击鼠标,链接的URL地址为http://www.163.com/。

操作提示:选中第六张幻灯片,单击“插入”选项卡“插图”组中的“形状”按钮的下拉按钮,在弹出的列表项中选择“基本形状”类型中的“立方体”,然后,在幻灯片中画出一个“立方体”形状,然后,单击“链接”组中的“超链接”按钮,在弹出的“插入超链接”对话框中的“地址”文本框中输入“http://www.163.com/”,最后单击“确定”按钮。

以上对演示文稿的编辑是否正确,可以通过放映该演示文稿验证。

(2) 打开C:\大学计算机基础实验资源\文件夹中的“PPT操作题2.pptx”,完成如下操作。

① 把演示文稿第一张幻灯片版式设计为“图片与标题”。

操作提示:选中第一张幻灯片,单击“开始”选项卡“幻灯片”组中的“版式”按钮的下拉按钮,在弹出的“默认设计版式”列表中选择“图片与标题”。

② 把演示文稿的第三张幻灯片的切换效果设置为“随机线条”,持续时间为1.50。

操作提示:选中第三张幻灯片,单击“切换”选项卡“切换到此幻灯片”组中的“随机线条”按钮,在“计时”组中的“持续时间”文本框中输入“1.50”。

③ 在演示文稿的第二张幻灯片插入形状为“基本形状”的“新月形”,用颜色渐变效果填充,设置为过渡颜色为“预设”,预设颜色为“宝石蓝”。

操作提示:选中第二张幻灯片,单击“插入”选项卡“插图”组中的“形状”按钮的下拉按钮,在弹出的列表项中选择“基本形状”类型中的“新月形”,然后,在幻灯片中画出一个“月亮”形状;单击“绘图工具——格式”选项卡“形状样式”组中的“形状填充”按钮,在弹出的列表项中选择“渐变”项中的“其他渐变”项,在弹出的“设置形状格式”对话框的右窗格中选择

“填充”,在其左窗格中选择“渐变填充”,在“预设颜色”下拉列表项中选择“宝石蓝”。

④ 设置演示文稿的第四张幻灯片中插入“水平文本框”,添加文字:“纪念抗日战争胜利70周年”,隶书,40磅,加粗;将文本框的边框设置成“红色(RGB:255,0,0)”,虚实为“短划线”,粗细为“2.25磅”。

操作提示:选中第四张幻灯片,单击“插入”选项卡“文本”组中的“文本框”按钮,然后,在幻灯片中画出一个“文本框”形状;输入文字“纪念抗日战争胜利70周年”,然后,在“开始”选项卡“字体”组中设置其字体为隶书、字号为40磅并且加粗;再选中该文本框的外边框,选择“绘图工具——格式”选项卡,单击“形状样式”组中的“形状轮廓”按钮的下拉按钮,在弹出的列表框中选择颜色为“红色”,在“虚线”项下级列表中选择“短划线”,同样,再选择“粗细”项下的“2.25磅”。

⑤ 在演示文稿的第五张幻灯片插入艺术字“北京申办2022年冬奥会”,并将其形状设置成“两端远”,设置动画效果为“展开”。

操作提示:选中第五张幻灯片,单击“插入”选项卡“文本”组中的“艺术字”按钮,在弹出的“艺术字样式”列表中任选一种,并在动态文本框中输入文字“北京申办2022年冬奥会”,然后,单击“绘图工具”选项卡“艺术字样式”组中的“文本效果”按钮,在弹出的列表框中选择“转换”项下的“弯曲”组中的“两端远”;再单击“动画”选项卡“高级动画”组中的“添加动画”按钮的下拉按钮,在弹出的列表项中选择“更多进入效果”项,在弹出的“添加进入效果”对话框中的“细微型”类型中选择“展开”,然后单击“确定”按钮。

(3) 创建一个“个人简介”或“求职简介”的演示文稿,具体要求如下。

① 内容:要求信息类型(文字、图片、音频、视频等)多样,信息丰富但简练。

② 要求符合演示制作的基本规则,注意文稿主题、合理组织目录结构。

③ 页数不少于10页,内容较为全面、充实。

④ 页面布局:颜色搭配合理,既有文字,又有图片等各种对象。

⑤ 灵活使用演示文稿样式、模板等。

⑥ 幻灯片要有动画设计。

⑦ 灵活使用链接、按钮等相关技术,灵活使用幻灯片切换方式。

⑧ 能够循环播放幻灯片。

⑨ 幻灯片做好后,以文件名“实验十一-1.pptx”保存在“D:\专业班级—学号”文件夹下。

三、实验思考题

选择以下主题中的一个主题,设计下面的幻灯片。

(1) 你所在的学院的介绍。

(2) 本专业知识介绍。

(3) 田径世界锦标赛介绍。

(4) 冬季奥运会项目介绍。

要求:

(1) 所有幻灯片的文字资料和图片资料都可以在网上查找。

(2) 要求幻灯片有图片、文字、声音等对象。

(3) 播放时要有动画,能自动切换。

(4) 幻灯片做好后,以文件名“实验十一-2.pptx”保存在“D:\专业班级—学号”文件夹下。

实验十二 Internet浏览器及Internet服务

一、实验目的

(1) 掌握网络信息资源的检索与获取方法。

(2) 掌握电子邮箱的申请及电子邮件的收发方法。

(3) 掌握FTP文件传送的方法。

二、实验内容

1. Internet浏览器及HTTP服务

以“国庆60周年”为主题,利用百度(http://www.baidu.com)或谷歌(http://www.google.com)搜索工具,在互联网上检索若干篇有关资料(包括新闻、评论、感想各1篇,内容不宜太长),并对搜索结果作下列处理。

(1) 将搜索结果用Word 2010作简单排版后,以docx文档形式保存在“D:\专业班级—学号”文件夹中,文件名分别为“国庆60周年新闻.docx”、“国庆60周年评论.docx”、“国庆60周年感想.docx”。

(2) 下载3幅国庆60年阅兵的图像并保存在“D:\专业班级—学号”文件夹中,文件名为“国庆60周年_1.jpg”、“国庆60周年_2.jpg”、“国庆60周年_3.jpg”。

(3) 将上述3个Word文档和3幅图像压缩成一个压缩包,以自己的班级和学号为文件名(扩展名为.rar),例如CCCCYY.rar(其中CCCC为学生的专业班级,YY为学生的学号),并保存在“D:\专业班级—学号”文件夹中。

2. 电子邮件及SMTP服务

在http://www.163.com或http://www.sohu.com上申请一个免费邮箱,然后发一封邮件给任课教师(老师的邮箱地址由老师临时提供),所发邮件的具体要求如下。

(1) 邮件主题:老师你好,我的姓名是×××(注:×××为学生本人的姓名)。

(2) 邮件附件:CCCCYY.rar(注:CCCC为学生的专业班级,YY为学生的学号)。

3. 文件传送及FTP服务

(1) 启动Internet Explorer浏览器,在地址栏填写一个指定的FTP地址(该FTP地址由老师临时指定)。

(2) 执行“文件”选项卡下的“登录”命令,在“登录”对话框中输入老师提供的用户名和密码,然后单击“登录”按钮。

(3) 进入FTP后,将压缩包CCCCYY.rar用“复制/粘贴”的方法上传到FTP服务器。

4. Serv-U FTP Server软件使用

Serv-U是目前众多的FTP服务器软件之一,通过使用Serv-U,用户能够将任何一台PC设置成一个FTP服务器。这样,用户或其他使用者就能够使用FTP协议,通过在同一网络上的任何一台PC与FTP服务器连接,进行文件或目录的复制、移动、创建和删除等。

以Serv-U为关键词,从互联网上搜索Serv-U FTP Server软件并下载到D盘上,然后安装在本机上。Serv-U FTP Server的安装方法主要有如下步骤。

(1) Serv-U 新版本已经带上了中文,在选择要安装的语言版本时直接显示为简体中文。

(2) 在“许可证”显示页中,选择“我同意”,并单击“下一步”按钮。

(3) 不改变软件默认路径为安装的路径,并单击“下一步”按钮。

(4) 在“额外任务”显示页,全部选中其中的 3 个选择项。

(5) 最后,单击“完成”按钮即可完成 Serv-U FTP Server 的安装。

Serv-U FTP Server 安装完成后,即进入域配置过程,步骤如下。

(1) 安装完后开始进行账户的创建。首先要创建一个域,选择“是”,输入要创建的域的名称(任意一个名称,如 ftp123),进入下一步。

(2) 监听端口,除了保留 21 端口外,其他都取消,避免影响诸如 IIS 等软件功能。

(3) 输入本机的 IP 地址作为 FTP 服务器的 IP 地址,单击“完成”按钮。

(4) 在创建用户向导处选择“否”忽略掉了,可以后期创建。

Serv-U FTP Server 启动成功后,将显示如图 12-1 所示的界面。

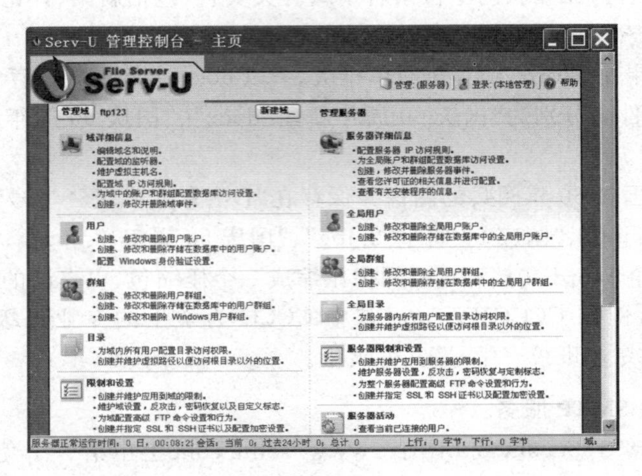

图 12-1 Serv-U FTP Server 界面

单击“管理域”下的“目录”,创建并维护虚拟路径以便访问根目录以外的位置,为域内所有用户配置目录访问权限。系统将弹出如图 12-2 所示的界面。

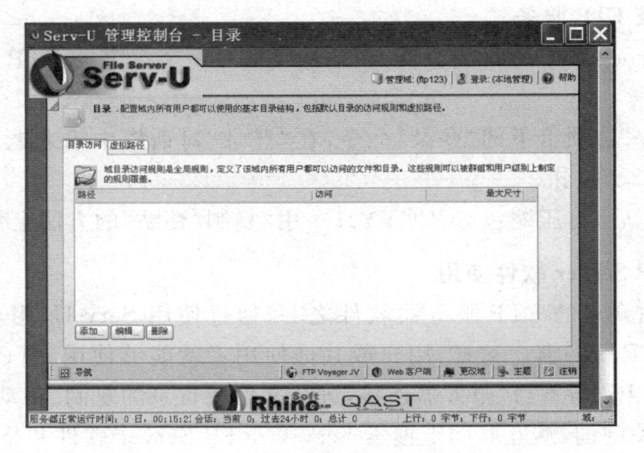

图 12-2 Serv-U FTP Server 目录配置界面

单击“添加”按钮，系统将弹出如图 12-3 所示的“目录访问规则”对话框，从中配置用户都可以使用的目录结构的访问权限。

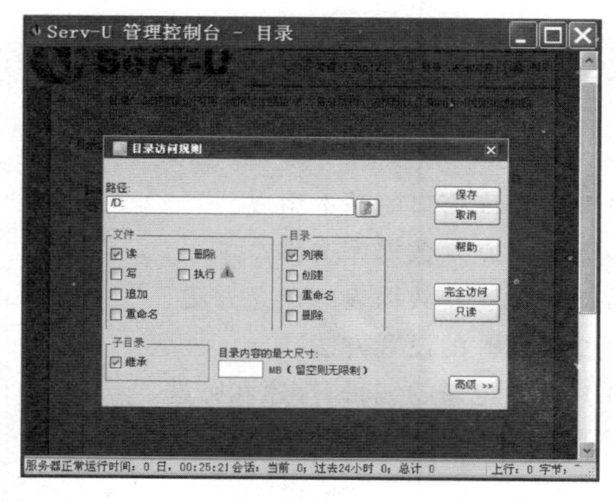

图 12-3 Serv-U FTP Server“目录访问规则”对话框

最后，单击“保存”按钮即可。

将 C:\Program Files 中的 WinRAR 和 Windows Media Player 两个文件夹复制到 D 盘中，作为本次 FTP 实验的文件。然后，从相邻机器的 IE 浏览器上访问 Serv-U FTP Server，并从中下载以上的两个文件夹到相邻机器的桌面上。

5. FTP 客户端软件使用

CuteFTP Pro 是一个全新的商业级 FTP 客户端程序，其加强的文件传输系统能够完全满足今天商家的应用需求。文件通过构建 SSL 或 SSH2 安全认证的客户机/服务器系统进行传输，为 VPN、WAN、Extranet 开发管理人员提供最经济的解决方案。企业再不需要为了一套安全的数据传输系统而破费了。此外，CuteFTP Pro 还提供了 Sophisticated Scripting、目录同步、自动排程、同时多站点连接、多协议支持(FTP、SFTP、HTTP、HTTPS)、智能覆盖、整合的 HTML 编辑器等功能特点以及更加快速的文件传输系统。

以 CuteFTP 为关键字，从互联网上搜索 CuteFTP Pro 软件并下载到 D 盘上，然后以试用方式安装在本机上。该软件安装完成并启动后，可以看到如图 12-4 所示的界面。

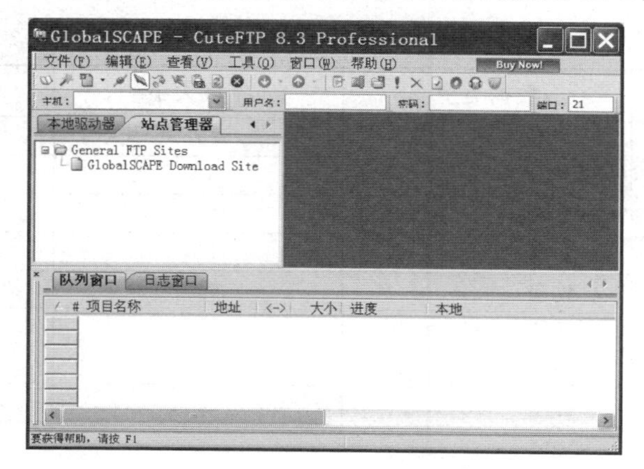

图 12-4 CuteFTP Pro 窗口

只要在该窗口中的“主机”列表框中输入 FTP 服务器的 IP 地址，按 Enter 键，即可登录到指定的 FTP 服务器，并完成相应的 FTP 功能。

实验十三 Access 2010 数据库的创建

一、实验目的

(1) 了解 Access 2010 数据库窗口的基本组成。

(2) 学会如何创建 Access 2010 数据库文件。

(3) 熟练掌握使用 Access 2010 数据表的建立方法。

(4) 掌握 Access 2010 表属性的设置方法。

(5) 掌握 Access 2010 表中记录的编辑、排序和筛选。

(6) 掌握索引和关系的建立。

二、实验内容

(1) 创建一个空的数据库文件，名为“图书管理. accdb”，存在学生自己所建的“D:\专业班级—学号”文件夹中。

操作提示：启动 Access 2010，在 Access 2010 窗口的“可用模板”窗格中选择“空数据库”项，然后，在右侧窗格的“文件名”文本框中输入“图书管理”并指定文件夹，然后，单击“创建”按钮。

(2) 在所创建的“图书管理. accdb”中，按表 13-1、表 13-2 和表 13-3 的结构，在“图书管理. accdb”中创建 DZ、TS、JS 这 3 个表并输入相关数据(见表 13-4 至表 13-6)。

表 13-1 读者表结构(DZ)

字段名称	数据类型	字段大小	主键
借书证号	文本	10	是
姓名	文本	14	否
单位	文本	18	否
电话号码	文本	11	否
照片	OLE 对象		否

表 13-2 图书表结构(TS)

字段名称	数据类型	字段大小	主键
书号	文本	7	是
书名	文本	40	否
作者	文本	14	否
出版社	文本	20	否
价格	数字	货币	否
出版日期	日期/时间(短)		否
是否借出	是/否		否
图书简介	备注		否

表 13-3　借书登记表结构(JS)

字段名称	数据类型	字段大小	主键
流水号	自动编号	长整型	是
借书证号	文本	10	否
书号	文本	7	否
借书日期	日期/时间(短)	—	否
还书日期	日期/时间(短)	—	否

表 13-4　DZ 表中的记录

借书证号	姓　名	单　　位	电话号码	照片
2014020410	张　剑	计算机学院	18107315420	
2014050211	陈秀娟	管理学院	13307313252	
2014040127	周晓慧	经济学院	13207352230	
2014050330	刘丽云	管理学院	15573283355	
2014040504	孙　阳	经济学院	15174056352	
2014020213	李晓虹	计算机学院	15174058231	
2015050101	张　强	电气与自动化学院	13373263211	
2015010610	赵　云	机械工程学院	18607326357	

表 13-5　TS 表中的记录

书　号	书　名	作　者	出　版　社	价格	出版日期	是否借出	简介
JS15021	IT 项目管理	蒋国瑞	电子工业出版社	39.00	2006-10-01	是	
JS17305	云计算	周洪波	电子工业出版社	56.00	2011-06-01	是	
GL26330	营销学原理	傅慧芬	清华大学出版社	35.00	2007-08-01	是	
GL44050	物流学	李松庆	清华大学出版社	50.00	2012-04-01	是	
JJ32101	国际经济学	章昌裕	清华大学出版社	36.80	2008-05-01	是	

表 13-6　JS 表中的记录

流水号	借书证号	书　号	借书日期	还书日期
1	2014020410	GL26330	2014-10-07	2014-10-30
2	2014050330	JJ32101	2014-10-08	2014-11-10
3	2014040127	JJ32101	2014-10-08	2014-11-04
4	2014020213	JS17305	2014-11-15	2014-12-06
5	2014050211	JS15021	2014-11-15	2014-12-11
6	2014040504	JS17305	2014-11-15	2014-12-02
7	2014050211	GL44050	2014-11-16	2014-12-26
8	2014040127	GL26330	2014-11-17	
9	2014020213	JS15021	2014-11-20	2014-12-20

操作提示：右击自动创建的“表 1”标签，在弹出的快捷菜单中执行“设计视图”命令，在弹出的“另存为”对话框中输入表名“DZ”；单击“工具”组中的“主键”按钮以去除原 ID 字段“主键”及字段名，并在“字段名称”列输入“借书证号”，“数据类型”列选择“文本”类型，在“字段属性”窗格中的“常规”选项卡中设置“字段大小”为 9，其余字段的名称、类型和属性依次

输入、选择和设置；选择“创建”选项卡，单击“表设计”按钮，系统将弹出“表1”设计选择卡，以类似的方法完成TS表中所有的字段名称、数据类型和属性的输入和设置，然后，右击该选项卡，在弹出的快捷菜单中执行“保存”命令，在弹出的“另存为”对话框中输入“TS”；最后完成JS表的创建；逐个双击Access 2010窗口右侧“导航窗格”中的所创建的3个表，依次输入由表13-4～表13-6所提供的数据。

(3) 将TS表的“书号”字段名改为“图书编号”；“出版社”字段的默认值设置为“清华大学出版社”；“价格”字段的有效性规则为“价格>0”；有效性文本为“价格必须大于0”。

操作提示：右击Access 2010窗口右侧“导航窗格”中的TS表，在弹出的快捷菜单中执行“设计视图”命令，打开TS表“结构”选项卡，从中将字段名称“书号”改为“图书编号”；选择“出版社”字段，在其“字段属性”窗格的“常规”选项卡中的“默认值”文本框中输入“清华大学出版社”；选择“价格”字段，在其“字段属性”窗格的“常规”选项卡中的“有效性规则”文本框中输入“>0”，在“有效性文本”文本框中输入“价格必须大于0”。

(4) 将JS表的“还书日期”设置有效性规则“还书日期>=借书日期”，有效性文本为“还书日期必须大于等于借书日期”。

操作提示：右击Access 2010窗口右侧“导航窗格”中的JS表，在弹出的快捷菜单中执行“设计视图”命令，打开JS表“结构”选项卡，从中选择“还书日期”字段，在其“字段属性”窗格的“常规”选项卡中的“有效性规则”文本框中输入“还书日期>=借书日期”，在“有效性文本”文本框中输入“还书日期必须大于等于借书日期”。

(5) 在表设计视图窗口，为DZ表的“单位”字段设置查阅属性，显示控件为组合框，行来源类型为值列表，行来源为电气与自动化学院、机械工程学院、建筑工程学院、化学与化工学院、计算机学院、管理工程学院和经济学院。

操作提示：右击Access 2010窗口右侧“导航窗格”中的DZ表，在弹出的快捷菜单中选择“设计视图”命令，打开DZ表“结构”选项卡，从中选择“单位”字段，单击其“数据类型”文本框的下拉按钮，从弹出的列表项中选择“查阅向导”项，在弹出的“查阅向导”对话框中选择“自行键入所需的值”单选项，再单击“下一步”按钮；“列数”为1不变，在“第1列”下的文本框中依次输入“电气与自动化学院”、“机械工程学院”……“经济学院”，然后单击“下一步”按钮；不作其他操作，单击“完成”按钮。

(6) 在DZ表中，将“单位”字段移到“姓名”字段的前面，然后增加一个“电子邮箱”字段，设置该字段的数据类型为“超链接”。

操作提示：右击Access 2010窗口右侧“导航窗格”中的DZ表，在弹出的快捷菜单中选择“设计视图”命令，打开DZ表“结构”选项卡，从中选择“单位”字段行，向上拖曳至“姓名”字段，然后释放鼠标即可完成字段位置的移动；在“照片”字段下方添加“电子邮箱”字段，选定“数据类型”为“超链接”。

(7) 在TS表中添加两条记录，内容如下。

JD08721 人口经济学 李通屏 清华大学出版社 2008-06-01 35.00 是

JX04563 塑料模具新技术 齐贵亮 机械工业出版社 2011-04-01 48.00 是

操作提示：双击Access 2010窗口右侧“导航窗格”中的TS表，打开DZ表选项卡，输入上述内容。

(8) 在DZ表中添加两条记录，内容由学生自行拟定，然后删除DZ表中新添加的第二条记录。

操作提示：双击 Access 2010 窗口右侧“导航窗格”中的 DZ 表，打开 DZ 表选项卡，输入读者自行撰写的数据，然后关闭 DZ 表选项卡；再次双击 DZ 表，右击要删除 DZ 表中新添加的第二条记录，在弹出的快捷菜单中执行“删除记录”命令。

(9) 对上述所建的 3 个表进行备份。

操作提示：选中 Access 2010 窗口右侧“导航窗格”中的 DZ 表，选择“文件”选项卡，在打开的“文件”选项卡中执行“对象另存为”命令，在弹出的“另存为”对话框中单击“确定”按钮即可完成 DZ 表的备份，其他两个表的备份方法类似。

(10) 对 DZ 表按“姓名”升序排序，并保存。

操作提示：双击 Access 2010 窗口右侧“导航窗格”中的 DZ 表，打开 DZ 表选项卡，选中“姓名”字段整列，然后，单击“开始”选项卡“排序和筛选”组中的“升序”按钮，关闭 DZ 选项卡时在弹出的对话框中单击“是”按钮。

(11) 对 JS 表按“借书证号”升序排序，对同一个读者按“借书日期”降序排序，并保存。

操作提示：要注意 Access 2010 对数据表中多个字段组合排序时的顺序。对本题，双击 Access 2010 窗口右侧“导航窗格”中的 JS 表，打开 JS 表选项卡，先选中“借书日期”字段整列，单击“开始”选项卡“排序和筛选”组中的“降序”按钮，再选中“借书证号”字段整列，单击“开始”选项卡“排序和筛选”组中的“升序”按钮，关闭 DZ 选项卡时在弹出的对话框中单击“是”按钮。

(12) 在 DZ 表中，按“单位”字段建立普通索引，索引名为“单位”。

操作提示：右击 Access 2010 窗口右侧“导航窗格”中的 DZ 表，打开 DZ 表结构选项卡，在“表格工具——设计”选项卡中的“显示/隐藏”组中单击“索引”按钮，在弹出的“索引”对话框中，在“索引名称”列的文本框中输入“单位”并在对应的“字段名称”列文本框的下拉按钮中选择“单位”字段，然后关闭该对话框。验证：在“单位”字段的字段属性窗格中的“常规”选项卡中的“索引”栏显示“有(有重复)”。

(13) 在 JS 表中，按“借书证号”和“书号”两个字段建立唯一索引，索引名为“借书证号＋书号”。按“借书证号”和“借书日期”两个字段建立普通索引，索引名为“借书证号＋借书日期”。

操作提示：右击 Access 2010 窗口右侧“导航窗格”中的 JS 表，打开 JS 表“结构”选项卡，在“表格工具——设计”选项卡中的“显示/隐藏”组中双击“索引”按钮，在弹出的“索引”对话框中，在“索引名称”列的文本框中输入“借书证号＋书号”并将“索引属性”窗格中的“唯一索引”项选择“是”，在对应的“字段名称”列文本框的下拉按钮中先选择“书号”字段，再在其下一行文本框的下拉按钮中先选择“借书证号”字段；用类似的方法完成“借书证号＋借书日期”索引的建立，最后关闭该对话框。

(14) 在 DZ 表和 JS 表之间按“借书证号”字段建立关系；在 TS 表和 JS 表之间按“书号”字段建立关系；均实施参照完整性。

操作提示：单击“数据库工具”选项卡“关系”组中的“关系”按钮，系统将打开“关系”选项卡并弹出“显示表”对话框，在其“表”选项卡中将 DZ、TS 和 JS 三个表均添加到“关系”选项卡中；在“关系”选项卡中，将 DZ 表中的“借书证号”字段拖曳至 JS 表的“借书证号”字段，系统将弹出“编辑关系”对话框，在“实施参照完整性”复选框前打钩，然后单击“创建”按钮；

类似的方法完成 TS 表和 JS 表之间按“书号”字段建立关系；最后关闭“关系”选项卡，在弹出的“是否保存布局的更改”对话框中单击“是”按钮。

实验十四 Access 2010 查询设计

一、实验目的

(1) 掌握选择查询的基本方法。

(2) 掌握参数查询的基本方法。

(3) 了解交叉表查询。

二、实验内容

打开“图书管理.accdb”，在实验十四的基础上，完成 Access 2010 相关查询的建立。

(1) 利用“查找不匹配项查询向导”查找从未借过书的读者的借书证号、姓名、单位和电话号码，所产生的查询被命名为“未借过书的读者”，并保存。

操作提示：单击“创建”选项卡“查询”组中的“查询向导”按钮，在弹出的“新建查询”对话框中选择“查找不匹配项查询向导”并单击“确定”按钮；在弹出的“查找不匹配项查询向导”对话框中，选择“表：DZ”，视图选择“表”，然后单击“下一步”按钮；在“请确定哪张表或查询包含相关记录”步骤中选择“表：JS”，然后单击“下一步”按钮；在“请确定在两张表中都有的信息”步骤中直接单击“下一步”按钮；在“请选择查询结果所需的字段”步骤中将要查询的 4 个字段添加到“选定字段”列表框中，然后单击“下一步”按钮；在“请指定查询名称”文本框中输入“未借过书的读者”并单击“完成”按钮。

(2) 利用“查找重复项查询向导”查找同一本书的借阅情况，包含书号、借书证号、借书日期和还书日期，所产生的查询被命名为“同一本书的借阅情况”，并保存。

操作提示：单击“创建”选项卡“查询”组中的“查询向导”按钮，在弹出的“新建查询”对话框中选择“查找重复项查询向导”并单击“确定”按钮；在弹出的“查找重复项查询向导”对话框中，选择“表：JS”，视图选择“表”，然后单击“下一步”按钮；在“请确定可能包含重复信息的字段”步骤中将“书号”添加到“重复值字段”，然后单击“下一步”按钮；在“请确定查询是否显示除带有重复值的字段之外的其他字段”，步骤中将另外 3 个字段添加到“另外的查询字段”，然后单击“下一步”按钮；在“请指定查询名称”文本框中输入“查找同一本书的借阅情况”并单击“完成”按钮。

(3) 利用“交叉表查询向导”查询每个读者的借书情况和借书次数，行标题为“借书证号”，列标题为“书号”，按“借书日期”字段计数。所产生的查询被命名为“借阅明细表”，并保存。

操作提示：单击“创建”选项卡“查询”组中的“查询向导”按钮，在弹出的“新建查询”对话框中选择“交叉表查询向导”并单击“确定”按钮；在弹出的“交叉表查询向导”对话框中，选择“表：JS”，视图选择“表”，然后单击“下一步”按钮；在“请确定用哪些字段的值作为行标题”步骤中将“借书证号”添加到“选定字段”，然后单击“下一步”按钮；在“请确定用哪个字段的值作为列标题”步骤中选定“书号”，然后单击“下一步”按钮；在“请确定为每个列和行的交叉点计算出什么数字”步骤中“字段”选择“借书日期”，“函数”选择“Count”，然后单击“下一步”按钮；在“请指定查询的名称”文本框中输入“借阅明细表”并单击“完成”按钮。

（4）创建一个名为“计算机学院借阅情况”的查询，查找计算机学院读者的借书情况，包括借书证号、姓名、单位、书号、书名和借书日期，并按书名排序。

操作提示：单击“创建”选项卡“查询”组中的“查询设计”按钮，在弹出的“显示表”对话框中的“表”选项卡中将 DZ、JS 和 TS 分别添加到弹出的“查询 1”选项卡中；在“查询设计”窗格的“字段”行，从左至右依次将 DZ 表中的“借书证号”、“姓名”、“单位”，JS 表中的“书号”和“借书日期”以及 TS 的“书名”字段选择到字段文本框中；单击“书名”列与“排序”行的交叉点（文本框）右侧的下拉按钮并选择“升序”；在“单位”列与“条件”行的交叉点（文本框）中输入“计算机学院”；单击“查询工具——设计”选项卡中“结果”组中的“运行”按钮即可看到所需要的查询结果，关闭“查询 1”选项卡，系统将弹出“是否保存对查询‘查询 1’的设计的更改”对话框中单击“是”按钮，在弹出的“另存为”对话框的“查询名称”文本框中输入“计算机学院借阅情况”。

（5）创建一个名为“按书名查询”的参数查询，根据用户输入的书名查询该书的借阅情况，包括借书证号、姓名、书名、作者、借书日期和还书日期。

操作提示：单击“创建”选项卡“查询”组中的“查询设计”按钮，在弹出的“显示表”对话框中的“表”选项卡中将 DZ、JS 和 TS 分别添加到弹出的“查询 1”选项卡中；在“查询设计”窗格的“字段”行，从左至右依次将 DZ 表的“借书证号”、“姓名”，TS 表的“书名”、“作者”及 JS 表的“书号”和“借书日期”选择到字段行文本框中；右击“书名”列与“条件”行的交叉文本框，在弹出的快捷菜单中执行“生成器”命令，在弹出的“生成器”对话框的“表达式”文本框中输入“Like * & [请输入要查询的书名] & *”（注意其中的符号必须是英文半角的），然后单击“确定”按钮；单击“查询工具——设计”选项卡“结果”组中的“运行”按钮即弹出“请输入要查询的书名”对话框，在其文本框中输入要查询的书名即可看到所需要的查询结果，关闭“查询 1”选项卡，在弹出的“另存为”对话框中的“查询名称”文本框中输入“按书名查询”。

（6）创建一个名为“价格总计”的查询，统计各出版社图书价格的总和，查询结果中包括出版社和价格总计两项信息，并按价格总计项降序排列。

操作提示：单击“创建”选项卡“查询”组中的“查询设计”按钮，在弹出的“显示表”对话框中的“表”选项卡中将 TS 添加到弹出的“查询 1”选项卡中；在“查询设计”窗格的“字段”行，将 TS 表的“出版社”字段加入字段行第一个文本框中，在该行第二列文本框中输入“价格总计”；其“表”行对应的单元格中均为 TS；单击“查询工具”选项卡中“设计”子选项卡中的“显示/隐藏”组中的“汇总”按钮，系统将在“查询设计”窗格中增加一行“总计”行，并在文本框中显示 Group by；单击第二列 Group by 右侧的下拉按钮，从弹出的列表项中选择“合计”；单击“查询工具——设计”选项卡“结果”组中的“运行”按钮即看到所要求的查询结果；关闭“查询 1”选项卡，系统将弹出“是否保存对查询‘查询 1’的设计的更改”对话框中单击“是”按钮，在弹出的“另存为”对话框的“查询名称”文本框中输入“价格总计”。

（7）创建一个名为“借书超过 30 天”（还书日期—借书日期＞30）的查询，查找借书人的姓名、借书证号、书名、借书时间和还书时间等信息。

操作提示：单击“创建”选项卡“查询”组中的“查询设计”按钮，在弹出的“显示表”对话框中的“表”选项卡中将 DZ、JS 和 TS 分别添加到弹出的“查询 1”选项卡中；在“查询设计”窗格的“字段”行，从左至右依次将 DZ 表的“姓名”、“借书证号”，TS 表的“书名”及 JS 表的“借书日期”和“还书时间”选择到字段行文本框中；右击“姓名”列与“条件”行的交叉文本框,在弹出的快捷菜单中执行“生成器”命令,在弹出的“生成器”对话框的“表达式”文本框中输入“[还书时间]－[借书时间]＞30”,然后,单击“确定”按钮;单击“查询工具——设计”选项卡中“结果”组中的“运行”按钮即显示所需的查询结果;关闭“查询 1”选项卡,在系统弹出的“是否保存对查询‘查询 1’的设计的更改”对话框中单击“是”按钮,在弹出的“另存为”对话框的“查询名称”文本框中输入“价格总计”。

(8) 创建一个名为“已借出图书”的查询,查找尚未归还的图书的书号、书名和借书日期。

操作提示:单击“创建”选项卡“查询”组中的“查询设计”按钮,在弹出的“显示表”对话框中的“表”选项卡中将 JS 和 TS 分别添加到弹出的“查询 1”选项卡中;在“查询设计”窗格的“字段”行,从左至右依次将 TS 表的“书号”、“书名”及 JS 表的“借书日期”和“还书日期”选择到字段行文本框中,但不显示“还书日期”字段(去掉其“显示”复选框的“√”);在“还书日期”列的“条件”单元格中输入“IS NULL”,然后,单击“查询工具——设计”选项卡中“结果”组中的“运行”按钮即显示所需的查询结果;关闭“查询 1”选项卡,在系统弹出的“是否保存对查询‘查询 1’的设计的更改”对话框中单击“是”按钮,在弹出的“另存为”对话框的“查询名称”文本框中输入“已借出图书”。

(9) 创建一个名为“查询单位借书情况”的生成表查询,将“管理学院”和“经济学院”两个学院的借书情况(包括借书证号、姓名、单位、书号和书名)保存到一个新表中,新表的名称为“单位借书登记”。

操作提示:单击“创建”选项卡“查询”组中的“查询设计”按钮,在弹出的“显示表”对话框中的“表”选项卡中将 DZ、JS 和 TS 分别添加到弹出的“查询 1”选项卡中;在“查询设计”窗格的“字段”行,从左至右依次将 DZ 表的“借书证号”、“姓名”、“单位”和 JS 表的“书号”及 TS 表的“书名”选择到字段行文本框中;在“单位”列的“条件”单元格中输入“管理学院” or “经济学院”,然后,单击“查询工具——设计”选项卡中“查询类型”组中的“生成表”按钮,在系统弹出的“生成表”对话框中的“生成新表表名称”文本框中输入“单位借书登记”并单击“确定”按钮。关闭“查询 1”选项卡,在系统弹出的“是否保存对查询‘查询 1’的设计的更改”对话框中单击“是”按钮,在弹出的“另存为”对话框的“查询名称”文本框中输入“生成表查询”;然后,再双击该“生成表查询”查询,系统将弹出“您正准备执行生成表查询,该查询将修改您表中的数据”对话框中单击“是”按钮,在系统又弹出的“您正准备向新表粘贴 6 行”对话框中单击“是”按钮,即在 Access 2010 导航窗格的“表”对象列表框中显示生成的“单位借书登记”表。

(10) 创建一个名为“添加单位借书情况”的追加查询,将“计算机学院”读者的借书情况添加到“单位借书登记”表中。

操作提示:单击“创建”选项卡“查询”组中的“查询设计”按钮,在弹出的“显示表”对话框中的“表”选项卡中将 DZ、JS 和 TS 分别添加到弹出的“查询 1”选项卡中;在“查询设计”窗格的“字段”行,从左至右依次将 DZ 表的“借书证号”、“姓名”、“单位”和 JS 表的“书号”及 TS 表的“书名”选择到字段行文本框中;在“单位”列的“条件”单元格中输入“计算机学院”,然后,单击“查询工具”选项卡中“设计”子选项卡中“查询类型”组中的“追加”按钮,在系统弹出的“追加”对话框中的“追加到表名称”文本框中输入“单位借书登记”并单击“确定”按钮。关闭“查询 1”选项卡,在系统弹出的“是否保存对查询‘查询 1’的设计的更改”对话框中单击“是”按钮,在弹出的“另存为”对话框的“查询名称”文本框中输入“添加单位借书情况”;然后，再双击该“添加单位借书情况”查询，系统将弹出“您正准备执行追加查询，该查询将修改您表中的数据”对话框中单击“是”按钮，在系统又弹出的“您正准备追加 3 行”对话框中单击“是”按钮，即向“单位借书登记”表追加了 3 条记录。

(11) 创建一个名为“删除单位借书情况”的删除查询，将“经济学院”读者的借书情况从“单位借书登记”表中删除。

操作提示：单击“创建”选项卡“查询”组中的“查询设计”按钮，在弹出的“显示表”对话框中的“表”选项卡中将“单位借书登记”表添加到弹出的“查询 1”选项卡中；单击“查询设计”窗格的“字段”行的第一个单元格中右侧的下拉按钮，选择第一行的“单位借书登记”添加，第二列则选择“单位”添加并在其条件单元格中输入“经济学院”；单击“查询工具”选项卡中“设计”子选项卡中“查询类型”组中的“删除”按钮，系统将在查询设计窗格中增加一行“删除”，该行的第一个单元格自动填入“From”而“单位”对应单元格则填入了“Where”。关闭“查询 1”选项卡，在系统弹出的“是否保存对查询‘查询 1’的设计的更改”对话框中单击“是”按钮，在弹出的“另存为”对话框的“查询名称”文本框中输入“删除单位借书情况”；然后，再双击该“删除单位借书情况”查询，系统将弹出“您正准备执行删除查询，该查询将修改您表中的数据”对话框中单击“是”按钮，在系统又弹出的“你正准备从指定表删除 3 行”对话框中单击“是”按钮，即把“单位借书登记”表中“经济学院”的 3 条记录删除了。

实验十五　Access 2010 SQL 语言

一、实验目的

(1) 掌握 SQL 语言的使用方法。

(2) 利用 SQL 语句实现相关的操作。

(3) 能够独立写出一些较复杂的 SQL 语句。

二、实验内容

根据“图书管理”数据库，用 SQL 完成单表查询。

(1) 用 SQL 完成查找经济学院读者所有信息的查询，名为“经济学院读者信息”。

操作提示：单击“创建”选项卡中“查询”组中的“查询设计”按钮，在弹出的“显示表”对话框中的“表”选项卡中将 DZ 表添加到弹出的“查询 1”选项卡中；单击“查询工具——设计”选项卡中“结果”组中的“视图”按钮的下拉按钮，在弹出的列表中选择“SQL 视图”；在“查询 1”的 SQL 视图中填空或重写相应的 SQL 语句：

```
SELECT * FROM DZ WHERE 单位 = "经济学院";
```

单击“结果”组中的“运行”按钮，即可看到查询结果；关闭“查询 1”选项卡，在系统弹出的“是否保存对查询‘查询 1’的设计的更改”对话框中单击“是”按钮，在弹出的“另存为”对话框的“查询名称”文本框中输入“经济学院读者信息”并单击“确定”按钮。

(2) 用 SQL 完成尚未归还的图书的查询(书号、借书证号和借书日期)，名为“尚未归还的图书”。

操作提示：单击“创建”选项卡中“查询”组中的“查询设计”按钮，在弹出的“显示表”对话框中的“表”选项卡中将 JS 表添加到弹出的“查询 1”选项卡中；单击“查询工具——设计”

选项卡中“结果”组中的“视图”按钮的下拉按钮,在弹出的列表中选择“SQL 视图”;在“查询1”的 SQL 视图中填空或重写相应的 SQL 语句:

```
SELECT 书号,借书证号,借书日期 FROM JS WHERE 还书日期 IS NULL;
```

单击“结果”组中的“运行”按钮,即可看到查询结果;关闭“查询 1”选项卡,在系统弹出的“是否保存对查询‘查询 1’的设计的更改”对话框中单击“是”按钮,在弹出的“另存为”对话框的“查询名称”文本框中输入“尚未归还的图书”并单击“确定”按钮。

(3) 用 SQL 完成每本书每次借出的天数的查询,名为“图书借出天数”。

操作提示:单击“创建”选项卡中“查询”组中的“查询设计”按钮,在弹出的“显示表”对话框中的“表”选项卡中将 JS 表添加到弹出的“查询 1”选项卡中;单击“查询工具——设计”选项卡中“结果”组中的“视图”按钮的下拉按钮,在弹出的列表中选择“SQL 视图”;在“查询1”的 SQL 视图中填空或重写相应的 SQL 语句:

```
SELECT 借书证号,书号,还书日期 - 借书日期 AS 借出天数 FROM JS WHERE 还书日期 IS NOT NULL;
```

单击“结果”组中的“运行”按钮,即可看到查询结果;关闭“查询 1”选项卡,在系统弹出的“是否保存对查询‘查询 1’的设计的更改”对话框中单击“是”按钮,在弹出的“另存为”对话框的“查询名称”文本框中输入“图书借出天数”并单击“确定”按钮。

(4) 用 SQL 完成每本书的借阅次数的查询,名为“图书借阅次数统计”。

操作提示:单击“创建”选项卡中“查询”组中的“查询设计”按钮,在弹出的“显示表”对话框中的“表”选项卡中将 JS 表添加到弹出的“查询 1”选项卡中;单击“查询工具——设计”选项卡中“结果”组中的“视图”按钮的下拉按钮,在弹出的列表中选择“SQL 视图”;在“查询1”的 SQL 视图中填空或重写相应的 SQL 语句:

```
SELECT 书号,COUNT( * ) AS 借阅次数 FROM JS GROUP BY 书号;
```

单击“结果”组中的“运行”按钮,即可看到查询结果;关闭“查询 1”选项卡,在系统弹出的“是否保存对查询‘查询 1’的设计的更改”对话框中单击“是”按钮,在弹出的“另存为”对话框的“查询名称”文本框中输入“图书借阅次数统计”并单击“确定”按钮。

(5) 用 SQL 完成各出版社图书的价格总计并按降序输出的查询,名为“图书价格总计”。

操作提示:单击“创建”选项卡“查询”组中的“查询设计”按钮,在弹出的“显示表”对话框中的“表”选项卡中将 TS 表添加到弹出的“查询 1”选项卡中;单击“查询工具——设计”选项卡中“结果”组中的“视图”按钮的下拉按钮,在弹出的列表中选择“SQL 视图”;在“查询1”的 SQL 视图中填空或重写相应的 SQL 语句:

```
SELECT 出版社,SUM(价格) AS 价格总计 FROM TS GROUP BY 出版社;
```

单击“结果”组中的“运行”按钮,即可看到查询结果;关闭“查询 1”选项卡,在系统弹出的“是否保存对查询‘查询 1’的设计的更改”对话框中单击“是”按钮,在弹出的“另存为”对话框的“查询名称”文本框中输入“图书价格总计”并单击“确定”按钮。

根据“图书管理”数据库,用 SQL 语句完成多表查询。

(1) 用 SQL 语句查询所有借过书的读者姓名和借书日期,名为“读者借阅信息”。

操作提示:单击“创建”选项卡“查询”组中的“查询设计”按钮,在弹出的“显示表”对话框框中的“表”选项卡中将TS表和JS表添加到弹出的“查询1”选项卡中；单击“查询工具——设计”子选项卡中“结果”组中的“视图”按钮的下拉按钮，在弹出的列表中选择“SQL视图”；在“查询1”的SQL视图中填空或重写相应的SQL语句：

```
SELECT 姓名,借书日期 FROM DZ INNER JOIN JS ON DZ.借书证号 = JS.借书证号;
```

单击“结果”组中的“运行”按钮，即可看到查询结果；关闭“查询1”选项卡，在系统弹出的“是否保存对查询‘查询1’的设计的更改”对话框中单击“是”按钮，在弹出的“另存为”对话框的“查询名称”文本框中输入“读者借阅信息”并单击“确定”按钮。

(2) 用SQL语句查询所有借阅了《国际经济学》的读者的姓名和借书证号，名为“《国际经济学》读者”。

操作提示：单击“创建”选项卡“查询”组中的“查询设计”按钮，在弹出的“显示表”对话框中的“表”选项卡中将TS、JS和TS表添加到弹出的“查询1”选项卡中；单击“查询工具——设计”选项卡中“结果”组中的“视图”按钮的下拉按钮，在弹出的列表中选择“SQL视图”；在“查询1”的SQL视图中填空或重写相应的SQL语句：

```
SELECT 姓名,DZ.借书证号 FROM TS INNER JOIN (DZ INNER JOIN JS ON DZ.借书证号 = JS.借书证号) ON
TS.书号 = JS.书号 WHERE 书名 = "国际经济学";
```

单击“结果”组中的“运行”按钮，即可看到查询结果；关闭“查询1”选项卡，在系统弹出的“是否保存对查询‘查询1’的设计的更改”对话框中单击“是”按钮，在弹出的“另存为”对话框的“查询名称”文本框中输入“《国际经济学》读者”并单击“确定”按钮。

(3) 用SQL语句查询至今没有归还的图书的书名和出版社，名为“未归还图书”。

操作提示：单击“创建”选项卡“查询”组中的“查询设计”按钮，在弹出的“显示表”对话框中的“表”选项卡中将JS和TS表添加到弹出的“查询1”选项卡中；单击“查询工具——设计”选项卡中“结果”组中的“视图”按钮的下拉按钮，在弹出的列表中选择“SQL视图”；在“查询1”的SQL视图中填空或重写相应的SQL语句：

```
SELECT 书名,出版社 FROM TS INNER JOIN JS ON TS.书号 = JS.书号 WHERE 还书日期 IS NULL;
```

单击“结果”组中的“运行”按钮，即可看到查询结果；关闭“查询1”选项卡，在系统弹出的“是否保存对查询‘查询1’的设计的更改”对话框中单击“是”按钮，在弹出的“另存为”对话框的“查询名称”文本框中输入“未归还图书”并单击“确定”按钮。

特别提示：在SQL视图中的SQL语句不能用双引号括起来，其中的符号如逗号、等号、双引号、分号均必须是英文半角的。

三、实验思考题

将多表查询实验中的SQL语句用等值连接实现。

实验十六　Access 2010 窗体设计

一、实验目的

(1) 掌握窗体设计的方法。

(2) 根据具体要求设计窗体，并使用窗体完成相关操作。

二、实验内容

(1) 建立一个纵栏式"读者登记"窗体,数据源为 DZ 表,窗体标题为"读者登记"。

操作提示: 打开数据库"图书管理.accdb"。执行"创建"选项卡"窗体"组中的"窗体向导"命令,即弹出"窗体向导"对话框,在"表/查询"列表框中选择"表: DZ"并将 DZ 表的所有字段全选为"选定字段",然后单击"下一步"按钮;在"请确定窗体使用的布局"步骤中选择"纵栏表",再单击"下一步"按钮;在"请为窗体指定标题"文本框中输入"读者登记",然后单击"完成"按钮。完成后的窗体如图 16-1 所示。

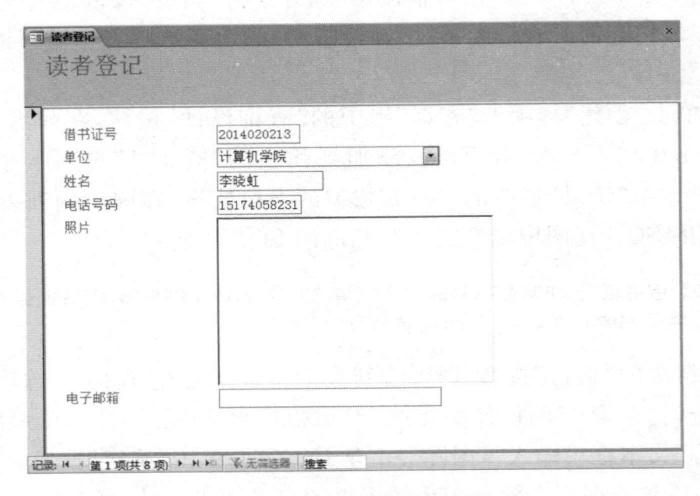

图 16-1 纵栏式"读者登记"窗体

(2) 建立一个纵栏式"图书登记"窗体。数据源为 TS 表,窗体标题为"图书登记",要求出版社的信息(电子工业出版社、清华大学出版社、高等教育出版社、上海交通大学出版社、人民邮电出版社)利用组合框控件输入或选择。然后通过窗体添加两条新记录,内容自行确定。

操作提示: 打开数据库"图书管理.accdb"。执行"创建"选项卡"窗体"组中的"窗体向导"命令,即弹出"窗体向导"对话框,在"表/查询"列表框中选择"表: TS"并将 TS 表的所有字段全选为"选定字段",然后单击"下一步"按钮;在"请确定窗体使用的布局"步骤中选择"纵栏表",再单击"下一步"按钮;在"请为窗体指定标题"文本框中输入"图书登记",然后单击"完成"按钮。接下来,要对已创建的窗体进行修改,单击"窗体设计工具——设计"选项卡中"视图"组中的"视图"按钮的下拉按钮,从弹出的列表中选择"设计视图",从中选择"出版社"文本框,右击,在弹出的快捷菜单中执行"更改为"菜单下的"组合框"命令,即完成文本框向列表框的更改。然后单击"工具"组中的"属性表"按钮,即在窗口的右侧弹出"属性表"对话框并呈现"出版社"组合框属性的数据卡,从中将"行来源类型"属性设置为"值列表",将"行来源"属性文本框中输入多个出版社名称并用分号隔离开来"电子工业出版社;清华大学出版社;高等教育出版社;上海交通大学出版社;人民邮电出版社"。最后,切换到"窗体视图"即可。完成后的窗体如图 16-2 所示。

(3) 建立一个表格式"借书登记"窗体,数据源为 JS 表,窗体标题为"借书登记",并增加两个文本框,以显示当前日期和统计借书人次数。

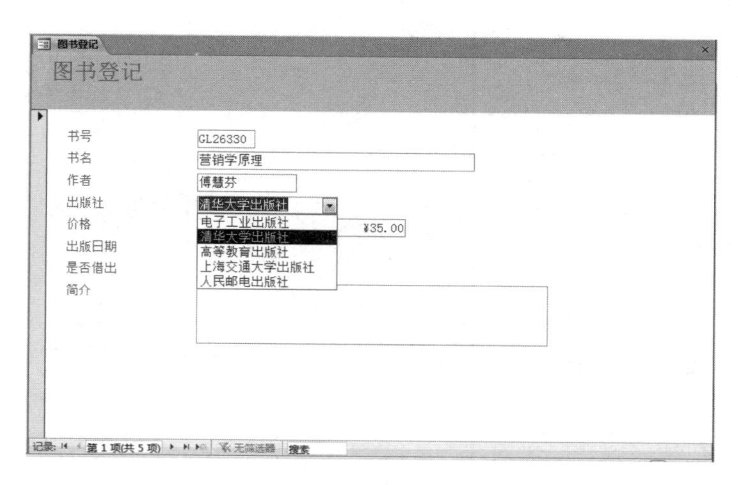

图 16-2　带组合框的“图书登记”窗体

操作提示：打开数据库“图书管理.accdb”。执行“创建”选项卡“窗体”组中的“窗体向导”命令，即弹出“窗体向导”对话框，在“表/查询”列表框中选择“表：JS”并将JS表的所有字段全选为“选定字段”，然后单击“下一步”按钮；在“请确定窗体使用的布局”步骤中选择“表格”，再单击“下一步”按钮；在“请为窗体指定标题”文本框中输入“借书登记”，然后单击“完成”按钮；接下来，要对已创建的窗体进行修改，单击“窗体设计工具——设计”选项卡中“视图”组中的“视图”按钮的下拉按钮，从弹出的列表中选择“设计视图”，从中将“窗体页脚”底边拖下（加大窗体页脚节区），以留出能容纳两个文本框控件的位置；从“控件”组中选择“文本框”控件按钮，在窗体页脚节区分别绘出两个矩形，并将其标签的“标题”分别修改为“当前日期：”和“借书人次数：”，选择第一个“文本框”控件，将其属性表中“数据”选项卡中的“控件来源”属性设置为“=Date()”，选择第二个“文本框”控件，将其属性表中“数据”选项卡中的“控件来源”属性设置为“=Count([流水号])”，如图16-3所示；切换到窗体视图，即可看到如图16-4所示的窗体视图效果。

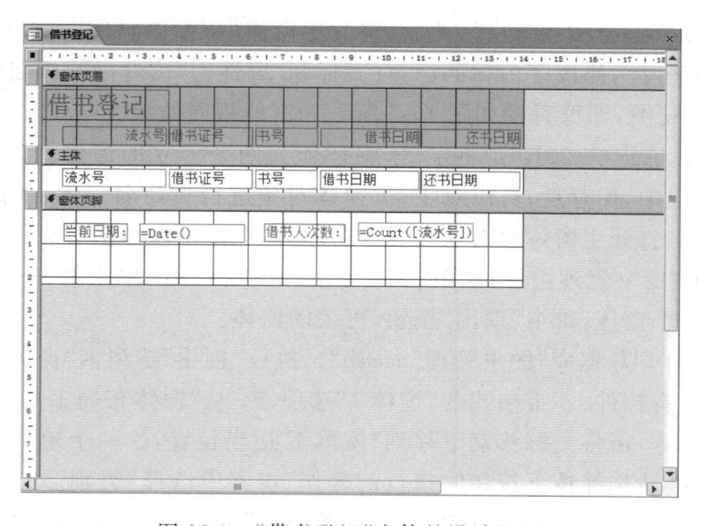

图 16-3　“借书登记”窗体的设计视图

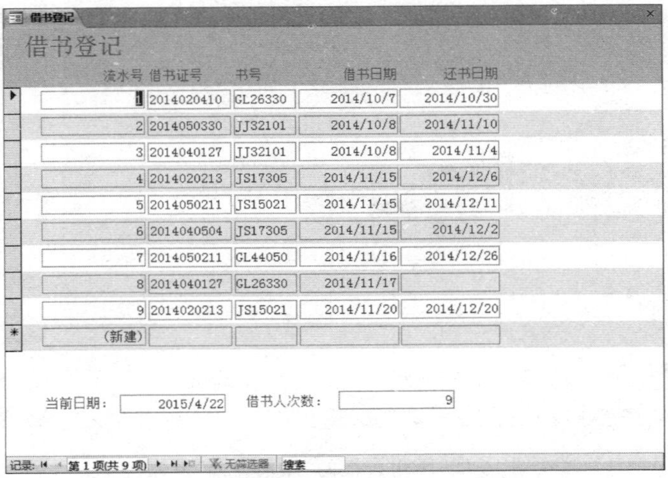

借书登记

流水号	借书证号	书号	借书日期	还书日期
1	2014020410	GL26330	2014/10/7	2014/10/30
2	2014050330	JJ32101	2014/10/8	2014/11/10
3	2014040127	JJ32101	2014/10/8	2014/11/4
4	2014020213	JS17305	2014/11/15	2014/12/6
5	2014050211	JS15021	2014/11/15	2014/12/11
6	2014040504	JS17305	2014/11/15	2014/12/2
7	2014050211	GL44050	2014/11/16	2014/12/26
8	2014040127	GL26330	2014/11/17	
9	2014020213	JS15021	2014/11/20	2014/12/20
(新建)				

当前日期: 2015/4/22 借书人次数: 9

记录: 第1项(共9项) 无筛选器 搜索

图 16-4 “借书登记”窗体的窗体视图

(4) 建立一个“读者借书情况”的主子窗体,主窗体显示读者的借书证号、姓名和单位。子窗体显示相应读者的借阅情况,包括借书证号、书号、书名、借书日期和还书日期。

操作提示:打开数据库“图书管理.accdb”。执行“创建”选项卡“窗体”组中的“窗体向导”命令,即弹出“窗体向导”对话框,在“表/查询”列表框中先选择“表:DZ”并将其中的“借书证号”、“姓名”和“单位”添加到“选定字段”,再从“表/查询”列表框中选择“表:JS”并将其中的“借书证号”、“书号”、“借书日期”和“还书日期”添加到“选定字段”,再从“表/查询”列表框中先选择“表:TS”并将其中的“书名”添加到“选定字段”中,注意,“书名”字段添加的位置要在“书号”之后,然后单击“下一步”按钮;在“请确定查看数据的方式”步骤中选择“带有子窗体的窗体”,再单击“下一步”按钮;在“请指定子窗体使用的布局”步骤中选择“数据表”,然后单击“下一步”按钮;在“请为窗体指定标题”步骤中单击“完成”按钮;接下来,要对已创建的窗体进行修改,切换到窗体的“设计视图”,首先调整子窗体的宽度(以能完全显示子窗体所有字段数据为准)和位置,然后,修改主窗体的“窗体页眉”节区的标签的“标题”属性为“读者借书情况”,修改子窗体的标签的“标题”属性为“读者借阅详细情况”,如图 16-5 所示;切换到窗体视图,即可看到如图 16-6 所示的窗体视图效果。

需要说明的是,Access 2010 是将主、子窗体作为两个分立的窗体对象分列于“导航向导”的窗体对象列表中,保存后,可以对主、子窗体对象进行重命名。主、子窗体均可以正常打开,双击主窗体名打开主窗体时自动打开子窗体,而双击子窗体名时只打开子窗体。

(5) 建立一个“图书管理主界面”的窗体,如图 16-7 所示。单击各命令按钮,应能分别打开上面建立的 4 个窗体,单击“退出”按钮,可关闭窗体。

操作提示 1:打开数据库“图书管理.accdb”。执行“创建”选项卡“窗体”组中的“空白窗体”命令,即弹出没有控件、不带格式的“窗体 1”选项卡;从“窗体布局工具”选项卡中“控件”组中执行“按钮”命令,再将光标移动下移到“窗体 1”适当位置,绘一个矩形,即弹出“命令按钮向导”对话框,在“请选择按下按钮时执行的操作”步骤中选择“类别”列表框中的“窗体操作”、“操作”列表框中的“打开窗体”,然后单击“下一步”按钮;在“请确定命令按钮打开的窗体:”步骤中先选择“读者登记”,然后单击“下一步”按钮;在“可以通过该按钮来查找要显

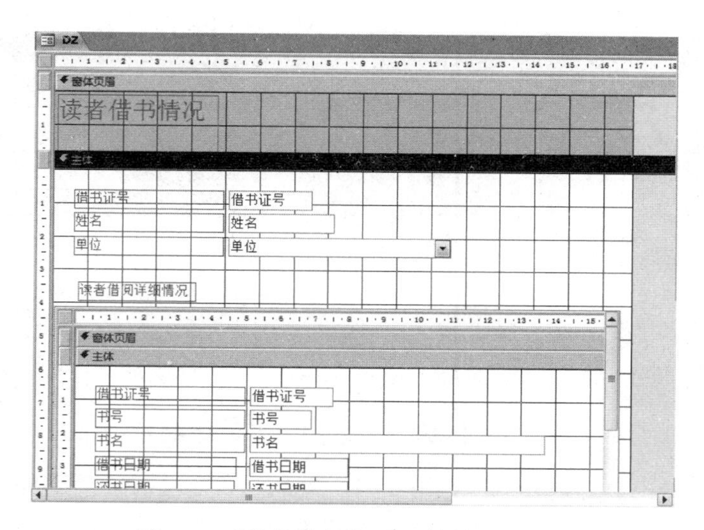

图 16-5　“读者借书情况”窗体的设计视图

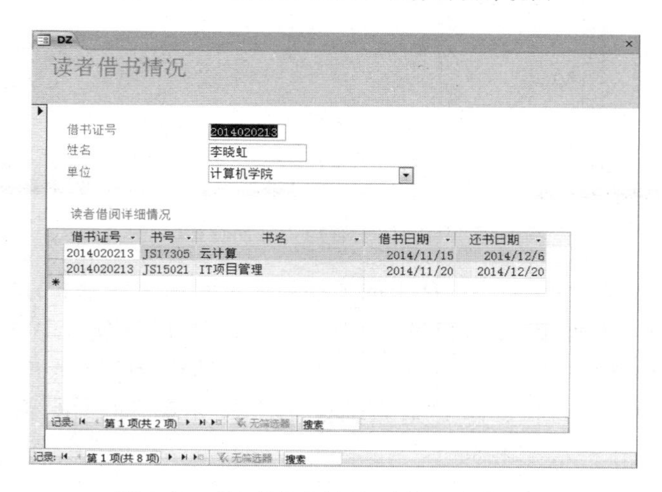

图 16-6　“读者借书情况”窗体的窗体视图

示在窗体中的特定信息”步骤中直接单击“下一步”按钮；在“请确定在按钮上显示文本还是图片”步骤中选择“文本”，并将文本框中的文字改为“读者登记”，然后单击“下一步”按钮；在“请指定按钮的名称”步骤中因为题目没有要求，因此取默认名称即可，单击“完成”按钮，即为“窗体 1”添加了第一个按钮控件。用同样的方法在“窗体 1”中添加其余 3 个打开窗体的按钮控件；添加“退出”命令按钮时，在进入“命令按钮向导”对话框时在“类别”列表框中选择“应用程序”，然后单击“下一步”按钮，在“请确定在按钮上显示文本还是图片”步骤中选择“文本”，并将文本框中的文字改为“退出”，单击“完成”按钮即可。读者会发现，添加的 5 个按钮是连在一起的，成了一个“命令按钮组”。为了将这 5 个按钮分解开，右击其中的一个按钮控件，在弹出的快捷菜单中选择“布局”项下的“删除布局”，即可将该按钮从原有的布局中拆分开，可以拖曳该按钮至合适的位置，如此，可将另外的按钮拆分开并拖曳到适当位置。关闭“窗体 1”选项卡，系统将弹出“另存为”对话框，在其文本框中输入“图书管理主界面”，并单击“确定”按钮。在“导航窗格”中双击“图书管理主界面”窗体，即可打开“图书管理

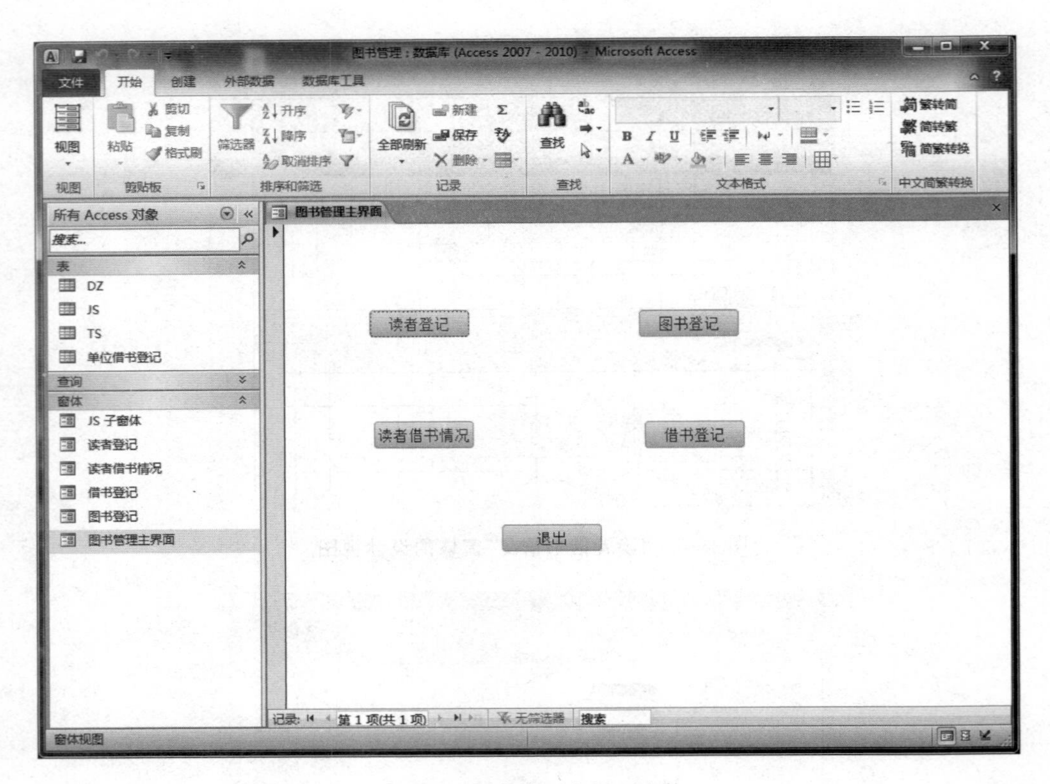

图 16-7　图书管理主界面窗体

主界面”窗体，如图 16-7 所示，单击窗体上的各按钮即可实现题目要求的功能。

操作提示 2：打开数据库“图书管理. accdb”。执行“创建”选项卡中“窗体”组中的“窗体设计”命令，即弹出带栅格的“窗体 1”选项卡；从“窗体布局工具”选项卡中“控件”组中执行“按钮”命令，再将光标移动到“窗体 1”适当位置，绘一个矩形，即弹出“命令按钮向导”对话框，后续的操作与“操作提示 1”相同。

第二部分

习题与解答

第一章 计算机概述

一、单选题

1. 第一台电子计算机 ENIAC 的产生是为了满足(　　)需要。
   A. 军事　　B. 农业　　C. 工业　　D. 医学
2. 微型计算机中使用的数据库管理系统属于下列计算机应用中的(　　)。
   A. 人工智能　　B. 专家系统　　C. 信息管理　　D. 科学计算
3. Internet 实现了分布在世界各地的各类网络的互联，其最基础和核心的协议是(　　)。
   A. TCP/IP　　B. FTP　　C. HTML　　D. HTTP
4. 下列叙述正确的是(　　)。
   A. 计算机中所存储处理的信息是模拟信号
   B. 数字信息易受外界条件的影响而造成失真
   C. 光盘中所存储的信息是数字信息
   D. 模拟信息将逐步取代数字信息
5. 冯·诺依曼理论体系下的计算机五大逻辑部件是(　　)。
   A. 运算器、鼠标、存储器、输入设备、输出设备
   B. 运算器、控制器、显示器、输入设备、输出设备
   C. CPU、存储器、打印机、输出设备、主机
   D. 运算器、控制器、存储器、输入设备、输出设备
6. 计算机中信息处理的核心部件是(　　)。
   A. VCD　　B. ROM　　C. CPU　　D. DVD
7. “计算机辅助设计”的英文缩写是(　　)。
   A. CAM　　B. CAI　　C. CAT　　D. CAD
8. 计算机指令通常包含(　　)两部分。
   A. 数据和字符　　B. 操作码和地址码
   C. 运算符和数据　　D. 被运算数和结果

9. 汇编语言是一种(　　)程序设计语言。

A. 与具体计算机无关的高级　　B. 面向问题的

C. 依赖于具体计算机的低级　　D. 面向过程的

10. 世界上第一台电子计算机诞生于(　　)年。

A. 1994　　B. 1946　　C. 1949　　D. 1950

11. 第二代计算机采用的主要逻辑部件是(　　)。

A. 电子管　　B. 晶体管

C. 中小规模集成电路　　D. 超大规模集成电路

12. 下列四条叙述中,正确的一条是(　　)。

A. 世界上第一台电子计算机 ENIAC 首次实现了"程序存储"方案

B. 按照计算机的规模,人们把计算机的发展过程分为 5 个时代

C. 微型计算机最早出现于第二代计算机中

D. 冯·诺依曼提出的计算机体系结构奠定了现代计算机的结构基础

13. 某单位自行开发的工资管理系统,按计算机应用的类型划分,属于(　　)。

A. 科学计算　　B. 数据处理　　C. 实时控制　　D. 辅助设计

14. 英文缩写 CAI 的中文意思是(　　)。

A. 计算机辅助设计　　B. 计算机辅助制造

C. 计算机辅助教学　　D. 计算机辅助测试

15. 微型计算机的核心部件是(　　)。

A. 集成电路　　B. 晶体管　　C. 电子管　　D. 中央处理器

16. 微型计算机的性能主要取决于(　　)。

A. 键盘　　B. 显示器　　C. 中央处理器　　D. 硬盘

17. 微型计算机中(　　)的存取速度最快。

A. 高速缓存　　B. 外存储器　　C. 寄存器　　D. 内存储器

18. 微型计算机的发展是以(　　)的发展为表征的。

A. 微处理器　　B. 软件　　C. 主机　　D. 控制器

19. 个人计算机属于(　　)。

A. 小巨型机　　B. 中型机　　C. 小型机　　D. 微型机

20. 为解决某一特定问题而设计的指令序列称为(　　)。

A. 文档　　B. 语言　　C. 程序　　D. 系统

21. 计算机能直接识别和执行的语言是(　　)。

A. 机器语言　　B. 高级语言　　C. 汇编语言　　D. 数据库语言

22. 在计算机领域中通常用 MIPS 来描述(　　)。

A. 计算机运算速度　　B. 计算机可靠性

C. 计算机可运行性　　D. 计算机可扩充性

23. 在微机性能指标中,内存通常是指(　　)。

A. ROM　　B. RAM　　C. Cache　　D. 虚拟内存

24. 计算机的技术性能指标主要是指(　　)。

A. 计算机所配备语言、操作系统和外围设备

B. 硬盘的容量和内存的容量

C. 显示器的分辨率、打印机的性能等配置

D. 运算速度、存储器容量和外设性能

25. 冯·诺依曼计算机工作原理的设计思想是(　　)。

A. 程序设计　B. 程序存储　C. 程序编制　D. 算法设计

26. 每秒执行百万指令数简称为(　　)。

A. CPU　B. MIPS　C. I/O　D. PCI

27. 完整的计算机系统由(　　)组成。

A. CPU、存储器、输入设备和输出设备

B. 主机和外部设备

C. 硬件系统和软件系统

D. 主机箱、显示器、键盘、鼠标、打印机

28. 世界上首次提出存储程序计算机体系结构的科学家是(　　)。

A. 莫奇莱　B. 艾伦·图灵　C. 乔治·布尔　D. 冯·诺依曼

29. 下列叙述正确的是(　　)。

A. 摩尔定律是电子计算机必须遵循的定理

B. GPU 可以取代 CPU

C. 微机是比个人计算机还要小的计算机

D. 冯·诺依曼体系结构是现代计算机的基础

30. 你认为最能准确反映计算机主要功能的是(　　)。

A. 计算机可以代替人的脑力劳动　B. 计算机可以存储大量信息

C. 计算机是一种信号处理机　D. 计算机可以实现高速度的运算

31. 计算机内部信息的表示及存储均采用二进制形式,最主要的原因是(　　)。

A. 计算方式简单　B. 表示形式单一

C. 避免与十进制相混淆　D. 与电路硬件相适

32. 目前计算机的应用领域可大致分为 3 个方面,指出下列答案中正确的是(　　)。

A. 计算机辅助教学　专家系统　人工智能

B. 工程计算　数据结构　文字处理

C. 实时控制　科学计算　数据处理

D. 数值处理　人工智能　操作系统

33. 目前计算机应用最广泛的领域是(　　)。

A. 人工智能和专家系统　B. 科学技术与工程计算

C. 数据处理与办公自动化　D. 辅助设计与辅助制造

34. 办公室自动化是计算机的一大应用领域,按计算机应用的分类,它属于(　　)。

A. 科学计算　B. 辅助设计　C. 实时控制　D. 数据处理

35. 英文缩写 CAM 的中文意思是(　　)。

A. 计算机辅助设计　B. 计算机辅助制造

C. 计算机辅助教学　D. 计算机辅助管理

36. 著名的“摩尔定律”是由(　　)首先提出的。

A. 比尔·盖茨　B. 戈登·摩尔　C. 冯·诺依曼　D. 艾伦·图灵

37. GPU是新出现在计算机中的一种重要部件,其功能是(　　)。

A. 增加内存容量　　B. 加速图像处理速度

C. 降低计算机功率　　D. 降低计算机成本

38. 现代微型机中采用的主要元件是(　　)。

A. 电子管　　B. 晶体管

C. 中小规模IC　　D. 大/超大规模IC

39. 下列关于世界上第一台电子计算机ENIAC的叙述中,(　　)是不正确的。

A. ENIAC是1946年在美国诞生的　　B. 它主要采用电子管和继电器

C. 它首次采用了冯·诺依曼体系结构　　D. 它主要用于弹道计算

40. 多核微处理器在一个芯片上封装了两个以上独立处理器。不太可能封装个数是(　　)。

A. 2　　B. 3　　C. 4　　D. 5

41. 摩尔定律指出:集成电路上可容纳的晶体管数目,约每隔(　　)个月便会增加一倍,性能也将提升一倍。

A. 18　　B. 16　　C. 14　　D. 20

42. 图灵机是英国数学家图灵于(　　)年提出的一种抽象计算模型。

A. 1926　　B. 1936　　C. 1946　　D. 1956

43. 下面的计算机模型中是"冯·诺依曼结构"的是(　　)。

A. 数据驱动模型　　B. 需求驱动模型

C. 模式匹配驱动模型　　D. 程序存储模型

44. 不是网络计算的是(　　)。

A. 企业计算　　B. 网格计算　　C. 并行计算　　D. 对等计算

45. 龙芯3号是我国自己生产的高性能CPU芯片,它的首款型号内有(　　)个内核。

A. 3　　B. 4　　C. 6　　D. 8

46. "天河一号"是我国首台(　　)超级计算机。

A. 千万亿次　　B. 百万亿次　　C. 十万亿次　　D. 十千万亿次

47. 关于多内核微处理器的一个不正确的说法是(　　)。

A. 在一块芯片上封装两个以上的独立处理器

B. 它相比单核CPU的体积要大得多

C. 相比单核CPU的信息处理速度要快得多

D. 它是高性能处理器的发展趋势

48. 中国正式加入互联网的时间是(　　)年。

A. 1994　　B. 1990　　C. 1996　　D. 1992

49. 我国首台千万亿次超级计算机系统"天河一号"的2009年度TOP500排名为第(　　)名。

A. 3　　B. 4　　C. 5　　D. 6

50. 2002年中国人设计的首款通用CPU芯片流片成功,该通用CPU芯片的代号是(　　)。

A. 奔腾　　B. 龙芯　　C. 异龙　　D. 酷睿

51. 计算机的分类有多种方式，IEEE 把计算机分成(　　)大类。

A. 6　　B. 5　　C. 4　　D. 8

52. 我国的“天河二号”超级计算机，以峰值计算速度每秒 5.49 亿亿次、持续计算速度每秒 3.39 亿亿次双精度浮点运算成绩首次问鼎 TOP500，时间为(　　)。

A. 2013 年 6 月　　B. 2013 年 12 月　　C. 2012 年 6 月　　D. 2014 年 6 月

53. 我国的“天河二号”超级计算机，至 2015 年 11 月已连续问鼎 TOP500，实现了(　　)。

A. 五连冠　　B. 六连冠　　C. 七连冠　　D. 八连冠

54. 我国的“天河-1A”于(　　)在 TOP500 中首次夺魁。

A. 2010 年 6 月　　B. 2010 年 11 月　　C. 2012 年 6 月　　D. 2013 年 6 月

55. 冯·诺伊曼于(　　)年提出了著名的冯·诺伊曼结构。

A. 1936　　B. 1942　　C. 1945　　D. 1946

二、判断题

1. 汇编语言和机器语言都属于低级语言，之所以称为低级语言是因为用它们编写的程序可以被计算机直接识别执行。(　　)

2. 多台计算机相连，就形成了一个网络系统。(　　)

3. 电子计算机的发展已经经历了四代，第一代的电子计算机都不是按照存储程序和程序控制原理设计的。(　　)

4. 指令和数据在计算机内部都是以区位码形式存储的。(　　)

5. 字长是衡量计算机精度和运算速度的主要技术指标。(　　)

6. 汇编语言属于低级语言，但不能被计算机直接识别执行。(　　)

7. 决定计算机计算精度的主要技术指标是计算机的存储容量。(　　)

8. CAD 系统是指利用计算机来帮助设计人员进行设计工作的系统。(　　)

9. 计算机的性能指标完全由 CPU 决定。(　　)

10. 内存又称主存储器，用于存取程序和数据。计算机存取数据的时间快慢主要取决于内存，内存的大小和读写速度直接影响到系统的速度及整机性能。(　　)

11. 现代计算机已经进入了智能时代。(　　)

12. 从技术角度上来说，智能手机就是一台计算机。(　　)

第二章　计算机中信息的表示与运算

一、单选题

1. 已知 $A=(00111101)_2$，$B=(3C)_{16}$，C=64，则 A、B、C 的值的大小满足(　　)。

A. A<B<C　　B. B<A<C　　C. B<C<A　　D. C<B<A

2. 与十进制 254 等值的二进制数是(　　)。

A. 11111110　　B. 11101111　　C. 11101110　　D. 11111011

3. 下列叙述中，正确的是(　　)。

A. 一个字符的 ASCII 码占一个字节的存储量，其最高位二进制数总为 0

B. 大写英文字母的 ASCII 码值大于小写英文字母的 ASCII 码值

C. 同一个英文字母(如字母 A)的 ASCII 码值和它在汉字系统下的全角内码值是相同的

D. 一个字符的 ASCII 码与它的内码是不同的

4. 汉字字库中存储的是汉字的(　　)。

A. 输入码　B. 字形码　C. 机内码　D. 区位码

5. 16 个二进制位可表示整数的范围是(　　)。

A. 0～65535　B. －32768～32767

C. －32768～32768　D. A、B 项均可

6. 下列四个不同数制表示的数中,数值最大的是(　　)。

A. $(11011101)_2$　B. $(334)_8$　C. 219　D. $(DA)_{16}$

7. 与十六进制数值 CD 等值的十进制数是(　　)。

A. 204　B. 205　C. 206　D. 203

8. 国标 GB 2312—80 规定,每个汉字用(　　)个字节表示。

A. 1　B. 2　C. 3　D. 4

9. 在微机中,应用最普遍的字符编码是(　　)。

A. BCD 码　B. ASCII 码　C. 汉字编码　D. 补码

10. 计算机中所有信息的存储都采用(　　)。

A. 十进制　B. 十六进制　C. ASCII 码　D. 二进制

11. 用一个字节最多能编出(　　)个不同的二进制码。

A. 8　B. 16　C. 128　D. 256

12. 十进制数 27 对应的二进制数为(　　)。

A. 1011　B. 1100　C. 10111　D. 11011

13. 执行下列二进制数算术加法运算 10101010+00101010,其结果是(　　)。

A. 11010100　B. 11010010　C. 10101010　D. 00101010

14. 执行下列逻辑加运算(逻辑或运算)10101010 ∨ 01001010,其结果是(　　)。

A. 11110100　B. 11101010　C. 10001010　D. 11100000

15. 根据 GB 2312—80 的规定,1KB 的存储容量能存储的汉字内码的个数是(　　)。

A. 128　B. 256　C. 512　D. 1024

16. 下列编码中,正确的汉字机内码是(　　)。

A. 6EF6H　B. FB6FH　C. A3A3H　D. C97CH

17. 有符号的 8 位二进制整数 1000110 转换成十进制数是(　　)。

A. 70　B. －6　C. 6　D. －70

18. 字长为 6 位的无符号二进制整数最大能表示的十进制整数是(　　)。

A. 64　B. 63　C. 32　D. 31

19. 已知 3 个字符为 a、Z 和 8,按它们的 ASCII 码值升序排序,结果是(　　)。

A. 8, a, Z　B. a, 8, Z　C. a, Z, 8　D. 8, Z, a

20. 十进制数 111 转换成无符号二进制整数是(　　)。

A. 01100101　B. 01101001　C. 01100111　D. 01101111

21. 已知 a＝00111000B 和 b＝2FH，则两者比较的正确不等式是(　　)。
   A. a＞b　　B. a＝＝b　　C. a＜b　　D. 不能比较
22. 按照数的进位制概念，下列各数中正确的八进制数是(　　)。
   A. 8707　　B. 1101　　C. 4109　　D. 10BF
23. 在下列字符中，其 ASCII 码值最小的一个是(　　)。
   A. 9　　B. p　　C. Z　　D. a
24. 根据汉字国标 GB 2312—80 的规定，一个汉字的内码码长为(　　)bit。
   A. 8　　B. 18　　C. 16　　D. 24
25. 一个字长为 7 位的无符号二进制数能表示的十进制数值范围是(　　)。
   A. 0～128　　B. 0～127　　C. 1～128　　D. 1～127
26. 一个字符的标准 ASCII 码码长是(　　)bit。
   A. 8　　B. 7　　C. 16　　D. 6
27. 汉字国标码把汉字分成两个等级，其中一级常用汉字的排列顺序是按(　　)。
   A. 汉语拼音字母顺序　　B. 偏旁部首
   C. 笔画多少　　D. 以上都不对
28. 十进制数 101 转换成八进制数等于(　　)。
   A. 146　　B. 148　　C. 145　　D. 147
29. 二进制数 101110 转换成等值的十六进制数是(　　)。
   A. 2C　　B. 2D　　C. 2E　　D. 2F
30. 汉字输入码可分为有重码和无重码两类，下列属于无重码类的是(　　)。
   A. 全拼码　　B. 自然码　　C. 区位码　　D. 简拼码
31. 数字字符 8 的 ASCII 码的十进制表示为(　　)。
   A. 56　　B. 58　　C. 60　　D. 54
32. 十进制小数 0.7109375 所对应的二进制数是(　　)。
   A. 0.1011001　　B. 0.0100111　　C. 0.1011011　　D. 0.1010011
33. 将二进制数 101111101.0101 转换成八进制数是(　　)。
   A. 155.11　　B. 555.21　　C. 575.24　　D. 155.21
34. 无符号二进制整数 1000110 转换成十进制数是(　　)。
   A. 68　　B. 70　　C. 72　　D. 74
35. ASCII 码是(　　)。
   A. 条件码　　B. 二至十进制编码
   C. 二进制码　　D. 标准信息交换码
36. 计算机内存中存储的英文字符信息都是以其(　　)形式存储的。
   A. 字符　　B. 二进制 ASCII 数
   C. 十进制 ASCII 数　　D. BCD 码
37. 汉字的拼音输入码属于汉字的(　　)。
   A. 外码　　B. 内码　　C. ASCII 码　　D. 标准码
38. 某汉字的区位码是 5448，它的机内码是(　　)。
   A. B6B0H　　B. C5C0H　　C. E5D0H　　D. D5E0H

39. 计算机中,一个浮点数由两部分组成,它们是(　　)。

A. 阶码和尾数　　B. 基数和尾数　　C. 阶码和基数　　D. 整数和小数

40. 下列十进制数与二进制数转换结果正确的是(　　)。

A. 8=00000110B　　B. 4=00001000B

C. 10=00001100B　　D. 9=00001001B

41. 已知 A=$(01111101)_2$,B=$(7C)_{16}$,C=128,则不等式(　　)成立。

A. A<B<C　　B. B<A<C　　C. B<C<A　　D. C<B<A

42. 与十六进制 FE 等值的二进制数是(　　)。

A. 11111110　　B. 11101111　　C. 11101110　　D. 11111011

43. 下列叙述中,正确的一条是(　　)。

A. 大写英文字母的 ASCII 码值小于小写英文字母的 ASCII 码值

B. 一个字符的标准 ASCII 码占一个字节的存储量,其最高位二进制数总为 1

C. 同一个英文字母如字母 A 的 ASCII 码值和它在汉字系统下的全角内码值是相同的

D. 一个字符的 ASCII 码与它的内码是不同的

44. 根据汉字国标码 GB 2312—80 的规定,将汉字分为常用汉字(一级)和非常用汉字(二级)两级汉字。二级汉字按(　　)排列。

A. 偏旁部首　　B. 汉语拼音字母顺序

C. 笔画多少　　D. 使用频率多少

45. 存储一个汉字交换码所需的字节数是(　　)个。

A. 1　　B. 8　　C. 4　　D. 2

46. 输入"计算机 XYZ"3 个汉字和 3 个英文大写字母,占存储器的字节数为(　　)。

A. 10　　B. 9　　C. 6　　D. 12

47. 下列 4 个不同数制表示的数中,数值最小的是(　　)。

A. $(AF)_{16}$　　B. $(334)_8$　　C. 219　　D. $(11011101)_2$

48. 下列 4 个无字符十进制整数中,能用 8 个二进制位表示的是(　　)。

A. 257　　B. 201　　C. 313　　D. 296

49. 与十六进制数值 FA 等值的十进制数是(　　)。

A. 270　　B. 350　　C. 250　　D. 260

50. 与十进制数 254 等值的二进制数是(　　)。

A. 11111110　　B. 11101111　　C. 11111011　　D. 11101110

51. 与十进制数 91 等值的八进制数为(　　)。

A. 123　　B. 213　　C. 231　　D. 133

52. 将十进制数 196.0625 转换成二进制数,应该是(　　)。

A. 11000100.00001　　B. 11100100.00001

C. 11001000.0001　　D. 11000100.0001

53. 以下十六进制数的运算,(　　)是正确的。

A. 1+9=A　　B. 1+9=B　　C. 1+9=C　　D. 1+9=10

54. 二进制数 1110111.11 转换成十进制数是(　　)。

A. 119.375　　B. 119.75　　C. 119.125　　D. 119.11

55. 计算机内部存储的负数是以(　　)形式。

A. 补码　　B. 原码　　C. 反码　　D. 十进制码

56. 存放10个16×16点阵的汉字字模，至少需要存储空间为(　　)。

A. 64B　　B. 128B　　C. 320B　　D. 1KB

57. 在一个非零的无符号二进制整数后加两个零得到一个新数，该新数是原数的(　　)。

A. 2倍　　B. 4倍　　C. 1/2　　D. 1/4

58. 在下列各点阵的汉字字库中，(　　)点阵字库中的汉字字形显示的比较清晰美观。

A. 16×16　　B. 24×24　　C. 10×10　　D. 18×18

59. 若有三十二进制数，其每个数码分别采用0～9和A～V来表示，逢32进1，现有三十二进制数$(2B)_{32}$，该值的相应十进制数为(　　)。

A. 101　　B. 74　　C. 75　　D. 76

60. 与十六进制数$(BC)_{16}$等值的二进制数是(　　)。

A. 10111011　　B. 10111100　　C. 11001100　　D. 11001011

61. 存储一个32×32点阵汉字字型信息的字节数是(　　)B。

A. 64　　B. 128　　C. 256　　D. 512

62. 微型计算机能处理的最小数据单位是(　　)。

A. ASCII码字符　　B. 字节

C. 字符串　　D. 比特(二进制位)

63. 下列数据中，有可能是八进制数的是(　　)。

A. 238　　B. 764　　C. 396　　D. 789

64. 十进制数25.6875约等于十六进制数(　　)。

A. 1D.58　　B. 19.78　　C. 19.B　　D. 19.D

65. 存储器容量常用KB表示，4KB表示的存储器容量是(　　)。

A. 4000个字　　B. 4000个字节　　C. 4096个字　　D. 4096个字节

二、判断题

1. 汉字键盘输入方案有许多种，但按编码原理，主要分为数码(顺序码)、音码、形码和音形码四类。(　　)

2. 计算机中的字符，一般采用ASCII码编码方案。若已知H的ASCII码值为48H，则可能推断出J的ASCII码值为50H。(　　)

3. 指令和数据在计算机内部都是以区位码形式存储的。(　　)

4. 输入汉字的编码方法有很多种，输入计算机后，都按各自的编码方法存储在计算机内部，所以在计算机内部处理汉字信息相当复杂。(　　)

5. 在汉字系统中，我国国标汉字一律是按偏旁部首顺序排列的。(　　)

6. 指令与数据在计算机内是以ASCII码进行存储的。(　　)

7. 计算机内所有的信息都是以十进制数码形式表示的。(　　)

8. 汉字的拼音输入码属于汉字字形码。(　　)

9. 计算机中，一个浮点数由两部分组成，它们是阶码和尾数。(　　)

10. 一个字符的标准ASCII码占一个字节的存储量，其最高位二进制数总为0。(　　)

11. 一个正数的反码与其原码相同。 ( )
12. 一个字符的 ASCII 码与它的内码是不同的。 ( )
13. 存储一个汉字所需的字节数是两个。 ( )
14. 数值 258 不可能是八进制数。 ( )
15. 微型计算机中使用最普遍的字符编码是 ASCII 码。 ( )
16. 二进制数 1110111.11 转换成十进制数是 119.125。 ( )
17. 存放一个 16×16 点阵的汉字字模,需要存储空间为 32 个字节。 ( )
18. 将一个非零的无符号二进制整数向右移动一位,新数是原数的 1/2。 ( )
19. 计算机内部的汉字内码就是汉字信息码。 ( )
20. 微型计算机能处理的最小数据单位是比特(二进制位)。 ( )

第三章 计算机硬件系统基础

一、单选题

1. 完整的计算机硬件系统由( )组成。
   A. 运算器、控制器、存储器、输入输出设备 B. 主机和外部设备
   C. 主机箱、显示器、键盘、鼠标、打印机 D. 硬件系统和软件系统
2. 任何程序都必须加载到( )中才能被 CPU 执行。
   A. 磁盘 B. 硬盘 C. 内存 D. 外存
3. 下列设备中,属于输出设备的是( )。
   A. 显示器 B. 键盘 C. 鼠标 D. 手字板
4. 计算机信息计量单位中的 K 代表( )。
   A. 10^2 B. 2^{10} C. 10^3 D. 2^8
5. RAM 代表的是( )。
   A. 只读存储器 B. 高速缓存器 C. 随机存储器 D. 软盘存储器
6. 组成计算机的 CPU 的两大部件是( )。
   A. 运算器和控制器 B. 控制器和寄存器
   C. 运算器和内存 D. 控制器和内存
7. 在描述信息传输中 bps 表示的是( )。
   A. 每秒字节数 B. 每秒指令数 C. 每秒字数 D. 每秒位数
8. 微型计算机的内存容量主要是指( )的容量。
   A. RAM B. ROM C. CMOS D. Cache
9. 计算机的三类总线中,不包括( )。
   A. 控制总线 B. 地址总线 C. 传输总线 D. 数据总线
10. 在计算机上插 U 盘的接口常是( )标准接口。
    A. UPS B. USP C. UBS D. USB
11. 计算机硬件能直接识别并执行的语言是( )。
    A. 高级语言 B. 算法语言 C. 机器语言 D. 符号语言

12. 计算机中对数据进行加工与处理的部件，通常称为(　　)。
A. 运算器　　B. 控制器　　C. 显示器　　D. 存储器

13. 微型计算机中内存储器比外存储器(　　)。
A. 读写速度快　　B. 存储容量大
C. 运算速度慢　　D. 以上三项都对

14. 硬盘工作时应特别注意避免(　　)。
A. 噪声　　B. 震动　　C. 潮湿　　D. 日光

15. 具有多媒体功能的微型计算机系统中，常用的CD-ROM是(　　)。
A. 只读型大容量软盘　　B. 只读型光盘
C. 只读型硬盘　　D. 半导体只读存储器

16. 下列设备中，既能向主机输入数据又能接收主机输出数据的设备是(　　)。
A. CD-ROM　　B. 显示器　　C. 磁盘驱动器　　D. 鼠标

17. 在微型计算机内存储器中，不能用指令修改其存储内容的部分是(　　)。
A. RAM　　B. DRAM　　C. ROM　　D. SRAM

18. 微机系统与外部交换信息主要通过(　　)。
A. 输入输出设备　　B. 键盘　　C. 光盘　　D. 内存

19. 硬盘属于(　　)。
A. 输入设备　　B. 输出设备　　C. 内存储器　　D. 外存储器

20. 通常人们说的“双核”微机，其中“双核”的含义是(　　)。
A. 两根内存条　　B. 两个CPU
C. 一个含双核CPU　　D. 两个硬盘

21. 断电会使存储数据丢失的存储器是(　　)。
A. RAM　　B. 硬盘　　C. ROM　　D. 软盘

22. 内存储器是计算机系统中的记忆设备，它主要用于(　　)。
A. 存放数据　　B. 存放程序
C. 存放数据和程序　　D. 存放地址

23. 显示器的像素分辨率是(　　)好。
A. 越高越　　B. 越低越　　C. 中等为　　D. 一般为

24. 目前计算机技术中，专有名词PCI指的是(　　)。
A. 产品型号　　B. 总线标准
C. 微机系统名称　　D. 微处理器型号

25. 打印机是一种(　　)。
A. 输出设备　　B. 输入设备　　C. 存储器　　D. 运算器

26. 微处理器是把运算器和(　　)作为一个整体采用大规模集成电路集成在一块芯片上。
A. 存储器　　B. 控制器　　C. 输出设备　　D. 地址总线

27. 下列不能用作存储容量单位的是(　　)。
A. Byte　　B. MIPS　　C. KB　　D. GB

28. 在计算机的各种存储器件和存储设备中，通常(　　)的存储容量最大。
A. 光盘　　B. 内存　　C. 硬盘　　D. U盘

29. Cache 代表的是( )。
A. 只读存储器 B. 高速缓存器 C. 随机存储器 D. 软盘存储器
30. 外部设备包括( )。
A. 存储器、输入设备、输出设备 B. 网络设备、输入设备、输出设备
C. 显示设备、输入设备、输出设备 D. 外存设备、输入设备、输出设备
31. 微型计算机硬件系统的性能主要取决于( )。
A. 微处理器 B. 内存储器
C. 显示适配卡 D. 硬磁盘存储器
32. 微处理器一次能处理数据位的长度称为“字”。一个字的长度通常是( )。
A. 16 个二进制位 B. 32 个二进制位
C. 64 个二进制位 D. 与 CPU 型号有关
33. 计算机字长取决于哪种总线的宽度( )。
A. 控制总线 B. 数据总线 C. 地址总线 D. 通信总线
34. 计算机的寻址能力取决于哪种总线的宽度( )。
A. 控制总线 B. 数据总线 C. 地址总线 D. 通信总线
35. Intel CPU 型号 I3 3220 和 I3 3240 中的 3220 和 3240 主要与( )有关。
A. 最大内存容量 B. 最大运算速度
C. 最大运算精度 D. CPU 的时钟频率
36. 微型计算机中,运算器的主要功能是进行( )。
A. 逻辑运算 B. 算术运算
C. 算术和逻辑运算 D. 复杂方程的求解
37. 下列存储器中,存取速度最快的是( )。
A. 软磁盘存储器 B. 硬磁盘存储器 C. 光盘存储器 D. 内存储器
38. 下列打印机中,打印效果最佳的一种是( )。
A. 点阵打印机 B. 激光打印机 C. 热敏打印机 D. 喷墨打印机
39. 下列环境因素中,对微型计算机工作影响最小的是( )。
A. 温度 B. 湿度 C. 磁场 D. 噪声
40. CPU 不能直接访问的存储器是( )。
A. 寄存器 B. RAM C. Cache D. CD-ROM
41. 微型计算机中,控制器的基本功能是( )。
A. 存储控制信息 B. 传输控制信号
C. 产生控制信息 D. 控制系统各部件
42. 下列四条叙述中,属 RAM 特点的是( )。
A. 随机读写数据且断电后数据不会丢失
B. 随机读写数据,断电后数据将全部丢失
C. 顺序读写数据,断电后数据将部分丢失
D. 顺序读写数据,断电后数据将全部丢失
43. 在微型计算机中,运算器和控制器合称为( )。
A. 逻辑部件 B. 算术运算部件

C. 微处理器　　D. 算术和逻辑部件

44. 在微型计算机中,ROM 是(　　)。

A. 顺序读写存储器　　B. 随机读写存储器

C. 只读存储器　　D. 高速缓冲存储器

45. 下列设备中,属于输入设备的是(　　)。

A. 声音合成器　　B. 激光打印机　　C. 光笔　　D. 显示器

46. 微型计算机的 CPU 中的高速缓冲存储器主要是为了解决(　　)。

A. 主机与外设之间速度不匹配问题

B. CPU 与辅助存储器之间速度不匹配问题

C. 内存与辅助存储器之间速度不匹配问题

D. CPU 与内存储器之间速度不匹配问题

47. 磁盘存储器存、取信息的最基本单位是(　　)。

A. 字节　　B. 字长　　C. 扇区　　D. 磁道

48. 32 位微机中的 32 是指该微机(　　)。

A. 能同时处理 32 位二进制数　　B. 能同时处理 32 位十进制数

C. 具有 32 根地址总线　　D. 运算精度可达小数点后 32 位

49. 20 根地址线的寻址范围可达(　　)KB。

A. 512　　B. 1024　　C. 640　　D. 4096

50. 下列描述中,正确的是(　　)。

A. 1KB = 1024×1024B　　B. 1MB = 1024×1024B

C. 1KB = 1024MB　　D. 1MB = 1024B

51. 微型计算机采用总线结构连接 CPU、内存储器和外部设备,总线包括(　　)三种。

A. 数据总线、传输总线和通信总线　　B. 地址总线、逻辑总线和信号总统

C. 控制总统、地址总线和运算总线　　D. 数据总线、地址总线和控制总线

52. 在微机中,VGA 的含义是(　　)。

A. 微机型号　　B. 键盘型号　　C. 显示标准　　D. 显示器型号

53. 目前,在市场上销售的微型计算机中,标准配置的输入设备是(　　)。

A. 硬盘、光盘　　B. 鼠标器、键盘　　C. 显示器、键盘　　D. 键盘、扫描仪

54. 计算机技术中,英文缩写 CPU 的中文译名是(　　)。

A. 控制器　　B. 运算器　　C. 中央处理器　　D. 寄存器

55. 计算机技术中,下列不是度量存储器容量的单位是(　　)。

A. KB　　B. MB　　C. GHz　　D. GB

56. 从程序设计观点看,既可作为输入设备又可作为输出设备的是(　　)。

A. 扫描仪　　B. 绘图仪　　C. 鼠标器　　D. 磁盘驱动器

57. 下列叙述中,错误的是(　　)。

A. 内存储器一般由 ROM 和 RAM 组成

B. RAM 中存储的数据一旦断电就全部丢失

C. CPU 可以直接存取硬盘中的数据

D. 存储在 ROM 中的数据断电后也不会丢失

58. 显示器的最主要技术指标之一是(　　)。
A. 分辨率　　B. 亮度　　C. 色饱和度　　D. 对比度

59. ROM 中的信息是(　　)。
A. 由计算机制造厂预先写入的
B. 在安装操作系统时写入的
C. 根据用户需求不同,由用户随时写入的
D. 由程序临时存入的

60. 用来控制、指挥和协调计算机各部件工作的是(　　)。
A. 运算器　　B. 鼠标器　　C. 控制器　　D. 存储器

61. 在微机使用的键盘中,Shift 键是(　　)。
A. 换挡键　　B. 退格键　　C. 空格键　　D. 回车键

62. 随机存储器 RAM 的特点是(　　)。
A. RAM 中的信息既可读出也可以写入
B. RAM 中的信息只能读出
C. RAM 中的信息只能写入
D. RAM 中的信息既不可读出也不可写入

63. 与内存相比,外存储器的主要特点是(　　)。
A. 存储容量大,存取速度快　　B. 存储容量小,存取速度快
C. 存储容量大,存取速度慢　　D. 存储容量小,存储速度慢

64. 计算机硬件系统包括(　　)。
A. 主机和外部设备　　B. CPU、运算器和控制器
C. 主机、鼠标器和键盘　　D. 主机和光驱

65. ROM 存储器的特点是(　　)。
A. ROM 中的信息既可读出也可以写入
B. ROM 中的信息只能读出
C. ROM 中的信息只能写入
D. ROM 中的信息既不可读出也不可写入

66. 在微机的性能指标中,内存储器容量指的是(　　)。
A. ROM 的容量　　B. RAM 的容量
C. ROM 和 RAM 容量的总和　　D. CD-ROM 的容量

67. CPU 中控制器的功能是(　　)。
A. 进行逻辑运算　　B. 进行算术运算
C. 分析指令并发出相应的控制信号　　D. 控制内存的工作

68. 在下列各种存储设备中,读取数据快慢的顺序为(　　)。
A. RAM、Cache、硬盘、软盘　　B. Cache、RAM、硬盘、软盘
C. Cache、硬盘、RAM、软盘　　D. RAM、硬盘、软盘、Cache

69. 所谓"裸机"是指(　　)。
A. 单片机　　B. 单板机
C. 不装备任何软件的计算机　　D. 没有包装箱的计算机

70. 计算机中存储数据的最小单位是(　　)。

A. 字节　　B. 位　　C. 字　　D. KB

71. 从计算机技术的角度,1MB=(　　)。

A. 1000B　　B. 1024B　　C. 1000KB　　D. 1024KB

72. 从计算机技术的角度,1GB=(　　)。

A. 1000MB　　B. 1024MB　　C. 1000KB　　D. 1024B

73. 现在微机的存储容量可以达到TB级,从计算机技术的角度,1TB=(　　)。

A. 1024GB　　B. 1024MB　　C. 1000MB　　D. 2048GB

74. 鼠标是微机中的(　　)设备。

A. 输出　　B. 输入　　C. 存储　　D. 控制

75. DVD-ROM光盘是一种(　　)设备。

A. 输出　　B. 输入　　C. 存储　　D. 控制

二、判断题

1. 计算机硬件件系统分为主机和外设两大部分。(　　)

2. DVD-ROM光盘是一种存储器。(　　)

3. USB接口只能连接U盘。(　　)

4. 只要RAM容量足够大,高速缓冲就可以不要了。(　　)

5. 微机运行时把数据或程序存入RAM中,为防止信息丢失,用户在关机前,应先将信息保存到ROM中。(　　)

6. CD-ROM是一种可读可写的外存储器。(　　)

7. CPU只能从内存中读取要执行的指令。(　　)

8. 移动硬盘可以用来保存软件、视频、音乐、图片和文档。(　　)

9. 存储地址是存储器存储单元的编号,CPU要存取某个存储单元的信息,一定要知道这个存储单元的地址,并通过地址线中的地址信号找到这个地址单元。(　　)

10. ROM中存储的信息断电即消失。(　　)

11. 计算机中用来表示内存储容量大小的最基本单位是位(bit)。(　　)

12. 计算机要运行某个程序都必须将其调入RAM中才能运行。(　　)

13. 决定计算机计算精度的主要技术指标是计算机的存储容量。(　　)

14. 汉字数据量大,字体有很多种,每一种字体都需要占用大量的存储空间。(　　)

15. GPU的功能很强大,其运算能力已经部分超过了CPU,但它不能代替CPU。(　　)

16. 计算机的性能指标完全由CPU决定。(　　)

17. 主板的电源接口ATX的明显特征是一个20芯双排插座。(　　)

18. 主板BIOS的功能分为3个部分:各种控制程序和驱动程序,自检和初始化程序,硬件中断处理程序以及程序服务请求等,被固化在ROM中。(　　)

19. 主板上的IDE接口是连接IDE设备数据线的接口,通常一个IDE接口通过一根IDE扁平电缆,可以插接两个IDE设备。(　　)

20. 有些主板上有两个IDE接口,一个是主IDE接口,主板上常标注为Primary IDE或IDE 1;另一个是副IDE接口,主板上的标注为Secondary IDE或IDE 2。(　　)

21. 主板上的串行接口是一种9针或25针的D型插座,它主要用于插接鼠标、外置调

制解调器等串行设备。 ( )

22. 主板上的并行接口是一个 25 孔的 D 型插座,它可以连接打印机等并行设备。 ( )

23. USB 接口标准是由 Intel、IBM、Microsoft 等几大公司为了解决目前各种扩展卡及外围设备与主板连接不统一而制定的接口标准。 ( )

24. 目前 USB 总线可连接的外围设备有打印机、扫描仪、鼠标等。 ( )

25. 内存又称主存储器,用于存取程序和数据。计算机存取数据的时间快慢主要取决于内存,内存的大小和读写速度直接影响到系统的速度及整机性能。 ( )

第四章 计算机软件系统基础

一、单选题

1. 操作系统是一种( )软件。
   A. 系统 B. 编辑 C. 应用 D. 实用
2. 操作系统是( )的接口。
   A. 主机和外设 B. 系统软件和应用软件
   C. 用户和计算机 D. 高级语言和机器语言
3. 操作系统的作用是( )。
   A. 把源程序编译成目标程序 B. 便于进行目录管理
   C. 控制和管理系统的所有资源 D. 运行高级语言和机器语言
4. 系统软件中最基本的是( )。
   A. 文件管理系统 B. 操作系统
   C. 文字处理系统 D. 数据库管理系统
5. 计算机软件一般包括( )。
   A. 程序及数据 B. 程序和数据及文档
   C. 文档及数据 D. 算法及数据结构
6. 指令是控制计算机执行的命令,它由( )和地址码组成。
   A. 内存地址 B. 地址 C. 操作码 D. 寄存器
7. 一条指令的完成一般有指令译码和( )两个阶段。
   A. 取指令 B. 执行指令 C. 取地址 D. 传送数据
8. 在内存中,每个基本单位都被赋予一个唯一的序号,这个序号称为( )。
   A. 字节 B. 编号 C. 地址 D. 容量
9. Windows 7 是一种( )操作系统。
   A. 单任务 B. 命令行 C. 单用户 D. 多任务
10. Windows 7 提供了一种( )技术,以方便进行应用程序间信息的复制或移动等信息交换。
    A. 编辑 B. 复制 C. 剪贴板 D. 磁盘操作
11. 在 Windows 7 中,( )部分用来显示应用程序名、文档名、目录名或其他数据文件名。
    A. 标题栏 B. 信息栏 C. 菜单栏 D. 工具栏

12. 在 Windows 7 中，允许同时打开(　　)应用程序窗口。

A. 一个　　B. 两个　　C. 三个　　D. 多个

13. 在 Windows 7 中，当删除一个或一组子目录时，该目录或该目录组下的(　　)将被删除。

A. 文件

B. 所有子目录

C. 所有子目录及其所有文件

D. 所有子目录下的所有文件(不含子目录)

14. 在 Windows 7 中，单击第一个文件名后，按住(　　)键，再单击最后一个文件，可选定一组连续的文件。

A. Ctrl　　B. Alt　　C. Shift　　D. Tab

15. 在 Windows 7 中，单击第一个文件名后，按住(　　)键，再单击后一个文件，可选定一组不连续的文件。

A. Ctrl　　B. Alt　　C. Shift　　D. Tab

16. Windows 7 中，"粘贴"的快捷键是(　　)。

A. Ctrl+V　　B. Ctrl+A　　C. Ctrl+X　　D. Ctrl+C

17. Windows 7 中，打开一个子目录后，全部选中其中内容的快捷键是(　　)。

A. Ctrl+C　　B. Ctrl+A　　C. Ctrl+X　　D. Ctrl+V

18. Windows 7 中，"复制"的快捷键是(　　)。

A. Ctrl+C　　B. Ctrl+A　　C. Ctrl+X　　D. Ctrl+B

19. 在 Windows 7 中利用(　　)，可以建立、编辑文本文档。

A. 剪贴板　　B. 记事本　　C. 资源管理器　　D. 控制面板

20. 在 Windows 7 中下面关于打印机说法错误的是(　　)。

A. 每一台安装在系统中的打印机都在 Windows 7 的"打印机"文件夹中有一个记录

B. 一台计算机都只能安装一台打印机

C. 一台计算机上可以安装多台打印机

D. 每台计算机如果已经安装了打印机，则必有一个也仅仅有一个是默认打印机

21. 以下有关操作系统的叙述中，(　　)是不正确的。

A. 操作系统管理系统中的各种资源

B. 操作系统为用户提供人机对话界面

C. 操作系统就是资源的管理者和仲裁者

D. 操作系统是计算机系统的应用软件

22. 操作系统所占用的系统资源和所需的处理器时间统称为(　　)。

A. 资源利用率　　B. 系统性能　　C. 系统吞吐率　　D. 系统开销

23. 操作系统所管理的资源包括(　　)(Ⅰ CPU、Ⅱ 程序、Ⅲ 数据、Ⅳ 外部设备)。

A. Ⅰ和Ⅱ　　B. Ⅱ和Ⅲ　　C. Ⅰ、Ⅱ和Ⅲ　　D. 全部

24. 分时操作系统的主要特点是(　　)。

A. 个人独占机器资源　　B. 自动控制作业运行

C. 高可靠性和安全性　　D. 多个用户共享计算机资源

25. 分时操作系统的主要目标是(　　)。

A. 提高计算机系统的实时性　　B. 提高计算机系统的利用率

C. 提高软件的运行速度　　D. 提高计算机系统的交互性

26. UNIX 操作系统与 Windows 7 的区别主要是(　　)。

A. 具有多用户分时功能　　B. 用户操作界面

C. 文件系统采用多级目录结构　　D. 系统集成功能

27. 操作系统具有进程管理、存储管理、文件管理和设备管理的功能。下列有关描述中,(　　)是不正确的。

A. 进程管理主要是对程序进行管理

B. 存储管理主要管理内存资源

C. 文件管理可以有效解决文件共享、保密和保护问题

D. 设备管理是指计算机系统中除了 CPU 和内存以外的所有输入输出设备的管理

28. 下列(　　)不是操作系统的主要特征。

A. 并发性　　B. 共享性　　C. 灵活性　　D. 随机性

29. 在精确制导导弹中使用的操作系统应属于(　　)。

A. 批处理操作系统　　B. 个人计算机操作系统

C. 实时操作系统　　D. 网络操作系统

30. 用户与操作系统打交道的手段称为(　　)。

A. 命令输入　　B. 广义指令　　C. 用户接口　　D. 通信

31. 操作系统为用户程序完成与(　　)项之间的工作。

A. 应用无关和硬件无关　　B. 硬件相关和应用无关

C. 硬件无关和应用相关　　D. 硬件相关和应用相关

32. 操作系统的基本特征,一个是共享性,另一个是(　　)。

A. 动态性　　B. 并行性　　C. 交互性　　D. 制约性

33. (　　)操作系统允许多个用户在其终端上同时交互地使用计算机。

A. 网络　　B. 分布式　　C. 分时　　D. 实时

34. 不是操作系统的是(　　)。

A. Linux　　B. WinRAR　　C. UNIX　　D. Windows 7

35. 当系统发生某个事件时,CPU 暂停现行程序的执行转去执行相应程序的过程,称为(　　)。

A. 中断请求　　B. 中断响应　　C. 中断嵌套　　D. 中断屏蔽

36. 虚拟内存是操作系统的(　　)功能的体现。

A. 进程管理　　B. 文件管理　　C. 存储管理　　D. 设备管理

37. 下列有关操作系统的描述中,不正确的是(　　)。

A. Windows 和 UNIX 都是操作系统

B. 操作系统只负责管理窗口界面和磁盘

C. 操作系统属于系统软件

D. 操作系统管理 CPU、内存和 I/O 接口

38. 在下列各个功能中，(　　)不是操作系统的功能。
A. 进程调度　B. 文件存储　C. 虚拟内存　D. 文档排版
39. 将高级语言程序变成目标程序是(　　)。
A. 编译程序　B. 诊断程序　C. 监控程序　D. 汇编程序
40. 编译程序和解释程序都是(　　)。
A. 高级语言　B. 语言编辑程序
C. 语言连接程序　D. 语言处理程序
41. 编译程序的功能是(　　)。
A. 忽略源程序中的语法错误
B. 将源程序编译成目标程序
C. 将某一种高级语言翻译成另一种高级语言
D. 纠正源程序中的语法错误
42. 解释程序的功能是(　　)。
A. 忽略源程序中的语法错误
B. 将源程序逐一解释逐一执行
C. 将某一种高级语言翻译成另一种高级语言
D. 纠正源程序中的语法错误
43. 由编译程序编译后生成的目标文件是(　　)。
A. ASCII 码文件　B. 可执行的二进制文件
C. 不可执行的二进制文件　D. 动态链接文件
44. 编辑高级语言源程序的软件可以是(　　)。
A. 编译程序　B. 文本编辑器　C. 汇编程序　D. 链接程序
45. 汇编程序的功能是(　　)。
A. 编辑机器可执行的程序　B. 编辑汇编源程序
C. 将汇编源程序翻译机器码　D. 检查并纠正汇编源程序中的错误
46. 下面属于系统软件的是(　　)。
A. 财务管理系统　B. 杀毒软件
C. 数据库管理系统　D. Word 软件
47. 下列关于指令系统的描述，正确的是(　　)。
A. 指令由操作码和控制码两部分组成
B. 指令的地址码部分可以是操作数，也可以是操作数的内存单元地址
C. 指令的操作码部分描述了完成指令所需要的操作数类型
D. 指令的地址码部分是不可缺少的
48. 一个完整的计算机系统中，不可缺少的软件是(　　)。
A. 数据库管理系统　B. 图像处理软件
C. 操作系统　D. 办公软件
49. 在 Windows 7 中，下列是切换已打开的应用程序窗口的组合键是(　　)。
A. Ctrl+Tab　B. Alt+Space　C. Alt+Esc　D. Alt+O
50. 在 Windows 7 中，打开选中项目的属性对话框的组合键是(　　)。
A. Ctrl+O　B. Shift+O　C. Alt+Enter　D. Ctrl+F6

51. 在 Windows 7 中,打开搜索窗口的快捷键是(　　)。

A. F7　　B. F5　　C. F3　　D. F12

52. 在 Windows 7 中,磁盘扫描程序的作用是(　　)。

A. 节省磁盘空间和提高磁盘运行速度

B. 检查并修复磁盘汇总文件系统的逻辑错误

C. 将不连续的文件合并在一起

D. 扫描磁盘是否有裂痕

53. 在 Windows 7 中,“家长控制”的功能选项没有(　　)。

A. 游戏分级　　B. 限制开机　　C. 程序限制　　D. 时间限制

54. 系统“开始”菜单的右下角的“关机”按钮及其下拉按钮不可以进行的操作是(　　)。

A. 关机　　B. 切换安全模式　　C. 锁定　　D. 注销

55. 某窗口的大小占了桌面的 1/2 时,在此窗口右上角会出现的按钮有(　　)。

A. 最小化、还原、关闭　　B. 最小化、最大化、还原

C. 最大化、还原、关闭　　D. 最小化、最大化、关闭

56. 在 Windows 7 中,下列不是文件查看方式的是(　　)。

A. 详细信息　　B. 层叠平铺　　C. 平铺显示　　D. 图标显示

57. 在 Windows 7 中,下列关于创建快捷方式的操作,错误的是(　　)。

A. 按住 Alt＋Shift 组合键进行拖动

B. 右击对象,在弹出的快捷菜单中选择“创建快捷方式”命令

C. 右击鼠标,在快捷菜单中选择“在当前位置创建快捷方式”命令

D. 右击对象,在弹出的快捷菜单中选择“发送到”选项,然后选择“桌面快捷方式”命令

58. 在 Windows 7 中,永久删除文件或文件夹的方法是(　　)。

A. 直接拖进回收站　　B. 按住 Alt 键拖进回收站

C. 右击对象,选择“删除”命令　　D. 按 Shift＋Delete 组合键

59. 下列不是“写字板”软件可以保存的格式是(　　)。

A. 纯文本文件　　B. 多媒体文件

C. unicode 文本文件　　D. html 格式文件

60. 更改光标闪烁速度的操作要在控制面板中的(　　)中进行。

A. 鼠标　　B. 系统　　C. 设备管理　　D. 键盘

61. 在 Windows 7 中,“在预览窗格中显示预览句柄”在(　　)中进行设置。

A. 文件夹选项　　B. 性能信息和工具

C. 引索选项　　D. 管理工具

62. 在 Windows 7 中,查看 IP 地址的操作在控制面板的(　　)中进行。

A. 系统　　B. 性能信息和工具

C. 网络和共享中心　　D. 同步中心

63. 在 Windows 7 中,虚拟内存在(　　)中进行更改。

A. “性能信息和工具”中的“性能选项”对话框

B. 系统/高级系统设置/高级

C. 文件夹选项/常规

D. 设备管理器

64. 在 Windows 7 中,运行磁盘碎片整理程序的正确方法是(　　)。
A. 单击"开始"按钮,选择"所有程序",在程序菜单中选择"附件",再选择"系统工具"
B. 双击"计算机"图标,打开"控制面板"
C. 双击"计算机"图标,打开"控制面板",选择"辅助选项"命令
D. 打开"资源管理器",右击磁盘图标,在快捷菜单中选择"属性"命令

65. 在中文 Windows 7 的中文输入状态下,单击下列(　　)按钮可以输入中文的顿号。
A. ～　　B. &　　C. ＝　　D. /

66. 能够提供即时信息及轻松访问常用工具的桌面元素的是(　　)。
A. 桌面图标　　B. 任务栏　　C. 桌面小工具　　D. 桌面背景

67. 以下输入法中哪个是 Windows 7 自带的输入法(　　)。
A. 搜狗拼音　　B. QQ 拼音　　C. 微软拼音　　D. 陈桥五笔

68. 在 Windows 7 中,保存"画图"程序建立的文件时,默认的扩展名为(　　)。
A. .jpeg　　B. .bmp　　C. .gif　　D. .png

69. Windows 7 中录音机录制的声音文件默认的扩展名为(　　)。
A. .mp3　　B. .wav　　C. .rm　　D. .wma

70. 下列选项中不是 Windows 7 任务栏按钮的显示方式的是(　　)。
A. 当任务栏被占满时合并　　B. 从不合并
C. 并排　　D. 始终合并、隐藏标签

71. 下列选项中不是 Windows 7 中用户类型的是(　　)。
A. 高级用户账户　　B. 标准账户　　C. 管理员账户　　D. 来宾账户

72. 在 Windows 7 中用于应用程序之间切换的快捷键是(　　)。
A. Alt＋Tab　　B. Alt＋Esc　　C. Win＋Tab　　D. 以上皆可

73. 在 Windows 7 旗舰版中系统默认提供的小工具有(　　)种。
A. 8　　B. 6　　C. 4　　D. 10

74. 在 Windows 7 中,以下是电源按钮操作的选项是(　　)。
A. 关机　　B. 锁定　　C. 注销　　D. 以上均是

75. 以下不属于 Windows 7 窗口的排列方式的是(　　)。
A. 层叠窗口　　B. 堆叠显示窗口
C. 并排显示窗口　　D. 纵向平铺窗口

76. 在 Windows 7 中,先将删除文件移至回收站而不是直接永久删除的快捷键是(　　)。
A. Esc＋Delete　　B. Alt＋Delete　　C. Ctrl＋Delete　　D. Shift＋Delete

77. Windows 7 中,当前窗口处于最大化状态,双击该窗口标题栏,则相当于单击(　　)。
A. "最小化"按钮　　B. "关闭"按钮
C. "系统控制"按钮　　D. "向下还原"按钮

78. 在 Windows 7 中,当一个应用程序窗口被最小化后,该应用程序(　　)。
A. 被暂停执行　　B. 被转入后台执行
C. 被终止执行　　D. 继续在前台执行

79. 在 Windows 7 中删除某程序的快捷键方式图标,表示(　　)。
A. 既删除了图标,又删除该程序
B. 只删除了图标而没有删除该程序

C. 隐藏图标则删除了与该程序的联系

D. 将图标剪于剪贴板,删除与该程序的联系

80. 在 Windows 7 中,被放入回收站中的文件仍然占用(　　)。

A. 软盘空间　　B. 内存空间　　C. 硬盘空间　　D. 光盘空间

81. 在 Windows 7 中,要把 C 盘上某个文件夹或文件移到 D 盘,应用(　　)操作。

A. 单击　　B. 双击　　C. Ctrl+拖动　　D. Shift+拖动

82. 在 Windows 7 中,某用户在运行某些应用程序时,若程序运行界面在屏幕上的显示不完整时,正确的做法是(　　)。

A. 升级 CPU 或内存　　B. 更改窗口的字体、大小、颜色

C. 升级硬盘　　D. 更改系统显示属性,重新设置分辨率

83. 在 Windows 7 中,利用"控制面板"的"程序和功能"(　　)。

A. 可以删除 Word 文档模板　　B. 可以删除 Windows 硬件驱动程序

C. 可以删除 Windows 组件　　D. 可以删除程序的快捷方式

84. 下列不是 Windows 7 图标排序方式的是(　　)。

A. 名称　　B. 大小　　C. 详细信息　　D. 类型

85. Windows 7 中语言栏不可能设置的是(　　)。

A. 悬浮于桌面上　　B. 停靠于任务栏　　C. 停靠于桌面　　D. 隐藏

86. 在 Windows 7 控制面板中默认的查看方式是(　　)。

A. 类别　　B. 中等图标　　C. 小图标　　D. 大图标

87. 在 Windows 7 个性化菜单中不能设置的是(　　)。

A. 分辨率　　B. 窗口颜色　　C. 桌面背景　　D. 声音

88. 以下不属于 Windows 7 提供的用户账户类型的是(　　)。

A. 标准账户　　B. 来宾账户　　C. 管理员账户　　D. 用户账户

89. 以下不属于 Windows 7 电源计划的选项是(　　)。

A. 平衡　　B. 适中　　C. 高性能　　D. 节能

90. 在 Windows 7 控制面板中的电源按钮设置,以下不存在的命令项是(　　)。

A. 关机　　B. 睡眠　　C. 锁定　　D. 不采取任何操作

91. Windows 7 中打开"计算机"的快捷键是(　　)。

A. Win+Z　　B. Win+Y　　C. Win+E　　D. Win+S

92. 在 Windows 7 中,下列关于"回收站"的说法中,正确的一项是(　　)。

A. "回收站"是内存的一块空间

B. "回收站"用来存放被删除的文件和文件夹

C. "回收站"中的文件不占用磁盘空间

D. "回收站"中的文件可以被"删除"和"还原"

93. 在 Windows 7 中,以下不属于创建快捷方式的操作是(　　)。

A. 右击文件,在快捷菜单中选择"创建快捷方式"命令

B. 选中文件,在"文件"选项卡中选择"创建快捷方式"命令

C. 直接拖动该文件即可

D. 按住 Alt 键拖动该文件至目标位置

94. 以下说法不正确的是(　　)。

A. 暗淡菜单项,表示该菜单项当前不可用

B. 菜单项后带…,表示该菜单项被执行时会弹出子菜单

C. 菜单项前有实心圆点时,表示一组单选项中当前被选中

D. 菜单项前有对钩时,表示该菜单项当前已经被选中有效

95. Windows 7 中,备份文件的扩展名是(　　)。

A. .dll　　B. .sys　　C. .exe　　D. .bak

96. 在 Windows 7 中,用于在应用程序内部或不同程序之间共享信息的工具是(　　)。

A. 计算机　　B. 公文包　　C. 剪贴板　　D. 我的文档

97. "自动扩展到当前文件夹"命令是在"文件夹选项"中的(　　)选项卡中。

A. 导航窗格　　B. 查看　　C. 常规　　D. 搜索

98. 在 Windows 7 中,"显示预览窗格"按钮在窗口的(　　)部分。

A. 菜单栏　　B. 状态栏　　C. 功能区　　D. 库窗格

99. 下列正确的文件名是(　　)。

A. A1.dll　　B. CE*D.exe　　C. VI:A.avi　　D. L/CD.sys

100. 在 Windows 7 中,打开"开始"菜单的快捷键是(　　)。

A. Alt+Esc　　B. Ctrl+F1　　C. Ctrl+Esc　　D. Shift+F1

101. 在 Windows 7 中,下列不属于对话框的组成部分的是(　　)。

A. 选项卡　　B. 命令按钮　　C. 菜单栏　　D. 数值选择框

102. 在 Windows 7 中,在文件搜索框中输入 C*.txt,则可搜索到(　　)。

A. CASE.wma　　B. CAD.aui　　C. CRE.txt　　D. C_E.mpg

103. 在 Windows 7 中,同时按下 Alt+Tab 组合键之后,就会出现的列表框是(　　)。

A. 用户列表框　　B. 硬件列表框　　C. 任务列表框　　D. 设置列表框

104. 当启动多个应用程序后,在任务栏上就会显示这些任务的(　　)。

A. 图标　　B. 大小　　C. 名称　　D. 占有空间

105. 当前窗口处于非最大化状态,拖曳该窗口的标题栏超过屏幕顶部后释放鼠标,则相当于单击(　　)。

A. "最小化"按钮　　B. "最大化"按钮

C. "关闭"按钮　　D. "还原"按钮

106. Windows 7 中,当一个应用程序窗口被最大化后,其他前台执行的应用程序(　　)。

A. 被转入后台执行　　B. 继续在前台执行

C. 被终止执行　　D. 被暂停执行

107. 在 Windows 7 中,选定多个连续的文件或文件夹,应首先选定第一个文件或文件夹,然后按(　　)键,再单击最后一个文件或文件夹。

A. Tab　　B. Shift　　C. Alt　　D. Ctrl

108. 在 Windows 7 中已经选定了若干文件和文件夹,用鼠标操作来添加或取消某一个选定,需配合的键为(　　)。

A. Alt　　B. Esc　　C. Ctrl　　D. Shift

109. Windows 7 操作系统共包含(　　)个版本。

A. 7　　B. 6　　C. 5　　D. 4

110. 在 Windows 7 中,当选定文件或文件夹后,按 Shift+Delete 组合键的结果是(　　)。

A. 删除选定对象并放入回收站

B. 对选定的对象不产生任何影响

C. 恢复被选定对象的副本

D. 选定对象不放入回收站而直接删除

111. 以下(　　)项是 Windows 7 推出的第一大特色,右击任务栏中的图标即可看到它最近使用的项目列表,能够帮助用户迅速地访问历史记录。

A. Flip 3D　　B. Aero 特效

C. 跳转列表　　D. Windows 家庭组

112. 利用 Windows 7 "搜索"功能查找文件时,说法正确的是(　　)。

A. 要求被查找的文件必须是文本文件

B. 根据文件名查找时,至少需要输入文件名的一部分或通配符

C. 根据日期查找时,必须输入文件的最后修改日期

D. 被用户设置为隐藏的文件,只要符合查找条件,在任何情况下都将被找出来

113. 在 Windows 7 中,可以移动窗口位置的操作是(　　)。

A. 用鼠标拖动窗口的菜单栏　　B. 用鼠标拖动窗口的标题栏

C. 用鼠标拖动窗口的边框　　D. 用鼠标拖动窗口的工作区

114. 在 Windows 7 中,下列关于新建文件夹的正确做法是:在右窗格的空白区域(　　)。

A. 单击鼠标,在弹出的菜单中选择"新建→文件夹"

B. 双击鼠标,在弹出的菜单中选择"新建→文件夹"

C. 三击鼠标,在弹出的菜单中选择"新建→文件夹"

D. 右击鼠标,在弹出的菜单中选择"新建→文件夹"

115. 在 Windows 7 的窗口中,单击"最小化"按钮后(　　)。

A. 当前窗口缩小为图标　　B. 当前窗口被关闭

C. 当前窗口将消失　　D. 打开控制菜单

116. 在 Windows 7 的计算器中,(　　)版式里可以进行 N 进制数之间的转换。

A. 标准型　　B. 科学型　　C. 程序员　　D. 数学分组

117. 在 Windows 7 中,截图工具中默认的笔墨颜色是(　　)。

A. 红色　　B. 银白色　　C. 黑色　　D. 白色

118. 在 Windows 7 中,任务栏最右端的按钮单击时的作用(　　)。

A. 打开窗孔　　B. 打开快捷菜单　　C. 切换当前窗口　　D. 显示桌面

119. 在 Windows 7 中,打开任务管理器的快捷键是(　　)。

A. Ctrl+V　　B. Ctrl+Win

C. Alt+F　　D. Ctrl+Alt+Delete

120. 在 Windows 7 中,在"计算机"窗口打开查看菜单的组合键是(　　)。

A. Ctrl+V　　B. Alt+V　　C. Alt+F　　D. Ctrl+F

121. 在 Windows 7 中,下列快捷键不会用到剪贴板的是(　　)。

A. Ctrl+V　　B. Ctrl+X　　C. Ctrl+A　　D. Ctrl+C

122. 在 Windows 7 中,更改文件属性在菜单栏中的(　　)项上。
A. 工具　B. 编辑　C. 查看　D. 文件

123. 在 Windows 7 中,删除文件或文件夹的快捷键是(　　)。
A. Ctrl+W　B. Alt+W　C. Alt+D　D. Ctrl+D

124. 在 Windows 7 中,以下不是文件夹选项对话框的选项卡是(　　)。
A. 高级　B. 查看　C. 搜索　D. 常规

125. 在 Windows 7 操作系统中,活动窗口和非活动窗口是根据(　　)。
A. 工具栏中的颜色变化来区分的　B. 标题栏中的颜色变化来区分的
C. 菜单栏中的颜色变化来区分的　D. 状态栏中的颜色变化来区分的

126. 在 Windows 7 中,以下关于对话框的叙述错误的是(　　)。
A. 对话框是一种特殊的窗口
B. 对话框能最大化
C. 对话框可以移动
D. 对话框中可能出现单选按钮和复选框

127. 在 Windows 7 中,控制面板中的"添加/删除程序"用于(　　)。
A. 恢复或删除文件及文件夹　B. 下载应用程序
C. 添加或卸载应用程序　D. 管理工具

128. 在 Windows 7 中,管理软硬件资源的是(　　)。
A. 操作系统　B. 资源管理器　C. CPU　D. 控制面板

129. 以下不是 Windows 7 菜单的类型的是(　　)。
A. 控制菜单　B. 快捷菜单　C. 文件菜单　D. 窗口菜单

130. 在 Windows 7 中,截图工具的截图模式不包括(　　)。
A. 半屏幕截图　B. 矩形截图
C. 窗口截图　D. 任意格式截图

131. 在 Windows 7 中切换默认输入语言,应在"文本服务和输入语言"对话框中的(　　)选项卡中进行。
A. 语言栏　B. 常规　C. 文本栏　D. 高级键设置

132. 磁盘查错工具可以通过磁盘属性对话框中的(　　)选项卡打开。
A. 工具　B. 常规　C. 硬件　D. 配额

133. Windows 7"计算机管理"窗口中是否显示状态栏可由(　　)菜单的"状态栏"勾选设置。
A. 文件　B. 查看　C. 工具　D. 视图

134. 在 Windows 7 中,"文件夹选项"对话框中,有(　　)个选项卡。
A. 3　B. 4　C. 5　D. 6

135. 在 Windows 7 环境下,Internet Explorer 中网页最多保存(　　)天。
A. 600　B. 999　C. 500　D. 888

136. 在 Windows 7 中,将打开的窗口拖动到屏幕顶端,窗口会(　　)。
A. 消失　B. 最小化　C. 关闭　D. 最大化

137. 在 Windows 7 中,显示桌面的快捷键是(　　)。

A. Ctrl+A　　B. Win+A　　C. Win+D　　D. Alt+Z

138. 在 Windows 7 中,显示器的方向属性有(　　)个。

A. 6　　B. 5　　C. 4　　D. 3

139. 在 Windows 7 中,“开始”菜单中可以显示最近打开过的程序的最大数目为(　　)。

A. 30　　B. 40　　C. 50　　D. 99

140. 在 Windows 7 中,在区域和语言中 dddd 表示(　　)。

A. 日　　B. 星期　　C. 天数　　D. 单位

141. 在 Windows 7 中,显示文件扩展名可以在“文件夹选项”对话框的(　　)选项卡下设置。

A. 编辑　　B. 工具　　C. 查看　　D. 右击

142. 在 Windows 7 中,使用屏幕保护程序,主要是为了(　　)。

A. 延长显示器寿命　　B. 保护屏幕玻璃

C. 保护程序　　D. 防止他人乱动

143. 以下(　　)项不是 Windows 7 安装的最小需求。

A. 1GB 或更快的 32 位或 64 位处理器

B. 2GB(32 位)或 1GB(64 位)内存

C. 带 WDDM 1.0 以上 DirectX 9 图形处理器

D. 16GB 或 20GB 可用磁盘空间

144. 在 Windows 7 中,按键盘上的 Windows 键将(　　)。

A. 显示开始菜单　　B. 关闭当前运行程序

C. 显示系统属性　　D. 打开选定文件

145. 在 Windows 7 中,在桌面上按 F3 键的作用是(　　)。

A. 打开帮助窗口　　B. 打开搜索窗口

C. 为选中文件重命名　　D. 刷新当前屏幕

146. 若有一文件夹里已有文档 ABC. txt,若在该文件夹中再新建 ABC 文件夹则(　　)。

A. 没有任何冲突　　B. 弹出无法操作对话框

C. 弹出是否替换对话框　　D. 自动命名 ABC(1)

147. 若在某文件夹内已有文件夹 123 和 456,若将 456 重新命名为 123 则(　　)。

A. 弹出无法操作对话框　　B. 弹出“重命名”对话框

C. 弹出是否替换对话框　　D. 自动命名 123(1)

148. Windows 7 电源计划默认的是(　　)。

A. 平衡　　B. 节能　　C. 高性能　　D. 自定义

149. 在 Windows 7 中,可以在鼠标属性对话框里的(　　)选项卡设置鼠标移动速度。

A. 鼠标　　B. 指针　　C. 滑轮　　D. 指针选项

150. 在 Windows 7 中,可以在系统属性对话框中高级选项卡里的(　　)组设置虚拟内存。

A. 用户配置文件　　B. 性能

C. 启动和故障回复　　D. 系统保护

151. 在 Windows 7 中右击某对象时，会弹出(　　)菜单。
A. 控制　B. 窗口　C. 快捷　D. 应用程序

152. 下列(　　)方法不可以打开任务管理器。
A. Ctrl+Alt+Delete　B. Ctrl+Shift+Win 键
C. 右击任务栏空白处　D. 在运行对话框中输入任务管理器

153. 在 Windows 7 中，若存在 C:\123\123. txt，在地址栏输入 C:\123\123. txt 则(　　)。
A. 打开 123. txt　B. 打开 123 文件夹
C. 弹出错误对话框　D. 没有这种文件结构

154. 如果在地址栏中输入 baidu. com 然后回车则(　　)。
A. 弹出对话框　B. 没有任何反应
C. 打开 baidu. com 文件　D. 进入百度页面

155. 在 Windows 7 中，说法错误的是(　　)。
A. 能够同时复制多个文件　B. 能够同时新建多个文件
C. 能够同时为多个文件创建快捷方式　D. 能够同时删除多个文件

156. 在 Windows 7 操作系统中，显示 3D 桌面效果的快捷键是(　　)。
A. Win+D　B. Win+P　C. Win+Tab　D. Alt+Tab

157. 文件的类型可以根据(　　)来识别。
A. 文件的大小　B. 文件的扩展名
C. 文件的用途　D. 文件存放的位置

158. Windows 7 中，为保护文件不被修改，可将它的属性设置为(　　)。
A. 存档　B. 隐藏　C. 只读　D. 系统

159. 在 Windows 7 中，文件名 MM. txt 和 mm. txt(　　)。
A. 是两个文件　B. 文件相同但内容不同
C. 是同一个文件　D. 不确定

160. 在 Windows 7 中用户建立的文件默认的属性是(　　)。
A. 隐藏　B. 只读　C. 系统　D. 存档

161. 在 Windows 7 中选定了文件或文件夹后，若要将它们复制到同一驱动器的不同文件夹中的操作是(　　)。
A. 按住 Shift 键拖动鼠标　B. 按住 Ctrl 键拖动鼠标
C. 直接拖动鼠标　D. 按住 Alt 键拖动鼠标

162. 在 Windows 7 中，要关闭当前应用程序，可按(　　)组合键。
A. Shift+F4　B. Alt+F4　C. Ctrl+F4　D. Alt+F3

163. Window 7 中，下列不属于附件中常用工具的是(　　)。
A. 备份和还原　B. 数学输入面板　C. 命令提示符　D. 便笺

164. Windows 7 系统通用桌面图标有 5 个，但不包含(　　)。
A. 控制面板　B. 用户的文件夹　C. 计算机　D. IE 浏览器

165. 在 Windows 7 的资源管理器窗口，以下方法中不能新建文件夹的是(　　)。
A. 执行“文件/新建/文件夹”命令
B. 从快捷菜单选择“新建/文件夹”命令
C. 执行“组织/布局/新建”命令

D. 单击“新建文件夹”按钮

166. 在 Windows 7 中,当一个应用程序窗口被关闭后,该应用程序将(　　)。

A. 仅保留在外存中　　B. 同时保留在内存和外存中

C. 从外存清除　　D. 保留在内存中

167. 组成 Windows 7 桌面上的元素有(　　)。

A. 标题栏/菜单栏/工具按钮/工作区

B. 桌面/图标/任务栏/开始按钮/中英文切换

C. 桌面图标/标题栏/任务栏/工具按钮

D. 桌面墙纸/桌面图标/开始按钮/任务栏

168. 在 Windows 7 文件夹属性中的“仅应用于文件夹中的文件”的一种是(　　)属性。

A. 系统　　B. 隐藏　　C. 存档　　D. 只读

169. 在 Windows 7 中,下列组合键能切换应用程序窗口的是(　　)。

A. Ctrl+Space　　B. Delete+Esc　　C. Ctrl+Esc　　D. Alt+Tab

170. 在 Windows 7 中,下列(　　)图标不允许改名。

A. 网络　　B. IE 浏览器　　C. 计算机　　D. 回收站

171. 在 Windows 7 中,恢复误删除的拼音输入法,则打开控制面板中的(　　)命令项。

A. 恢复　　B. 程序和功能　　C. 显示　　D. 区域和语言

172. 在 Windows 7 中,通过什么可以修改账户密码的复杂度(　　)。

A. 账户设置　　B. 控制面板　　C. 本地安全策略　　D. 服务

173. Windows 7 正确调整任务栏所在屏幕的位置是(　　)。

A. 直接拖曳　　B. 在任务栏属性调整

C. 在控制面板中调整　　D. 在桌面调整

174. 在 Windows 系统中,“回收站”的内容(　　)。

A. 将被永久保留　　B. 不占用磁盘空间

C. 只能在桌面上找到　　D. 可以被永久删除

175. 在 Windows 7 中,桌面图标实质上是(　　)。

A. 程序　　B. 文本文件　　C. 快捷方式　　D. 文件夹

176. 在 Windows 7 中,将整个屏幕全部复制到剪贴板中所使用的键是(　　)。

A. Alt+F4　　B. Pg Up　　C. Print Screen　　D. Ctrl+Space

177. 在 Windows 7 中,“全选”的组合键是(　　)。

A. Ctrl+Z　　B. Ctrl+A　　C. Ctrl+V　　D. Ctrl+X

178. 在 Windows 7 中,某文件夹窗口中共有 28 个文件,其中有 18 个被选定,执行“编辑”菜单中的“反向选择”命令后,被选定的文件个数是(　　)。

A. 28　　B. 18　　C. 10　　D. 46

179. 在 Windows 7 中,要选定多个相邻的文件,应先按住(　　)键再单击其他待选文件。

A. Delete　　B. Shift　　C. Tab　　D. Alt

180. 在 Windows 7 中,E 盘根目录中文件夹 12 里的记事本文件 TEST 的完整路径和文件名为(　　)。

A. E:\12\TEST.TXT　　B. E:\12\TEST\TXT

C. E:/12/TEST.TXT　　D. E:\12\TEST

181. 在 Windows 7 中,若要恢复回收站中的文件,在选定待恢复的文件后,应选择"文件"菜单中的命令是(　　)。

A. 全部还原　B. 后退　C. 恢复　D. 还原

182. 在 Windows 7 中,要把文件图标设置成超大图标,应在下列(　　)菜单中设置。

A. 文件　B. 编辑　C. 工具　D. 查看

183. 在 Windows 7 中,要创建库,应先打开的工具按钮是(　　)。

A. 新建文件夹　B. 包含到库　C. 刻录　D. 共享

184. 在 Windows 7 中,某项菜单后面有黑色三角形标志表示(　　)。

A. 执行该菜单会弹出对话框　B. 执行该菜单会弹出窗口

C. 执行该菜单会弹出子菜单　D. 执行该菜单会弹出工具栏

185. 不正常关闭 Windows 7 操作系统可能会(　　)。

A. 烧坏硬盘　B. 丢失数据

C. 无任何影响　D. 下次一定无法启动

186. 在 Windows 7 中,对桌面背景的设置可以通过(　　)。

A. 右击"开始"菜单,选择"属性"命令

B. 右击"桌面"空白处,选择"个性化"命令

C. 右击"计算机",选择"属性"命令

D. 右击"任务栏"空白处,选择"小工具"命令

187. 在 Windows 7 中,关于文件夹的描述不正确的是(　　)。

A. 文件夹是用来组织和管理文件　B. 文件夹名称可以用所有字符

C. 文件夹中可以存放子文件夹　D. 可以重命名文件夹名称

188. 在 Windows 7 中,对文件 abc.docx 的表示方法正确的是(　　)。

A. abc.do?　B. *c.doc?　C. ?c.docx　D. *.?ocx

189. 在 Windows 7 的中,所有输入法之间的切换要操作的组合键是(　　)。

A. Ctrl+Space　B. Shift+Space　C. Ctrl+Alt　D. Ctrl+Shift

190. 在 Windows 7 中,下列关于附件中的工具叙述正确的是(　　)。

A. "计算器"工具可以进行数的进制转换

B. "画图"程序,不能输入文字

C. "写字板"的扩展名为.txt

D. "写字板"不能插入图片

191. 在 Windows 7 中,工具栏中进入下一级文件夹的按钮是(　　)。

A. 撤销　B. 恢复　C. 后退　D. 前进

192. 在 Windows 7 中,选定内容并"复制"后,复制的内容放在(　　)中。

A. 任务栏　B. 回收站　C. 硬盘　D. 剪贴板

193. 在 Windows 7 中,当一个应用程序窗口被最小化后,该应用程序将(　　)。

A. 终止运行　B. 前台运行　C. 暂停运行　D. 继续运行

194. 在 Windows 7 中,当一个文件更名后,则文件的内容(　　)。

A. 完全消失　B. 完全不变　C. 部分改变　D. 全部改变

195. 在 Windows 7 窗口中,利用导航窗格可以快捷地在不同的位置之间进行浏览,但该窗格一般不包括(　　)部分。

A. 网上邻居　　B. 库　　C. 计算机　　D. 收藏夹

196. 在 Windows 7 中,若要快速查看桌面小工具和文件夹,而又不希望最小化所有打开的窗口,可以使用(　　)功能。

A. Aero Snap　　B. Aero Shake　　C. Aero Peek　　D. Flip 3D

197. 在 Windows 7 中,使用(　　)功能可以快速查看其他打开的窗口,而无须在当前正在使用的窗口外单击。

A. Aero Snap　　B. Aero Peek　　C. Aero Shake　　D. Flip 3D

198. 在 Windows 7 中,使用(　　)功能可以让两个窗口平分整个屏幕的面积,并左右排列在一起。

A. Jump List　　B. Aero Shake　　C. Aero Snap　　D. Aero Peek

199. Windows 7 的桌面主题注重的是桌面的(　　)。

A. 颜色　　B. 显示风格　　C. 局部个性化　　D. 整体风格

200. Windows 7 的桌面实质上是(　　)。

A. 程序　　B. 文本文件　　C. 文件夹　　D. 快捷方式

二、判断题

1. 在 Windows 7 中,利用“重命名”功能既可以对文件改名,也可以对文件夹改名。(　　)

2. 在 Windows 7 中,只要选择汉字输入法中的“使用中文符号”,则在“中文半角”状态下也可以输出全角的中文标点符号。(　　)

3. 操作系统把刚输入的数据或程序存入 RAM 中,为防止信息丢失,用户在关机前,应先将信息保存到 ROM 中。(　　)

4. 从进入 Windows 7 到退出 Windows 7 前,随时可以使用剪贴板。(　　)

5. 在 Windows 7 中,将可执行文件从“资源管理器”或“计算机”窗口中拖到桌面上可以创建快捷方式。(　　)

6. 在 Windows 7 中,回收站与剪贴板一样,是内存中的一块区域。(　　)

7. Windows 7 中,单击任务栏中显示的时间,可以修改计算机时间。(　　)

8. Windows 7 中,使用“工具”菜单中的“文件夹选项”命令,可以使窗口内显示的文件目录都显示出扩展名。(　　)

9. Windows 7 中回收站实际上是一个特殊的文件夹。(　　)

10. 操作系统是一种对所有硬件进行控制和管理的系统软件。(　　)

11. Windows 7 回收站中的文件不占有硬盘空间。(　　)

12. Windows 7 的记事本和写字板都不能插入图片。(　　)

13. Windows 7 应用程序中的某一菜单的某条命令后跟三角形符号,该命令被选中将出现一个对话框。(　　)

14. Windows 7 中剪贴板是硬盘中一个临时存放信息的特殊区域。(　　)

15. Windows 7 提供的网络驱动程序,在两台计算机的串行口或并行口之间连接电缆,就可以建立一个简单的双机对等网。(　　)

16. Windows 7 中的“回收站”主要用来存放从 U 盘上删除的文件、文件夹等。（　　）

17. 在 Windows 7 中，将鼠标指针指向菜单栏，拖动鼠标能移动窗口位置。（　　）

18. 在 Windows 7 中任务栏的位置和大小是可以由用户改变的。（　　）

19. 在 Windows 7 具有即插即用功能，所以只要把打印机连上电脑即可打印文件。（　　）

20. 在 Windows 7 中打开某个文件是将该文件从磁盘上调入 CPU。（　　）

21. Windows 7 中剪贴板是内存中一个临时存放信息的特殊区域。（　　）

22. Windows 7 是一个多用户多任务的操作系统。（　　）

23. Windows 7 在多用户使用的情况下，每个用户可以有不同的桌面背景。（　　）

24. 在 Windows 7 中有两种窗口：应用程序窗口和文档窗口，它们都有各自的菜单栏，所以可以用各自的命令进行操作。（　　）

25. 在 Windows 7 中，删除桌面的快捷方式，它所指向的项目也同时被删除。（　　）

26. 在 Windows 7 的桌面上能打开多个窗口，活动窗口必定是处在最前面的窗口。（　　）

27. Windows 7 操作系统允许一台计算机同时安装多个打印驱动程序，并和多台打印机相连，但默认的打印机只有一台。（　　）

28. 屏幕保护程序可以减小屏幕损耗和保障系统安全。（　　）

29. Windows 7 各应用程序间复制信息可以通过剪贴板完成的。（　　）

30. 操作系统为用户提供两种类型的使用接口，它们是操作员接口和程序员接口。（　　）

31. 操作系统中，进程可以分为系统进程、用户进程和操作进程三类。（　　）

32. Windows 7 资源管理器窗口要显示菜单栏，可以按 Ctrl 键。（　　）

33. 主存储器与外围设备之间的信息传送操作称为“输入输出”操作。（　　）

34. 能使计算机系统接收到外部信号后及时进行处理，并在严格的规定时间内处理结束，再给出反馈信号的操作系统称为实时操作系统。（　　）

35. 当一个进程能被选中占用处理器时，就从就绪状态成为运行状态。（　　）

36. 进程的 3 个最基本状态是暂停、执行和等待。（　　）

37. 传统操作系统提供编程人员的接口称为系统调用。（　　）

38. 文件存取方式主要取决于两个方面的因素，与文件管理和设备有关。（　　）

39. 计算机系统的软件资源包括程序和数据文档。（　　）

40. 为了防止各种系统故障破坏文件，文件系统可以采用建立副本和定时转储两种方法在保护文件。（　　）

41. Windows 7 中最多可使用 255 个命名规则所规定字符来给文件命名。（　　）

42. 计算机配置了操作系统后不仅可以提高效率而且提高可靠性。（　　）

43. 计算机的操作系统具有处理机管理、内存管理、文件管理、设备管理和用户接口等五大功能。（　　）

44. Windows 7 桌面图标实质上是应用程序。（　　）

45. 在 Windows 7 的休眠模式下，系统的状态是保存在硬盘上的。（　　）

第五章 文字处理基础

一、单选题

1. Word 2010 程序启动后就自动打开一个名为(　　)的文档。
   A. Noname　　B. Untitled　　C. 文件 1　　D. 文档 1
2. 在 Word 2010 的(　　)视图下可以插入页眉和页脚。
   A. 阅读　　B. 大纲　　C. 页面　　D. Web 版式
3. 退出 Word 2010 的不正确操作是(　　)。
   A. 执行“文件”选项卡中的“关闭”命令
   B. 单击文档窗口上的“关闭窗口”按钮
   C. 执行“文件”选项卡中的“退出”命令
   D. 单击 Word 2010 窗口的“最小化”按钮
4. 新建文档时,Word 2010 默认的字体和字号分别是(　　)。
   A. 黑体、3 号　　B. 楷体、4 号　　C. 宋体、5 号　　D. 仿宋、6 号
5. 第一次保存 Word 2010 文档时,系统将打开(　　)对话框。
   A. 保存　　B. 另存为　　C. 新建　　D. 关闭
6. Word 2010 编辑文档时,所见即所得的视图是(　　)。
   A. 阅读视图　　B. 页面视图　　C. 大纲视图　　D. Web 视图
7. 下列操作中能在各种中文输入法之间切换的是(　　)。
   A. Ctrl+Shift　　B. Ctrl+Space　　C. Alt+F　　D. Shift+Space
8. 要将其他基于 Windows 的软件制作的图片复制到当前 Word 文档中,下列说法中正确的是(　　)。
   A. 不能将其他软件中制作的图片复制到当前 Word 文档中
   B. 可以通过剪贴板将其他软件的图片复制到当前 Word 文档中
   C. 先在屏幕上显示要复制的图片,当打开 Word 文档时便可以使图片复制到 Word 文档中
   D. 先打开 Word 文档,然后直接在 Word 环境下显示要复制的图片
9. Word 2010 中,将一个修改好的 Word 文档保存在其他文件夹下,正确命令或操作是(　　)。
   A. 在“文件”选项卡中执行“另存为”命令
   B. 单击“快捷工具栏”中的“保存”图标
   C. 在“文件”选项卡中执行“保存”命令
   D. 必须先关闭此文档,然后进行复制操作
10. 在 Word 2010 的编辑状态,按 Ctrl+A 组合键后(　　)。
    A. 整个文档被选定　　B. 插入点所在的段落被选定
    C. 插入点所在的行被选定　　D. 插入点到文档的首部被选定
11. Word 2010 具有分栏功能,下列关于分栏的说法中正确的是(　　)。
    A. 最多可以设 4 栏　　B. 各栏的宽度必须相同

C. 各栏的宽度可以不同　　D. 各栏不同的间距是固定的

12. 将 Word 2010 文档的一部分文本移动到其他位置，操作的主要步骤是(　　)。

A. 复制→选定→粘贴　　B. 选定→复制→粘贴
C. 选定→剪切→粘贴　　D. 粘贴→复制→选定

13. 在 Word 2010 编辑状态下，将选定的文本块用鼠标拖动到指定的位置进行文本块的复制时，应按住的控制键是(　　)。

A. Ctrl　　B. Shift　　C. Alt　　D. Enter

14. 在 Word 2010 中，显示和阅读文件最佳的视图方式是(　　)。

A. 草稿视图　　B. Web 版式视图　　C. 页面视图　　D. 大纲视图

15. 下列版式中，可以显示出页眉和页脚的是(　　)。

A. 草稿视图　　B. 页面视图　　C. 大纲视图　　D. 阅读视图

16. 在 Word 2010 中，"另存为"是指(　　)。

A. 退出编辑，但不退出 Word，并只能以老文件名保存在原来位置
B. 退出编辑，退出 Word，并只能以老文件名保存在原来位置
C. 不退出编辑，只能以老文件名保存在原来位置
D. 不退出编辑，可以以老文件名保存在原来位置，也可以改变文件名或保存在其他位置

17. 在 Word 2010 编辑文本时，可以在标尺上直接进行(　　)操作。

A. 对文章分栏　　B. 建立表格
C. 嵌入图片　　D. 段落首行缩进

18. 下列选项不属于 Word 2010 窗口组成部分的是(　　)。

A. 标题栏　　B. 对话框　　C. 选项卡　　D. 状态栏

19. 在 Word 2010 中，对某个段落的全部文字进行下列设置，属于段落格式设置的是(　　)。

A. 设置为四号字　　B. 设置为楷体字
C. 设置为两倍行距　　D. 设置为粗体

20. 在 Word 2010 中编辑一个新"文档 1"，若执行"文件"选项卡中的"保存"命令，则(　　)。

A. 该"文档 1"被存盘
B. 弹出"另存为"对话框，供进一步操作
C. 自动以"文档 1"为名存盘
D. 不能将"文档 1"存盘

21. 在 Word 2010 的文档中插入数学运算符，在"插入"选项卡中应选的命令是(　　)。

A. 符号　　B. 图片　　C. 文本　　D. 对象

22. 在 Word 2010 中，对已经输入的文档进行分栏操作，需要使用的选项卡是(　　)。

A. 开始　　B. 插入　　C. 页面布局　　D. 视图

23. 需要在 Word 2010 的文档中设置页码，应使用的选项卡是(　　)。

A. 开始　　B. 视图　　C. 插入　　D. 页面布局

24. 在 Word 2010 中，可以同时显示水平标尺和垂直标尺的视图是(　　)。

A. 阅读视图　　B. 页面视图　　C. 大纲视图　　D. 草稿视图

25. 在 Word 2010 中,用“字体”对话框设置字体格式时,不能设置的是(　　)。

A. 字符间距　　B. 字体　　C. 字号　　D. 行间距

26. 在 Word 2010 的编辑状态,连续进行了两次“插入”操作,当单击一次“撤销”按钮后(　　)。

A. 将两次插入的内容全部取消　　B. 将第一次插入的内容全部取消

C. 将第二次插入的内容全部取消　　D. 两次插入的内容都不被取消

27. 在 Word 2010 中,要在文档中添加符号☆,应该使用(　　)选项卡中的命令。

A. 开始　　B. 插入　　C. 页面布局　　D. 审阅

28. 在 Word 2010 的编辑状态,按先后顺序依次打开了 d1. docx、d2. docx、d3. docx、d4. docx 共 4 个文档,当前的活动窗口是(　　)文档的窗口。

A. d1. docx 的窗口　　B. d2. docx 的窗口

C. d3. docx 的窗口　　D. d4. docx 的窗口

29. 在 Word 2010 中,拖动水平标尺上沿的“首行缩进”滑块,则(　　)。

A. 文档中各段落首行起始位置都重新确定

B. 被选择的各段落首行起始位置都重新确定

C. 文档中各行的起始位置都重新确定

D. 插入点所在行的起始位置被重新确定

30. 在 Word 2010 打开了 w1. docx 文档,若要将经过编辑后的文档以 w2. doc 为名存盘,应当执行“文件”选项卡中的命令是(　　)。

A. 保存　　B. 保存并发送　　C. 另存为　　D. 选项

31. 在 Word 2010 中,被编辑文档中的文字有“四号”、“五号”、“16”磅、“18”磅 4 种,下列关于所设定字号大小的比较中,正确的是(　　)。

A. 四号＞五号　　B. 四号＜五号

C. 16 磅＞18 磅　　D. 字体不同大小一样

32. 在 Word 2010 编辑状态,可以使插入光标快速移到文档首部的组合键是(　　)。

A. Ctrl＋Home　　B. Alt＋Home　　C. Home　　D. Pg Up

33. 在 Word 2010 中,打开了一个文档,进行“保存”操作后,该文档(　　)。

A. 被保存在原文件夹下　　B. 被保存在已有的其他文件夹下

C. 可以保存在新建文件夹下　　D. 保存后文档被关闭

34. 在 Word 2010 中,对当前文档中的文字进行替换操作,应当使用(　　)。

A. 开始/替换　　B. 插入/交叉引用

C. 页面布局/断字　　D. 引用/交叉引用

35. 在 Word 2010 中,包括能设定文档行间距命令的选项卡是(　　)。

A. 引用　　B. 审阅　　C. 开始　　D. 插入

36. 若要进入页眉页脚编辑区,可以选择(　　)选项卡,再选择“页眉/页脚”命令。

A. 开始　　B. 插入　　C. 页面布局　　D. 引用

37. Word 2010 常用“格式刷”工具用于复制文本或段落的格式,若要将选中的文本或段落的格式复制多次,应进行的操作是(　　)。

A. 单击格式刷　　B. 双击格式刷　　C. 拖动格式刷　　D. 右击格式刷

38. 调整 Word 文档段落左右边界以及首行缩进格式的最方便、直观、快捷的方法是(　　)。
A. 选项卡按钮　　B. 工具栏按钮
C. 对话框设置　　D. 标尺及其按钮

39. 若要修改 Word 2010 文档中已建立的页眉页脚,打开它可以双击(　　)。
A. 文本区　　B. 页眉页脚区　　C. 选项卡区　　D. 工具栏区

40. 在 Word 2010 的编辑状态,要想输入带圈汉字,可使用(　　)。
A. "开始"选项卡中的命令　　B. "插入"选项卡中的命令
C. "引用"选项卡中的命令　　D. "审阅"选项卡中的命令

41. 在 Word 2010 的编辑状态,使插入光标快速移到行尾的快捷键是(　　)。
A. End　　B. Shift+End　　C. Ctrl+End　　D. Home

42. 在 Word 2010 编辑状态,选择四号字后,按新设置的字号显示的文字是(　　)。
A. 插入光标所在段落中的文字　　B. 文档中被选择的文字
C. 插入光标所在行中的文字　　D. 文档的全部文字

43. 在对 Word 2010 文档进行编辑时,如果操作错误,则(　　)。
A. 无法纠正　　B. 只能手工修改
C. 单击"自动更正"按钮　　D. 单击"撤销"按钮

44. 能插入 Word 2010 文档中的图形文件(　　)。
A. 只能是在 Word 中形成的
B. 只能是在"画图"程序中形成的
C. 只能是在"照片编辑器"程序中形成的
D. 可以是 Windows 支持的多种格式

45. 在 Word 2010 编辑状态下,文档中有一行被选择,当按 Delete 键后(　　)。
A. 删除了被选择的一行
B. 删除了被选择的一行所在的段落
C. 删除了被选择行及其之后的所有内容
D. 删除了被选择行及其之前的所有内容

46. 某段已两端对齐,若将输入光标定位在其中的某一行上,再单击"居中"按钮,则(　　)。
A. 只有输入点所在的行变为居中格式　　B. 整个段落均变为居中格式
C. 整个文档变为居中格式　　D. 格式不变,操作无效

47. 下列功能中不是 Word 2010 的最新功能的是(　　)。
A. 图文编排　　B. 自定义功能区
C. 图片艺术效果　　D. SmartArt 模板

48. Word 2010 是在(　　)基础上运行的。
A. DOS　　B. Linux　　C. Windows 7　　D. UCDOS

49. 某个文档基本页是纵向的,如果其中某一页需要横向页面,则(　　)。
A. 不可以这样做
B. 在该页开始处插入分节符,在该页的下一页开始处再插入分节符,将该页通过页面设置为横向,并将应用范围设为"本节"
C. 将整个文档分为两个文档来处理
D. 将整个文档分为 3 个文档来处理

50. 如果文档中的内容在一页没满的情况下需要强制换页,最好的方法是(　　)。
A. 不可以这样做　　B. 插入分页符
C. 按回车直到出现下一页　　D. 按空格键直到出现下一页
51. 首字下沉排版可以通过(　　)命令来实现。
A. 开始|段落　　B. 插入|首字下沉
C. 页面布局|主题　　D. 引用|添加文字
52. 在 Word 2010 中,快捷键 Ctrl＋Shift＋D 的作用是(　　)。
A. 删除选中字符　　B. 删除选中字符格式
C. 为选中字符加双下划线　　D. 加粗选中字符
53. Word 2010 拆分窗口正确的操作是(　　)。
A. 在“视图”选项卡窗口组中选择“新建窗口”
B. 在“视图”选项卡窗口组中选择“全部重排”
C. 在“视图”选项卡窗口组中选择“重设窗口位置”
D. 在“视图”选项卡窗口组中选择“拆分”
54. Word 2010 页面设置对话框中的版式选项卡中不能设置的是(　　)。
A. 节　　B. 页眉和页脚　　C. 页面　　D. 文字方向
55. Word 2010 的尾注能够插入在(　　)。
A. 节的末尾　　B. 段的末尾　　C. 行的末尾　　D. 文档的末尾
56. 以下不是 Word 2010 网格的格式有(　　)。
A. 方格式稿纸　　B. 竖线式稿纸　　C. 外框式稿纸　　D. 行线式稿纸
57. 若要给当前表格编号,形如表格 1-1,则应选择(　　)。
A. 选择插入中的编号　　B. 选择引用中的插入脚注
C. 选择引用中的插入题注　　D. 选择引用中的插入尾注
58. 全选一个表格之后,按(　　)键/组合键可以删除此表格。
A. Backspace　　B. Delete
C. Ctrl＋Delete　　D. Ctrl＋Shift＋Delete
59. Word 2010 中不能在水印对话框中设置文字水印的(　　)。
A. 文字　　B. 语言　　C. 阴影　　D. 版式
60. 在 Word 2010 中,在页面设置对话框的“文档网格”选项卡中不能设置的是(　　)。
A. 文字方向　　B. 分栏　　C. 网格　　D. 段落
61. 在 Word 2010 中,下列关于边框和底纹说法错误的是(　　)。
A. 为文字设置艺术型边框　　B. 为整篇文档设置三维边框
C. 在当前插入自定义横线　　D. 为选中文字设置图案样式
62. 在 Word 2010 中,“页面布局”选项卡中的“排列”组里的对齐一共有(　　)种方式。
A. 5　　B. 6　　C. 7　　D. 8
63. 在 Word 2010 中的日期和时间对话框中不能设置的是(　　)。
A. 语言　　B. 格式　　C. 选用全角字符　　D. 自定义格式
64. 在 Word 2010 中的字数统计对话框中不能统计的是(　　)。
A. 不包含空格的字数　　B. 页数

C. 节数　　D. 行数

65. Word 2010 页面布局的文字方向中不能设置的是(　　)。

A. 将文字旋转 90°　　B. 将文字旋转 270°

C. 将文字翻转　　D. 将中文旋转 270°

66. Word 2010 中的分隔符有(　　)种。

A. 4　　B. 5　　C. 6　　D. 7

67. 在 Word 2010 中,下列关于"节"的叙述,正确的是(　　)。

A. 节可包含一或多页　　B. 节之间不可分节

C. 节是章的下一级　　D. 节是一个新段落

68. 在 Word 2010 中,"清除格式"命令在下列(　　)选项卡。

A. 视图　　B. 插入　　C. 开始　　D. 以上都不是

69. 在 Word 2010 中,"显示/隐藏编辑标记"在下列"开始"选项卡(　　)组中。

A. 字体　　B. 段落　　C. 样式　　D. 编辑

70. 在 Word 2010 中,"显示/隐藏编辑标记"的快捷键是(　　)。

A. Ctrl+R　　B. Ctrl+D　　C. Alt+Ctrl+D　　D. Ctrl+ *

71. 在 Word 2010 中,打开"开始"选项卡中"样式"组的快捷键是(　　)。

A. Alt+Ctrl+F　　B. Alt+Shift+S

C. Alt+F8　　D. Alt+Ctrl+Shift+S

72. 在 Word 2010 中,设置"下标"的快捷键是(　　)。

A. Ctrl+=　　B. Ctrl+Shift+<

C. Ctrl+Shift+C　　D. Ctrl+H

73. 在 Word 2010 中,设置"上标"的快捷键是(　　)。

A. Shift+F7　　B. F7

C. Ctrl+Shift++　　D. Ctrl+F

74. 在 Word 2010 中,使用"格式刷"的快捷键是(　　)。

A. Ctrl+ *　　B. Ctrl+Shift+C

C. Alt+Ctrl+D　　D. 以上都不对

75. 在 Word 2010 中,在文本选定区域中,使用"Ctrl+单击"的作用是(　　)。

A. 选多行　　B. 定位插入点　　C. 选句子　　D. 选全文

76. 在 Word 2010 中,设置单倍行距的快捷键是(　　)。

A. Ctrl+1　　B. Ctrl+2　　C. Ctrl+3　　D. Ctrl+5

77. 在 Word 2010 中,设置 1.5 倍行距的快捷键是(　　)。

A. Ctrl+5　　B. Ctrl+1.5　　C. Ctrl+2　　D. Ctrl+3

78. 在 Word 2010 中,设置两倍行距的快捷键是(　　)。

A. Ctrl+1　　B. Ctrl+2　　C. Ctrl+3　　D. Ctrl+5

79. 在 Word 2010 中,设置超链接的快捷键是(　　)。

A. Ctrl+Enter　　B. F3　　C. Ctrl+K　　D. Alt+Ctrl+F

80. 在 Word 2010 中,打开"拼音和语法"对话框的快捷键是(　　)。

A. Alt+Ctrl+F　　B. F8　　C. F7　　D. F2

81. 在 Word 2010 中,改写选定文字大小写的快捷键是(　　)。
A. Shift+F3　　B. Alt+Ctrl+F
C. Alt+Ctrl+U　　D. Ctrl+Alt+U
82. 在 Word 2010 中,“稿纸设置”命令在下列(　　)选项卡中。
A. 视图　　B. 引用　　C. 页面布局　　D. 插入
83. 在 Word 2010 中,为文字添加边框在(　　)选项卡中。
A. 开始　　B. 页面布局　　C. 插入　　D. 视图
84. 在 Word 2010 中,项目符号在(　　)组中。
A. “开始”选项卡的“字体”　　B. “开始”选项卡的“文本”
C. “开始”选项卡的“段落”　　D. “插入”选项卡的“文本”
85. 在 Word 2010 中不能直接进行的操作是(　　)。
A. 生成超文本　　B. 图文混排
C. 编辑表格　　D. 创建数据库表
86. 在 Word 2010 文档的页面设置对话框中,不能进行的操作是(　　)。
A. 设置分栏　　B. 设计页边距
C. 设置纸张大小　　D. 设置纸张来源
87. Word 2010 的表格编辑不包括(　　)操作。
A. 旋转单元格　　B. 插入单元格　　C. 删除单元格　　D. 合并单元格
88. 在 Word 2010 中,若使被插入的文档不再和源文档产生联系,这种操作称为(　　)。
A. 嵌入对象　　B. 链接对象　　C. 插入对象　　D. 创建对象
89. 退出 Word 2010,剪贴板中的内容(　　)。
A. 立即消失　　B. 保留在剪贴板中
C. 保存在外存中　　D. 保存于另一文件
90. Word 2010 默认的快速访问工具栏中不包括(　　)。
A. 保存　　B. 新建　　C. 撤销　　D. 恢复
91. 默认情况下“最近所用文件”列表框中保留(　　)个最近使用过的 Word 2010 文档。
A. 10　　B. 15　　C. 20　　D. 25
92. 在 Word 2010 中,水印效果在页面布局中的(　　)选项卡中。
A. 页面设置　　B. 页面背景　　C. 段落　　D. 稿纸
93. 在表格处理时,“表格工具——布局”选项卡的合并组中没有(　　)按钮。
A. 拆分单元格　　B. 组合单元格　　C. 合并单元格　　D. 拆分表格
94. 在 Word 2010 中,将表格转换成文本在(　　)选项卡(　　)中。
A. 页面布局,数据　　B. 设计,数据
C. 布局,数据　　D. 插入,文本
95. 在 Word 2010 中,打开一个旧文档后,再按 Ctrl+N 组合键,则新建的是(　　)。
A. 文档 1　　B. 文档 2　　C. 文档 3　　D. 文档 4
96. 在 Word 2010 中,显示比例可以在(　　)选项卡中找到。
A. 页面布局　　B. 引用　　C. 审阅　　D. 视图
97. 在“文件”选项卡中“最近使用的文件”最多可达(　　)个。
A. 30　　B. 50　　C. 90　　D. 99

98. 要迅速将插入点定位到“计算机”一词，可使用“查找和替换”对话框的（　　）选项卡。

A. 替换　　B. 设备　　C. 定位　　D. 查找

99. 在文档中插入一幅图片，对此图片的操作不正确的说法是（　　）。

A. 可以改变大小　　B. 可以剪裁

C. 可以设置阴影效果　　D. 不可重新着色

100. 在已打开的文档中要插入另一个文档的全部内容，可单击“插入”选项卡“文本”组中的（　　）按钮，在其下拉框中选择“文件中的文字”选项。

A. 文本框　　B. 对象　　C. 文档部件　　D. 签名行

101. 在执行“查找”命令查找 Win 时，要使 Windows 不被查到，应选中（　　）复选框。

A. 区分大小写　　B. 区分全/半角　　C. 全字匹配　　D. 模式匹配

102. Word 2010 中有多种视图，处理图像应在（　　）视图下。

A. 页面　　B. 阅读版式　　C. Web 版式　　D. 大纲

103. 在 Word 2010 中，插入水印应在（　　）选项卡下。

A. 插入　　B. 页面布局　　C. 开始　　D. 引用

104. 在 Word 2010 中，插入尾注在“引用”选项卡的（　　）组中。

A. 符号　　B. 题注　　C. 脚注　　D. 批注

105. 在 Word 2010 中，字数统计在“审阅”选项卡中（　　）组中。

A. 文本　　B. 排列　　C. 目录　　D. 校对

106. 在 Word 2010 中，“另存为”按钮快捷键为（　　）。

A. F7　　B. F8　　C. F10　　D. F12

107. 在 Word 2010 中，“打印预览”快捷键为（　　）。

A. Ctrl+F1　　B. Ctrl+F2　　C. Ctrl+F3　　D. Ctrl+F4

108. 在 Word 2010 中，将文档窗口最大化快捷键为（　　）。

A. Ctrl+F1　　B. Ctrl+F5　　C. Ctrl+F10　　D. Ctrl+F4

109. 在 Word 2010 中，打开“查找”对话框的快捷键为（　　）。

A. Ctrl+H　　B. Ctrl+G　　C. Ctrl+F　　D. Ctrl+W

110. 在 Word 2010 中，“插入”选项卡中的“书签”命令是用来（　　）。

A. 快速移动文本　　B. 快速定位文档

C. 快速浏览文档　　D. 快速复制文档

111. 在 Word 2010 中，下列关于模板的说法中，正确的是（　　）。

A. 文档都不是以模板为基础的

B. 模板不可以创建

C. 模板的扩展名为.txt

D. 模板是特殊的文档，它决定文档的基本结构和样式，作为其他同类文档模型

112. Word 2010 中拆分单元格的完整含义是（　　）。

A. 把一个单元格拆分成两个，并分别合并到左、右相邻的单元格中去

B. 把一个单元格的行数或列数增多

C. 把一个单元格的行数或列数一分为二

D. 把一个单元格拆分成两个，并分别合并到上、下两个相邻的单元格中去

113. Word 2010 中合并单元格的正确操作是：选中要合并的单元格，然后(　　)。

A. 选择“表格工具/布局/合并单元格”

B. 按 Space 键

C. 选择“表格/合并单元格”

D. 按 Enter 键

114. 在 Word 2010 中，跳到文档上一页的组合键是(　　)。

A. Ctrl＋Pg Up　B. Ctrl＋Home　C. Shift＋Pg Up　D. Alt＋Home

115. 在 Word 2010 中，跳到文档第一页开始处的组合键是(　　)。

A. Ctrl＋Pg Up　B. Ctrl＋Home　C. Shift＋Pg Up　D. Alt＋Home

116. 在 Word 2010 中，(　　)视图下不能显示文档中插入的图片。

A. 大纲视图　B. Web 版式　C. 草稿视图　D. A 项和 C 项

117. 在文档中选中一块矩形区域的方法是先按住(　　)键/组合键再拖动鼠标。

A. Shift　B. Alt　C. Ctrl　D. Shift＋Ctrl

118. 在 Word 2010 中，在文本区中连续快速三击鼠标左键时可实现(　　)。

A. 选中一个单词　B. 选中一段

C. 选中全文　D. 选中一行

119. 在 Word 2010 中选中某段落，若要设置其行距为 1.8 行。应当选择“行距”列表框中选择(　　)，再将行距设置为 1.8 行。

A. 2 倍行距　B. 固定值　C. 多倍行距　D. 单倍行距

120. 在 Word 2010 中，改变“插入和改写”编辑状态的是(　　)。

A. Insert　B. 单击鼠标　C. Shift＋I　D. Ctrl＋I

121. 在 Word 2010 中插入图形默认的文字环绕方式为(　　)。

A. 嵌入　B. 浮于文字上方　C. 衬于文字下方　D. 紧密型

122. 下列不属于 SmartArt 工具的“设计”选项卡中“添加形状”下拉列表框的选项是(　　)。

A. 在后面添加形状　B. 在上方添加形状

C. 在右边添加形状　D. 添加助理

123. 在 Word 2010 中，表格中数据的对齐方式有(　　)种。

A. 9　B. 5　C. 4　D. 6

124. 在 Word 2010 中，要保存正在编辑的文件但不关闭或退出，则可按(　　)组合键。

A. Ctrl＋S　B. Ctrl＋V　C. Ctrl＋N　D. Ctrl＋O

125. 在 Word 2010 中，如果文档已有页眉，需在页眉中修改内容，只需双击(　　)。

A. 工具栏　B. 菜单栏　C. 文本区　D. 页眉区

126. 在 Word 2010 中的“字体”对话框中，不可设置文字的(　　)。

A. 字间距　B. 字号　C. 删除线　D. 行距

127. 下列选项中，对 Word 2010 中图片操作描述错误的是(　　)。

A. 可以移动图片　B. 可以复制图片

C. 可以编辑图片　D. 可以添加文字

128. 在 Word 2010“视图”选项卡中不能设置的是(　　)。

A. 标尺　B. 导航窗格　C. 纸张大小　D. 显示比例

129. 精确设置页边距可以进入(　　)选项卡中的页面设置对话框来设置。

A. 开始　　B. 插入　　C. 页面设置　　D. 引用

130. 可以直接截取另一个视窗的工具是(　　)选项卡中的屏幕截图按钮。

A. 插入　　B. 页面布局　　C. 开始　　D. 审阅

131. 在 Word 2010 的插入图片操作中，使用(　　)选项卡中“压缩图片”按钮，可以将图片压缩后保存到文档中，以减小文件大小。

A. 开始　　B. 图片工具　　C. 插入　　D. 页面布局

132. 在 Word 2010 中，不能利用“页面设置”对话框设置的是(　　)。

A. 页面边框　　B. 页边距　　C. 纸张大小　　D. 页码

133. 若要删除单个项目符号，可在项目符号与对应文本之间单击鼠标，再按(　　)键/组合键。

A. Enter　　B. Backspace　　C. Shift+Enter　　D. Ctrl+Enter

134. Word 2010 提供了单倍、多倍、固定值等(　　)种行间距选择。

A. 6　　B. 4　　C. 5　　D. 7

135. 要旋转已经插入的图形，先要选择该图形，再单击其控制框上的(　　)并拖动鼠标。

A. 选中图形左上角句柄　　B. 选中图形右上角句柄

C. 选中图形上边界线上方的句柄　　D. 选中图形上边界线中间的句柄

136. 如果要将某个新建样式应用到文档中，以下哪种方法无法完成样式的应用(　　)。

A. 使用快速样式库或样式任务窗格

B. 使用查找与替换功能的替换样式

C. 使用格式刷复制样式

D. 使用 Ctrl+W 快捷键重复应用样式

137. “剪贴”命令用于删除文本和图形，并将删除的文本或图形放置到(　　)。

A. 硬盘上　　B. 软盘上　　C. 剪贴板上　　D. 文档上

138. 在 Word 2010 中，当编辑具有相同格式的多个文档时，可使用(　　)。

A. 样式　　B. 向导　　C. 联机帮助　　D. 模板

139. 在 Word 2010 中，默认情况下，“撤销”按钮位于(　　)。

A. 标题栏　　B. 快速访问工具栏

C. 选项卡栏　　D. 状态栏

140. 在 Word 2010 中，用快捷键退出 Word 2010 的方法是(　　)。

A. Alt+F4　　B. Alt+F5　　C. Ctrl+F4　　D. Alt+Shift

141. 下面关于 Word 2010 标题栏的叙述中，错误的是(　　)。

A. 双击标题栏可最大化或还原窗口

B. 拖曳标题栏可将最大化窗口拖到新位置

C. 拖曳标题栏可将非最大化窗口拖到新位置

D. 以上三项都不是

142. 在 Word 2010 编辑状态下，拖动水平标尺上沿的“首行缩进”滑块，则(　　)。

A. 文档中各段落的首行其实位置都重新确定

B. 文档中各行的起始位置都重新确定

C. 文档中被选择段落首行起始位置重新确定

D. 插入点所在段的起始位置被重新确定

143. Word 2010 的“文件”选项卡中,“最近所用文件”下显示文档个数默认设置为(　　)。

A. 10　　B. 20　　C. 25　　D. 50

144. 用 Word 2010 打开文档 xyz,并对其修改,修改后另存为 ABC,则文档 xyz(　　)。

A. 被文档 ABC 覆盖　　B. 被修改未关闭

C. 未修改并关闭　　D. 被修改被关闭

145. 对 Word 2010 的表格功能说法正确(　　)。

A. 表格建立后,行列不能随意增减　　B. 对表格中数据不能进行运算

C. 表格单元格中不能插入图片文件　　D. 可以拆分单元格

146. 对于 Word 2010 中表格的叙述中,正确的是(　　)。

A. 表格中的数据不能进行公式计算　　B. 表格中的文本只能垂直居中

C. 可对表格中的数据排列　　D. 只能在表格的外框画粗线

147. 在 Word 2010 中,可以通过(　　)选项卡中的“翻译”对文档内容翻译成其他语言。

A. 开始　　B. 页面布局　　C. 引用　　D. 审阅

148. 在 Word 2010 编辑状态下,按 Ctrl+Enter 组合键的作用的插入(　　)。

A. 段落标记　　B. 分页符　　C. 格式　　D. 图片

149. 将 Word 2010 文档中的一部分内容移动另一处,首先要进行的操作是(　　)。

A. 单击“复制”按钮　　B. 单击“剪切”按钮

C. 单击“粘贴”按钮　　D. 选中要移动的内容

150. 在 Word 2010 中,若插入点位于表格外右侧的行尾处,然后按“回车”键,则(　　)。

A. 光标移到下一行,表格行数不变　　B. 光标移到下一行

C. 在本单元格内换行,表格行数不变　　D. 插入一行,表格行数改变

151. 在 Word 2010 中,对表格的排序的列名称为关键字,通常允许(　　)个关键字。

A. 3　　B. 4　　C. 5　　D. 6

152. 在 Word 2010 中单击“插入”选项卡的页组中的“分页”命令后,执行的操作是(　　)。

A. 新建一页　　B. 插入分页符　　C. 插入分节符　　D. 插入分栏符

153. 在 Word 2010 中按 Alt+F 组合键可以打开(　　)。

A. 文件选项卡　　B. Word 选项　　C. 导航窗口　　D. 剪贴板窗口

154. 在 Word 2010 中,激活功能区的活动选项卡访问键可以按(　　)快捷键。

A. F5　　B. F12　　C. F1　　D. F10

155. 在 Word 2010 中,显示选中项目的快捷菜单的快捷键是(　　)。

A. Shift+F10　　B. Ctrl+F10　　C. Shift+F8　　D. Ctrl+F5

156. 在 Word 2010 中,选择纸张大小,可以在(　　)功能区进行设置。

A. 开始　　B. 插入　　C. 页面布局　　D. 审阅

157. 在 Word 2010 中属于“稿纸设置”中的方式的是(　　)。

A. 外框式稿纸　　B. 行线式稿纸

C. 方格式稿纸　　D. 以上三种均是

158. 在 Word 2010 中不属于“水印”自定义水印中的是(　　)。
A. 无水印　B. 图片水印　C. 艺术字水印　D. 字体水印

159. 在 Word 2010 中进行字数统计在(　　)选项卡中。
A. 引用　B. 视图　C. 开始　D. 审阅

160. 在 Word 2010 中进行邮件合并,分步有(　　)步。
A. 4　B. 5　C. 6　D. 7

161. 关于 Word 2010 的页码设置,以下表述错误的是(　　)。
A. 页码可以被插入页眉页脚区域
B. 页码可以被插入左右页边距
C. 若首页与其他页码不同则设“首页不同”
D. 可自定义页码并添加到页码库中

162. 在 Word 2010 中不是插入单元格的插入方式的是(　　)。
A. 活动单元格右移　B. 活动单元格左移
C. 整行插入　D. 整列插入

163. 在 Word 2010 中,给对象插入题注在(　　)选项卡中进行。
A. 审阅　B. 引用　C. 视图　D. 邮件

164. 关于 Word 2010 中导航窗格(查找),以下表述错误的是(　　)。
A. 能够浏览文档中的标题
B. 能够浏览文档中的各个页面
C. 能够浏览文档中的关键文字和词
D. 能够浏览文档中的脚注、尾注、题注

165. 在 Word 2010 中,打开“开始”选项卡中“替换”对话框的快捷键是(　　)。
A. Ctrl+F　B. Shift+H　C. Ctrl+H　D. Alt+F8

166. 在 Word 2010 中,不属于字体的字形是(　　)。
A. 常规　B. 倾斜　C. 加粗　D. 下划线

167. 在 Word 2010 中,“同义词库”在下列(　　)选项卡中。
A. 插入　B. 页面布局　C. 审阅　D. 视图

168. 在 Word 2010 中要使段落插入书签应执行(　　)。
A. “插入”选项卡中的“书签”命令
B. “开始”选项卡中的“书签”命令
C. “页面布局”选项卡中的“书签”命令
D. “视图”选项卡中的“书签”命令

169. 在 Word 2010 中,如果要在文档中层叠图形对象,应执行(　　)。
A. “绘图工具”选项卡中的“排列”组中的“移上/移下一层”命令
B. “绘图工具”选项卡中的“绘图”组中“叠放次序”命令
C. “图片”工具栏中的“叠放次序”命令
D. “格式”工具栏中的“叠放次序”命令

170. 在 Word 2010 中,如果在英文文章中出现红色波浪下划线,表示(　　)。
A. 单词拼写错　B. 要全部小写　C. 语法错　D. 要全部大写

171. 在 Word 2010 操作中,鼠标指针位于文本区(　　)时,将变成指向右上方的箭头。

A. 右边的文本选定区　　B. 左边的文本选定区

C. 下方的滚动条　　D. 上方的标尺

172. 在 Word 2010 中,执行"编辑"菜单的"粘贴"命令后(　　)。

A. 选择的内容被移动到"剪贴板"　　B. "剪贴板"中的内容被清空

C. 选择的内容被粘贴到"剪贴板"　　D. "剪贴板"中的内容不变

173. 在 Word 2010 中,有关表格的叙述,以下说法正确的是(　　)。

A. 文本和表格不能互相转化　　B. 可以将文本转化为表格,反之不能

C. 文本和表格可以互相转化　　D. 可以将表格转化为文本,反之不能

174. 在 Word 2010 编辑中,标尺的基本功能之一是进行(　　)操作。

A. 建立表格　　B. 段落缩进　　C. 嵌入图片　　D. 分栏

175. Word 2010 不可以只对(　　)改变文字方向。

A. 表格单元格的文字　　B. 图文框

C. 文本框　　D. 选中的字符

176. 用 Word 2010 对表格进行拆分与合并操作时,正确的是(　　)。

A. 一个表格可拆分成上下两个或左右两个

B. 对单元格的合并,可左右或上下进行

C. 单元格的拆分要上下、合并要左右进行

D. 一个表格只能拆分成左右两个

177. Word 2010 模板文件的扩展名为(　　)。

A. doc　　B. docx　　C. dotx　　D. dot

178. Word 2010 的替换功能无法实现(　　)的操作。

A. 将指定的字符变成蓝色黑体　　B. 将所有的 D 变成 A、所有的 A 变成 D

C. 删除所有的字母 D　　D. 将所有的数字自动翻倍

179. 在 Word 2010 中,每一页都要出现的一些信息应放在(　　)。

A. 文本框　　B. 脚注　　C. 第一页　　D. 页眉/页脚

180. 选定 Word 表格中的一行,再执行"开始"选项卡中的"剪切"命令,则(　　)。

A. 将该行各单元格的内容删除　　B. 删除该行,表格减少一行

C. 将该行的边框删除,保留内容　　D. 复制该行,表格变空白

181. 在 Word 2010 中,用户同时编辑多个文档,要一次将他们全部保存应(　　)。

A. 按住 Shift 键,再单击"快捷工具栏"中的"保存"按钮

B. 按住 Ctrl 键,再单击"快捷工具栏"中的"保存"按钮

C. 直接单击"快捷工具栏"中的"保存"按钮

D. 按住 Alt 键,再单击"快捷工具栏"中的"保存"按钮

182. 在 Word 2010 中,要使图片比例缩放可选用(　　)。

A. 拖动中间的句柄　　B. 拖动四角的句柄

C. 拖动图片边缘　　D. 拖动边框线的句柄

183. 设置字符格式用(　　)操作。

A. "开始"选项卡中的相关按钮　　B. "插入"选项卡中的相关按钮

C. "引用"选项卡中的相关按钮　　D. "审阅"选项卡中的相关按钮

184. 在 Word 2010 中,调整文本行间距应选择(　　)。

A. “开始”选项卡中“字体”的行距　　B. “开始”选项卡中“段落”的行距

C. “视图”选项卡中的“标尺”　　D. “页面布局”选项卡中的“分栏”

185. 在 Word 2010 中,对表格数据排序应执行(　　)操作。

A. “表格工具”选项卡中“设计”组中的“汇总行”

B. “表格工具”选项卡中“布局”组中的“排序”

C. “表格工具”选项卡中“设计”组中的“公式”

D. “表格工具”选项卡中“设计”组中的“自动调整”

186. 在 Word 2010 中,要给剪切画对象设置阴影,应执行(　　)。

A. “格式”选项卡中的“阴影”命令

B. “常用”选项卡中的“阴影”命令

C. “格式”选项卡中的“更改图片”命令

D. “开始”选项卡中的“更改样式”命令

187. Word 2010 在编辑一个文档完毕后,要查看它的打印结果,可用(　　)功能。

A. “视图”选项卡中的“阅读版式”　　B. “审阅”选项卡中的“显示标志”

C. “页面布局”选项卡中的“效果”　　D. “文件”选项卡中的“打印”

188. 在 Word 2010 编辑状态下,要实现中英文的翻译,需要使用的选项卡是(　　)。

A. 开始　　B. 插入　　C. 页面布局　　D. 审阅

189. 在 Word 2010 的表格操作中,改变表格的行高列宽可用鼠标操作,方法是(　　)。

A. 用鼠标拖动表格线　　B. 双击表格线

C. 单击表格线　　D. 设置行/列间距

190. 在 Word 2010 中,在“表格属性”对话框中可以设置表格的对齐方式、行高和列宽等,选择表格会自动出现“表格工具”选项卡,“表格属性”在其“布局”选项卡的(　　)组中。

A. 表　　B. 行和列　　C. 合并　　D. 单元格大小

191. 在 Word 2010 文档编辑区的任意位置(　　)可弹出快捷菜单。

A. 单击　　B. 双击　　C. 三击　　D. 右击

192. 在 Word 2010 中,模板是一种(　　)。

A. 格式　　B. 编辑文档的方式

C. 格式的集合　　D. 隐藏文件

193. 在 Word 2010 中使段落中各行字符等距跨列在左右文本边界之间,应采用(　　)。

A. 分散对齐　　B. 左对齐　　C. 居中　　D. 右对齐

194. 在 Word 2010 中剪贴板最多可以存放(　　)次复制和剪切命令。

A. 10　　B. 无数　　C. 12　　D. 24

195. 在 Word 2010 中,通过“文件”选项卡的“打印”命令可以进行文档打印设置,其中不能进行设置的选项为(　　)。

A. 打印机类型　　B. 打印的范围　　C. 打印的份数　　D. 打印浓度

196. 在 Word 2010 中,对已将输入的文档设置首字下沉,应使用(　　)选项卡。

A. 开始　　B. 插入　　C. 页面布局　　D. 审阅

197. 在 Word 2010 中,如果要输入罗马数字“Ⅸ”应选择“插入”选项卡中的组是(　　)。

A. 插图　　B. 链接　　C. 文本　　D. 符号

198. 在 Word 2010 中,用于实现即点即输功能的鼠标操作是(　　)。

A. 单击　　B. 双击　　C. 右击　　D. 拖动

199. 在 Word 2010 中,不能利用标尺设置的是(　　)。

A. 段落的对齐方式　　B. 页边距

C. 表格的行高列宽　　D. 栏间距

200. 在 Word 2010 中把彩色图片改成灰度图片,应选择"设置图片格式"对话框中的(　　)。

A. "线条颜色"选项卡　　B. "图片更正"选项卡

C. "图片颜色"选项卡　　D. "艺术效果"选项卡

二、判断题

1. 在 Word 2010 文本中,一次只能选择一个文本块。(　　)

2. 在用 Word 2010 编辑文本时,若要删除文本区中某段文本的内容,可选取该段文本,再按 Delete 键。(　　)

3. 在 Word 2010 中单击改写状态框中的"插入"按钮,使其变为"改写",表明当前的输入状态已设置为改写状态。(　　)

4. 在 Word 2010 中,宏录制器不能录制文档正文中的鼠标操作,但能录制文档正文中的键盘操作。(　　)

5. Word 2010 中的"替换"命令与其他 Office 软件中的"替换"命令,功能完全相同。(　　)

6. Word 2010 的"显示比例"功能既可改变页面的显示比例,也可改变其实际大小。(　　)

7. 在 Word 2010 中,对已输入的文字,利用字体对话框更改其格式时,必须事先选定这些文字。(　　)

8. 在 Word 2010 中将某段已选定的文字设置为黑体的操作为:单击"字体"组中的"字体颜色"按钮,将其颜色改为黑色。(　　)

9. Word 2010 和 Excel 2010 软件中都有一个编辑栏。(　　)

10. 在 Word 2010 中隐藏的信息,屏幕中仍然可以显示,但打印时不输出。(　　)

11. 使用 Word 2010 可以制作 WWW 网页。(　　)

12. Word 2010 中段落标记标明一个段落的结束,同时还带有一个段落的格式设置。(　　)

13. Word 2010 中宏是一段定义好的操作,它可以是一段程序代码,也可以是操作一命令序列。(　　)

14. Word 2010 文档中绘图一般在文本层之下。(　　)

15. Word 2010 中不能打印不连续的若干页,但能打印某段文本或图片。(　　)

16. Word 2010 文档中不能插入声音和影片。(　　)

17. Word 2010 中的图文框能与文字进行叠放。(　　)

18. Word 2010 的文档中可以插入图片。(　　)

19. Word 2010 可以把正在编辑的 Word 文档保存为纯文本文件。(　　)

20. Word 2010 中插入的表格只能合并不能拆分。(　　)

21. 在 Word 2010 中,可在标尺上直接对文档进行段落首行缩进操作。(　　)

22. 在 Word 2010 中，将鼠标指针指向标题栏，拖动鼠标能改变窗口大小。（　）
23. Word 2010 的表格大小是没有限制的。（　）
24. Word 2010 可以把正在编辑的 Word 文档保存为 Wed 页格式的文件。（　）
25. Word 2010 可以把正在编辑的 Word 文档保存为模板。（　）
26. Word 2010 中的文本框随着框内文本内容的增多而增大。（　）
27. Word 2010 中能实现一次打印多个文档。（　）
28. 在 Word 2010 中，要在每一页中放置相同的水印，必须放在页眉和页脚中。（　）
29. Word 2010 中可以方便地将文本转换为表格，但反之不行。（　）
30. 在 Word 2010 中，利用图文框和文本框都可以实现对象的随意定位、移动和缩放。（　）
31. Word 2010 文档中文本层是用户在处理文档时所使用的层。（　）
32. Word 2010 中使用首字下沉功能后，下沉后的字实际也变为一个图文框。（　）
33. Word 2010 中可以方便地改变文本框的大小，但不能旋转其方向。（　）
34. Word 2010 中文档的最佳显示方式是页面视图显示方式。（　）
35. 在 Word 2010 中输入文本时，按 Enter 键后将产生段落符。（　）
36. 在 Word 2010 中，编辑文本文件时用于保存文件的快捷键是 Alt+S。（　）
37. 在 Word 2010 中要查看文档的统计信息，可单击“开始”选项卡中的“命令”按钮。（　）
38. 在 Word 2010 中，用 Ctrl+C 组合键将所选内容复制到剪贴板后，可用 Ctrl+V 组合键粘贴到所需要的位置。（　）
39. 在 Word 2010 中，若要退出“阅读”视图模式，应当按的功能键是 Esc。（　）
40. 在 Word 2010 中，通过“插入”选项卡中的“符号”命令，可以插入特殊字符。（　）
41. 在 Word 2010 编辑状态下制作一个表格，默认状态下表格线显示为红色实线。（　）
42. 在 Word 2010 的字体对话框中，可以设置的字形特点包括常规、粗体、斜体等。（　）
43. 在 Word 2010 中，段落对齐方式及其相应的按钮有 6 种。（　）
44. 在 Word 2010 中，设置段落两端对齐格式，可使用工具栏中的“两端对齐”按钮。（　）
45. 在 Word 2010 中，要想自动生成目录，一般在文档中应包含“标题”样式。（　）

第六章　电子表格处理基础

一、单选题

1. 在 Excel 2010 的单元格中输入（　），使该单元格显示 0.3。
   A. 6/20　　B. =6/20　　C. "6/20"　　D. ="6/20"
2. 在 Excel 2010 工作表中表格大标题对表格居中显示的方法是（　）。
   A. 在标题行处于表格宽度居中位置的单元格输入表格标题

B. 在标题行任一单元格输入表格标题,然后单击“居中”按钮

C. 在标题行任一单元格输入表格标题,然后单击“合并后居中”按钮

D. 在标题行处于表格宽度范围内的单元格中输入标题,选定标题行处于表格宽度范围内的所有单元格,然后单击“合并后居中”按钮

3. 在 Excel 2010 工作表中,下列(　　)不能对数据表排序。

A. 右击数据区中任一单元格,然后单击快捷菜单中的“排序”命令

B. 选择要排序的数据区域,然后单击“开始”选项卡中的“排序和筛选”按钮

C. 选择要排序的数据区域,然后单击“公式”选项卡中的“排序和筛选”按钮

D. 选择要排序的数据区域,然后单击“数据”选项卡中的“排序”按钮

4. 在 Excel 2010 中,新建的 Excel 工作簿中默认有(　　)张工作表。

A. 2　　B. 3　　C. 4　　D. 5

5. 在 Excel 2010 的单元格中计算一组数据后出现########,这是由于(　　)所致。

A. 单元格显示宽度不够　　B. 计算数据出错

C. 计算机公式出错　　D. 数据格式出错

6. 在 Excel 2010 中,若单元格输入的文本有多段,应在每段落输完后按(　　)键/组合键。

A. Enter　　B. Ctrl+Enter　　C. Alt+Enter　　D. Shift+Enter

7. 在 Excel 2010 工作表中,(　　)不是数值型数据。

A. 6484.09　　B. 2322　　C. 4.09234E-8　　D. 32-6

8. 在 Excel 2010 中,如要关闭工作簿,但不想退出 Excel,可以(　　)。

A. 执行“文件”选项卡中的“关闭”命令

B. 执行“文件”选项卡中的“退出”命令

C. 单击 Excel 窗口的 ☒ 按钮

D. 双击“窗口”左上角的 Excel 图标按钮

9. 在 Excel 2010 中,要在 C2 中应输入(　　),才能使其显示 A1+B2 的和。

A. =A1+B2　　B. "A1+B2"

C. "=A1+B2"　　D. =SUM(A1:B2)

10. 在 Excel 2010 工作簿中,同时选择多个相邻的工作表,可以在按住(　　)键的同时依次单击各个工作表的标签。

A. Tab　　B. Alt　　C. Ctrl　　D. Esc

11. 在 Excel 2010 中,Sheet2!C2 中的 Sheet2 表示(　　)。

A. 工作表名　　B. 工作簿名　　C. 单元格名　　D. 公式名

12. 在 Excel 2010 工作表中,如要选取若干个不连续的单元格,可以(　　)。

A. 按住 Shift 键,依次单击所选单元格　　B. 按住 Ctrl 键,依次单击所选单元格

C. 按住 Alt 键,依次单击所选单元格　　D. 按住 Tab 键,依次单击所选单元格

13. 在 Excel 2010 单元格中要输入字符型的身份证号码时,应首先输入字符(　　)。

A. :　　B. ,　　C. =　　D. ’

14. Excel 2010 默认的工作簿的扩展名是(　　)。

A. .bmp　　B. .xlsx　　C. .txt　　D. .xlm

15. 在 Excel 2010 中,下列选项中属于对工作表单元格绝对引用的是(　　)。

A. B2　　B. B$2　　C. $B2　　D. $B$2

16. 在 Excel 2010 中,(　　)操作不能实现在第 n 行之前插入一行。

A. 右击活动单元格,在弹出的快捷菜单中选择“插入”命令,再选择“整行”项

B. 选择第 n 行,右击鼠标,选择快捷菜单中的“插入”命令

C. 选择第 n 行,单击“插入”选项卡中的“表格”按钮

D. 选择第 n 行,单击“开始”选项卡中的“插入”按钮

17. 在 Excel 2010 中,设置某单元格中的数据格式,应使用(　　)选项卡中的命令。

A. 数据　　B. 开始　　C. 插入　　D. 公式

18. Excel 2010 中,隐藏工作表中的行或列,应单击(　　)中的命令。

A. 快捷菜单　　B. 选项卡　　C. 快捷工具栏　　D. 文件菜单

19. 如果数据区中的数据发生了变化,Excel 2010 中由此所产生的图表,会(　　)。

A. 自动改变　　B. 不变　　C. 会受到破坏　　D. 关闭 Excel

20. 在 Excel 2010 工作表中,日期 2015 年 1 月 20 日的默认日期格式是(　　)。

A. 2015/1/20　　B. 2015,1,20　　C. 1,20,2015　　D. 2015.1.20

21. 在 Excel 2010 工作表单元格输入“=AVERAGE(10,-3)-PI()”,该单元格显示的值(　　)。

A. 大于 0　　B. 小于 0　　C. 等于 0　　D. 3.141593

22. 在 Excel 2010 工作表中,将 X100 选作为当前单元格的最简单的方法是(　　)。

A. 拖滚动条至 X100　　B. Ctrl+X100

C. 在名称框输入“X100”　　D. 按光标键至 X100

23. 在 Excel 2010 工作表中,用筛选条件“语文>60 与总分>200”对成绩数据表进行筛选后,在筛选结果中都是(　　)。

A. 语文>60 的记录　　B. 数学>60 且总分>200 的记录

C. 总分>250 的记录　　D. 语文>60 且总分>200 的记录

24. 对 Excel 2010 工作表建立的柱形图表,若删除图中的某数据系列柱形图(　　)。

A. 数据表相应的数据消失

B. 数据表相应的数据不变

C. 若事先选定数据表相应的数据,则该数据消失,否则不变

D. 若事先选定数据表相应的数据,则该数据不变,否则消失

25. 在 Excel 2010 工作表中查找“总分>200”的记录,方法是(　　)。

A. 依次查看“总分”字段的值

B. 在“开始”选项卡中单击“查找和选择”按钮

C. 在“开始”选项卡中单击“排序和筛选”按钮

D. 在“视图”选项卡中单击“全部重排”按钮

26. 在 Excel 2010 工作表中,如果要选定区域 A1:C5 和 D3:E5,应按(　　)。

A. 鼠标从 A1 拖到 C5,然后再用鼠标从 D3 拖到 E5

B. 鼠标从 A1 拖到 C5,按住 Ctrl 键,然后再用鼠标从 D3 拖到 E5

C. 鼠标从 A1 拖到 C5,按住 Tab 键,然后再用鼠标从 D3 拖到 E5

D. 鼠标从 A1 拖到 C5,按住 Shift 键,然后再用鼠标从 D3 拖到 E5

27. Excel 2010 工作表中,高级筛选的条件区域在(　　)。

A. 数据表的前几行　　B. 数据表的前几列
C. 数据表的后几行　　D. 数据表的中间几行

28. 在 Excel 2010 工作表中单元格输入公式,首先要输入的符号是(　　)。

A. %　　B. :　　C. =　　D. @

29. Excel 2010 中的求和函数是(　　)。

A. SUM()　　B. AVERGE()
C. MAX()　　D. SIN()

30. 下面对 Excel 2010 工作表功能描述中,(　　)是错误的。

A. 在单元格中可以放置图形　　B. 可以对表格中的数据进行排序
C. 不可以对表格中的数据进行计算　　D. 可以用表格数据生成统计图表

31. 在 Excel 2010 中,计算工作表 A1～A10 数值的总和,使用的函数是(　　)。

A. SUM(A1:A10)　　B. MAX(A1:A10)
C. MIN(A1:A10)　　D. COUNT(A1:A10)

32. 在 Excel 2010 中,用来储存并处理工作表数据的文件称为(　　)。

A. 单元格　　B. 工作区　　C. 工作簿　　D. 工作表

33. 在 Excel 2010 中,若以 $E3 引用单元格,这称为对单元格的(　　)。

A. 绝对引用　　B. 相对引用　　C. 混合引用　　D. 交叉引用

34. Excel 2010 中的连接运算符为(　　)。

A. $　　B. &　　C. %　　D. @

35. 在 Excel 2010 中,"复制"命令的功能是将选定的文本或图形(　　)。

A. 复制到另一个文件插入点位置　　B. 由剪贴板复制到插入点
C. 复制到文件的插入点位置　　D. 复制到剪贴板上

36. 在 Excel 2010 中,计数可使用函数为(　　)。

A. TEXT　　B. SUM　　C. AVERAGE　　D. COUNT

37. 在 Excel 2010 中,以下单元格地址中(　　)是相对地址。

A. $A$1　　B. $A1　　C. A$1　　D. A1

38. 在 Excel 2010 中,单元格中输入"1+2"后,单元格数据的类型是(　　)。

A. 数字　　B. 文本　　C. 日期　　D. 时间

39. 在 Excel 2010 的页面设置中,不能够设置(　　)。

A. 纸张大小　　B. 每页字数　　C. 页边距　　D. 页眉

40. 在 Excel 2010 中单元格输入数据或公式后,单击编辑栏中的"√"按钮,则相当于按(　　)键。

A. Delete　　B. Esc　　C. Enter　　D. Shift

41. 在 Excel 2010 的一个工作簿里最少要含有(　　)张工作表。

A. 3　　B. 1　　C. 127　　D. 256

42. 在 Excel 2010 单元格引用中,B5:E7 包含(　　)个单元格。

A. 2　　B. 3　　C. 4　　D. 12

43. 在 Excel 2010 的编辑状态，不能使用填充序列的方法输入的数据是(　　)。

A. 1月、2月、3月、…、12月　　B. 一月、二月、三月、…、十二月
C. 1季度、2季度、3季度、4季度　　D. 一季度、二季度、三季度、四季度

44. 在 Excel 2010 工作表单元格中，输入下列表达式(　　)是错误的。

A. =(15-A1)/3　　B. = A2/C1
C. SUM(A2:A4)/2　　D. =A2+A3+D4

45. Excel 2010 的自定义序列可以通过(　　)来建立。

A. 选择"插入→文本→对象"命令
B. 选择"公式→计算→开始计算"命令
C. 选择"数据→数据工具→分列"命令
D. 选择"开始→编辑→填充"命令

46. 在 Excel 2010 中，切换到下一张工作表的组合键是(　　)。

A. Shift+Pg Dn　　B. Ctrl+Pg Dn　　C. Shift+End　　D. Alt+End

47. 在 Excel 2010 中，显示或隐藏填充柄功能是在(　　)中设置。

A. 文件/选项/常规　　B. 文件/选项/高级
C. 文件/帮助　　D. 文件/设置

48. 在 Excel 2010 中，为单元格或单元格区域命名的操作在(　　)选项卡下进行。

A. 开始　　B. 审阅　　C. 公式　　D. 视图

49. 在 Excel 2010 中，为单元格设置屏幕提示信息(有效性规则)在(　　)选项卡下进行。

A. 审阅　　B. 数据　　C. 视图　　D. 公式

50. 在 Excel 2010 中，打开"拼写检查"对话框的快捷键是(　　)。

A. F1　　B. Ctrl+F　　C. Shift+F　　D. F7

51. 将数据为"100～200"的单元格设置格式，应选择条件格式下的(　　)。

A. 项目选取规则　　B. 突出显示单元格规
C. 色阶　　D. 图标集

52. 在 Excel 2010 中，按拼音首字母排序在"排序"对话框内的(　　)中完成。

A. 次序　　B. 选项　　C. 添加条件　　D. 筛选

53. 在 Excel 2010 中，只显示公式不显示结果的操作在"公式"选项卡内的(　　)中完成。

A. 公示审核　　B. 编辑　　C. 逻辑　　D. 定义的名称

54. 在 Excel 2010 中，在编辑栏将相对引用变为绝对引用的快捷键是(　　)。

A. F5　　B. F8　　C. F4　　D. F9

55. 在 Excel 2010 中，设置工作簿密码是在(　　)中完成。

A. 文件/选项　　B. 文件/信息　　C. 文件/新建　　D. 文件/保存

56. 在 Excel 2010 中，设置工作表保护密码是在(　　)选项卡中完成。

A. 加载项　　B. 视图　　C. 审阅　　D. 数据

57. 在 Excel 2010 中，草稿和单色方式打印在"页面设置"对话框的(　　)选项卡设置。

A. 页面　　B. 页边距　　C. 页眉/页脚　　D. 工作表

58. 在 Excel 2010 中,打印部分工作表在(　　)中完成。
A. 文件/选项　B. 文件/打印　C. 文件/信息　D. 文件/帮助
59. 在 Excel 2010 中,添加打印日期在(　　)中完成。
A. 页面布局　B. 视图　C. 审阅　D. 开始
60. 在 Excel 2010 中,快速打开“查找与替换”对话框的组合键是(　　)。
A. Ctrl＋T　B. Shift＋F　C. Ctrl＋F　D. Alt＋S
61. 在 Excel 2010 中,将数字自动转换为中文大写的操作在(　　)中进行。
A. 样式　B. 设置单元格格式
C. 数据有效性　D. 审阅
62. 在 Excel 2010 中,快速打开“设置单元格格式对话框”的组合键是(　　)。
A. Shift＋O　B. Ctrl＋O
C. Ctrl＋1　D. Alt＋O
63. 在 Excel 2010 中,编辑自定义序列在(　　)选项卡中完成。
A. 开始　B. 插入　C. 文件　D. 审阅
64. 在 Excel 2010 中显示分页符是在(　　)中设置。
A. 文件/选项　B. 视图/显示　C. 文件/帮助　D. 审阅/修订
65. Excel 2010 可以同时打开(　　)个工作簿。
A. 3　B. 1　C. 多　D. 2
66. (　　)是 Excel 2010 的 3 个重要概念。
A. 工作簿、工作表和单元格　B. 行、列和单元格
C. 表格、工作表和工作簿　D. 桌面、文件夹和文件
67. 用相对地址引用的单元在公式复制中目标公式会(　　)。
A. 不变　B. 变化　C. 列地址变化　D. 行地址变化
68. 在 Excel 2010 单元中输入数据,以下说法正确的是(　　)。
A. 在一个单元格最多可输入 255 个非数字项的字符
B. 如输入数值型数据长度超过单元格宽度,Excel 2010 会自动以科学计数法表示
C. 对于数字项,最多只能有 15 个数字位
D. 如输入文本型数据超过单元格宽度,Excel 2010 出现错误提示
69. 在任何时候,工作表中(　　)单元格是激活的。
A. 2 个　B. 有且只有 1 个
C. 可以有 1 个以上　D. 至少有 1 个
70. Excel 2010 公式中不可以以复制公式方式使用的运算符是(　　)。
A. 数字运算符　B. 比较运算符　C. 文字运算符　D. 逻辑运算符
71. Excel 2010 中比较运算符公式返回的计算结果为(　　)。
A. T　B. F　C. 1　D. True 或 False
72. Excel 2010 中数据删除有两个概念:数据清除和数据删除,针对的对象分别是(　　)
A. 数据与单元格　B. 单元格与数据
C. 两者都是单元格　D. 两者都是数据
73. 在 Excel 2010 中,错误的单元格值一般以(　　)开头。
A. $　B. #　C. @　D. &

74. Excel 2010 默认使用的是“通用格式”，下面(　　)不属于这种格式。

A. 数值左对齐　　B. 公式以值方式显示

C. 超长数字自动转换　　D. 文字左对齐

75. 为了实现多字段的分类汇总，Excel 2010 提供的工具是(　　)。

A. 数据地图　　B. 数据列表　　C. 数据分析　　D. 数据透视表

76. 在 Excel 2010 中，若 F1 单元为“＝A3＋B4”，当 B 列被删除，F1 单元中显示(　　)。

A. A3＋C4 的值　　B. A3＋B4 的值　　C. A3＋A4 的值　　D. ＃REF!

77. 在 Excel 2010 中，各类运算符号的优先级由高到低的顺序为(　　)。

A. 数学运算→比较运算→字符串运算

B. 数学运算→字符串运算→比较运算

C. 比较运算→字符串运算→数学运算

D. 字符串运算→数学运算→比较运算

78. 在 A1 和 A2 单元数据分别为 1 和 2 时，选定 A1:A2 区域并拖动该区域右下角填充句柄至 A10，问 A10 单元的值为(　　)。

A. 8　　B. 9　　C. 10　　D. 错误值

79. Excel 2010 不允许用户命名的有(　　)。

A. 工作表　　B. 表格区域　　C. 样式　　D. 函数

80. 在 Excel 2010 操作中，每个窗口的状态栏显示与当前单元格操作有关的信息，如执行命令的简短提示为“就绪”，表示(　　)。

A. 表格保存完成　　B. 可以保存表格

C. 正对表格输入内容　　D. 可输入表格内容了

81. 在 A1 中输入“＝date(2015,1,27)”，在 A2 中输入“＝A1＋7”且 A2 为日期显示格式，则 A2 的显示结果为(　　)。

A. 2015-2-2　　B. 2015-2-4　　C. 2015-2-3　　D. 错误

82. Excel 2010 文档包括(　　)。

A. 工作表　　B. 工作簿　　C. 编辑区域　　D. 以上都是

83. 关于 Excel 2010 表格，下面说法不正确的是(　　)。

A. 表格的第一行为列标题(称字段名)

B. 表格中不能有空列

C. 表格与其他数据间要留有空行或空列

D. 总是把第一行作列标题，第二行空出来

84. 关于 Excel 2010 区域定义不正确的是(　　)。

A. 区域可由单一单元格组成

B. 区域可由同一列连续多个单元格组成

C. 区域可由不连续的单元格组成

D. 区域可由同一行连续多个单元格组成

85. 在 Excel 2010 操作中，关于分类汇总，叙述正确的是(　　)。

A. 分类汇总首先应按分类字段值对记录排序

B. 分类汇总只能按字符字段分类

C. 只能对数值型的字段分类

D. 汇总方式只能求和

86. 在 Excel 2010 操作中,关于筛选,叙述正确的是(　　)。

A. 自动筛选可同时显示数据区域和筛选结果

B. 高级筛选可以进行更复杂条件的筛选

C. 高级筛选不需要建立条件区

D. 自动筛选可将筛选结果放在指定区域

87. 在 Excel 2010 操作中,取整函数是(　　)。

A. TRUNC　　B. INT　　C. ROUND　　D. SUM

88. Excel 2010 数据筛选的功能是(　　)。

A. 满足条件的记录全部显示出来,而删除掉不满足条件的数据

B. 不满足条件的记录暂时隐藏起起来,只显示满足条件的数据

C. 不满足条件的数据用另外一张工作表保存起来

D. 将满足条件的数据突出显示

89. 在 Excel 2010 操作中,下列函数中,(　　)函数不需要参数。

A. DATE　　B. DAY　　C. TODAY　　D. TIME

90. 某工作表各列数据均含标题,要对所有列数据进行排序,用户应选择的排序区域是(　　)。

A. 含标题的所有数据区　　B. 含标题的任一列数据

C. 不含标题的所有数据区　　D. 不含标题任一列数据

91. 在 Excel 2010 操作中,以下运算符优先级别最高的是(　　)。

A. :　　B. ,　　C. *　　D. +

92. 以下(　　)方式可在 Excel 2010 表的单元格中输入数值-5。

A. "5　　B. (5)　　C. \5　　D. \\5

93. 以下(　　)方式可在 Excel 2010 中输入文本类型的数字“0001”。

A. "0001"　　B. '0001　　C. \0001　　D. \\0001

94. 有关表格排序的说法正确是(　　)。

A. 只有数字类型可以作为排序的依据

B. 只有日期类型可以作为排序的依据

C. 笔画和拼音不能作为排序的依据

D. 排序规则有升序和降序

95. 在 Excel 2010 中使用填充柄对包含数字的区域复制时应按住(　　)键。

A. Alt　　B. Tab　　C. Shift　　D. Ctrl

96. 在一个表格中,为了查看满足部分条件的数据内容,最有效的方法是(　　)。

A. 选中相应的单元格　　B. 采用数据透视表

C. 采用数据筛选工具　　D. 通过宏来实现

97. Excel 2010 工作表最多可有(　　)列。

A. 65535　　B. 256　　C. 255　　D. 128

98. 在 Excel 2010 工作表单元格中,输入下列表达式(　　)是错误的。

A. =(15-A10)/3　　B. = A2/C1

C. average(C2:E6)　　D. =A1+A2+A3

99. 当向 Excel 2010 工作表单元格输入公式时，使用单元格地址 D$2 引用 D 列 2 行单元格，该单元格的引用称为(　　)。

A. 交叉地址引用　　B. 混合地址引用　　C. 相对地址引用　　D. 绝对地址引用

100. 在 Excel 2010 工作表中，不正确的单元格地址是(　　)。

A. C$66　　B. $C66　　C. C6$6　　D. $C$66

101. 在 Excel 2010 工作表中，在某单元格内输入数值“123”，不正确的输入形式是(　　)。

A. 123　　B. =123　　C. +123　　D. *123

102. Excel 2010 工作表中进行智能填充时，鼠标的形状为(　　)。

A. 空心粗十字　　B. 向左上方箭头　　C. 实心细十字　　D. 向右上方箭头

103. 在 Excel 2010 工作表中，正确的 Excel 2010 公式形式为(　　)。

A. =B3*Sheet3!A2　　B. =B3*Sheet3$A2

C. =B3*Sheet3:A2　　D. =B3*Sheet3%A2

104. 在 Excel 2010 工作表中，单元格 D5 中有公式“=$B$2+C4”，删除第 A 列后 C5 单元格中的公式为(　　)。

A. =$A$2+B4　　B. =$B$2+B4

C. =SA$2+C4　　D. =$B$2+C4

105. Excel 2010 工作表中，某单元格数据为日期型“2015/1/16”，执行“编辑”组中的“清除”项下的“清除格式”命令，单元格的内容为(　　)。

A. 16　　B. 1　　C. 2015　　D. 42020

106. 在 Excel 2010 工作簿中，有关移动和复制工作表的说法，正确的是(　　)。

A. 工作表只能在所在工作簿内移动，不能复制

B. 工作表只能在所在工作簿内复制，不能移动

C. 工作表可以移动到其他工作簿内，不能复制到其他工作簿内

D. 工作表可以移动到其他工作簿内，也可以复制到其他工作簿内

107. 在 Excel 2010 中，日期型数据“2003 年 4 月 23 日”的正确输入形式是(　　)。

A. 03-4-23　　B. 4.2003.23　　C. 23,4,2003　　D. 23:4:2003

108. 在 Excel 2010 工作表中，选定某单元格，执行“编辑”组中的“删除”命令，不可能完成的操作是(　　)。

A. 删除该行　　B. 右侧单元格左移

C. 删除该列　　D. 左侧单元格右移

109. 在 Excel 2010 中，关于工作表及为其建立的嵌入式图表的说法，正确的是(　　)。

A. 删除工作表中的数据，图表中的数据系列不会删除

B. 增加工作表中的数据，图表中的数据系列不会增加

C. 修改工作表中的数据，图表中的数据系列不会修改

D. 以上三项不正确

110. 在 Excel 2010 工作表中，单元格 C4 中有公式=A3+$C$5，在第三行之前插入一行之后，单元格 C5 中的公式为(　　)。

A. =A4+$C$6　　B. =A4+$C$5

C. =A3+$C$6　　D. =A3+$C$5

111. 若在数值单元格中出现一连串的###,希望正常显示则需要(　　)。

A. 重新输入数据　　B. 调整单元格的宽度

C. 删除这些符号　　D. 删除该单元格

112. 在 Excel 2010 中,一个单元格内容的最大长度为(　　)个字符。

A. 1024　　B. 128　　C. 256　　D. 32767

113. 在 Excel 2010 中,执行"插入→工作表"命令,每次可以插入(　　)个工作表。

A. 1　　B. 2　　C. 3　　D. 4

114. 在 Excel 2010 中,假设 B1 为文字 100,B2 为数字 3,则 COUNT(B1:B2)等于(　　)。

A. 103　　B. 100　　C. 3　　D. 1

115. 在 Excel 2010 中,利用鼠标拖放移动数据时,若出现"是否替换目标单元格内容"的提示框,则说明(　　)。

A. 目标区域尚为空白　　B. 不能用鼠标拖放进行数据移动

C. 目标区域已经有数据存在　　D. 数据不能移动

116. 当在某单元格内输入一个公式并确认后,单元格内容显示为#DIV/0!,它表示(　　)。

A. 公式引用了无效的单元格　　B. 公式引用不正确

C. 公式被零除　　D. 单元格太小

117. 当在某单元格内输入一个公式并确认后,单元格内容显示为#REF!,它表示(　　)。

A. 公式引用了无效的单元格　　B. 公式引用不正确

C. 公式被零除　　D. 单元格太小

118. 在 Excel 2010 中,如果要在同一行或同一列的连续单元格使用相同的计算公式,可以先在第一单元格中输入公式,然后用鼠标拖动单元格的(　　)来实现公式复制。

A. 列标　　B. 行标　　C. 填充柄　　D. 框

119. 在 Excel 2010 中,如果单元格 A5 的值是单元格 A1、A2、A3、A4 的平均值,则不正确的输入公式为(　　)。

A. =AVERAGE(A1:A4)

B. =AVERAGE(A1,A2,A3,A4)

C. =(A1+A2+A3+A4)/4

D. =AVERAGE(A1+A2+A3+A4)

120. Excel 2010 表示的数据库文件中最多可有(　　)条记录。

A. 65536　　B. 65535　　C. 1048575　　D. 1048576

121. 在 Excel 2010 操作中,某公式中引用了一组单元格,它们是(C3:D7,A1:F1),该公式引用的单元格总数为(　　)。

A. 4　　B. 12　　C. 16　　D. 22

122. 在 Excel 2010 中,执行"编辑→清除"命令,不能实现(　　)。

A. 清除单元格数据的格式

B. 清除单元格的批注

C. 清除单元格中的数据

D. 移去单元格

123. 假设在B5单元格存有一公式为SUM(B$2:C$4)，将其复制到B10，公式变为(　　)。

A. SUM(B$10:B$12)　　B. SUM(D$2:E$4)

C. SUM(B$10:C$4)　　D. SUM(B$2:C$4)

124. Excel 2010中有多个常用的函数，其中函数AVERAGE(区域)的功能是(　　)。

A. 求区域内数据的个数　　B. 求区域内所有数字的平均值

C. 求区域内数字的和　　D. 返回函数的最大值

125. 假设在B1单元格存储一公式为A$5，将其复制到D1后，公式变为(　　)。

A. A$5　　B. D$5　　C. C$5　　D. D$1

126. 在图表中要增加标题，在激活图表的基础上，可以(　　)。

A. 执行"图表工具→布局→标签→图表标题"命令，在出现的文本框中输入标题

B. 执行"图表工具→设计→更改图表类型"命令，在出现的文本框中输入标题

C. 右击图表，在快捷菜单中执行"设置图表区域格式"命令

D. 用鼠标定位，直接输入

127. 在Excel 2010工作表中建立的数据表，通常把每一行称为一个(　　)。

A. 记录　　B. 二维表格　　C. 属性　　D. 关键字

128. 下列各选项中，对分类汇总的描述错误的是(　　)。

A. 分类汇总前需要排序数据

B. 汇总方式主要包括求和、最大值、最小值等

C. 分类汇总结果必须与原数据位于同一个工作表中

D. 不能隐藏分类汇总数据

129. 在Excel 2010中，如果直接在单元格上粘贴，则会(　　)。

A. 改变原数据的字体大小、颜色等格式

B. 只保持原数据的字体大小

C. 保持原数据的字体大小、颜色等格式

D. 只改变颜色等格式

130. 在Excel 2010中，复制单元格的公式主要应用于(　　)。

A. 两个工作表中　　B. 同一个工作表中

C. 三个工作表中　　D. 多个工作表中

131. 在Excel 2010中，若与公式相关的数据还没准备好，那么公式所在的单元格中将(　　)。

A. 显示1　　B. 显示0　　C. 显示2　　D. 什么也不显示

132. Excel 2010中的多步撤销的功能最多可以撤销工作表中的最后(　　)步。

A. 100　　B. 50　　C. 16　　D. 17

133. 在使用Excel 2010中默认状态的分类汇总时，系统将自动在清单底部插入一个(　　)。

A. 总计　　B. 求和　　C. 求积　　D. 求最大值

134. 在Excel 2010中，若单元格中出现#N/A，这是指在函数或公式中有(　　)。

A. 被零除　　B. 被零乘　　C. 不可用数值　　D. 等差运算符

135. 当在Excel 2010中进行操作时，若某单元格出现#VALUE!的信息时，其含义

是(　　)。

A. 在公式单元格引用不再有效

B. 单元格中的数字太大

C. 计算结果太长了超过了单元格宽度

D. 在公式中使用了错误的数据类型

136. 对含有标题行的表进行排序,当“排序”对话框的“数据包含标题”不选中,标题行(　　)。

A. 将参加排序　　B. 将不参加排序

C. 位置在第一行　　D. 位置在倒数第一行

137. 在 Excel 2010 中的“插入”选项卡中的超链接中不可链接到的位置是(　　)。

A. 本文档中的位置　　B. 电子邮件地址

C. 现有的文档或网页　　D. 新建文件夹

138. 在 Excel 2010 中可打印区域不可为(　　)。

A. 活动工作表　　B. 整个工作簿

C. 自行选定的区域　　D. 所有的工作表

139. 在 Excel 2010 的“数据”选项卡中不可从(　　)获取外部数据。

A. 网站　　B. 文本　　C. 应用程序　　D. Access

140. 在 Excel 2010 中可保存并发送的类型是(　　)。

A. 保存到 SharePoint　　B. 文本

C. 单个文件网页　　D. xpsx 文档

141. 在 Excel 2010 中,插入新工作表的快捷键为(　　)。

A. Alt+Shift+F1　　B. Alt+Shift+F3

C. Alt+Shift+F6　　D. Alt+Shift+F8

142. 在 Excel 2010 中,弹出“插入函数”对话框的快捷键为(　　)。

A. Ctrl+F1　　B. Shift+F2　　C. Ctrl+F3　　D. Shift+F3

143. 在 Excel 2010 中,打开“另存为”对话框快捷键为(　　)。

A. F8　　B. F12　　C. Ctrl+F11　　D. Shift+F12

144. 在 Excel 2010 中,“监视窗口”按钮在(　　)选项卡下。

A. 插入　　B. 公式　　C. 审阅　　D. 视图

145. 在 Excel 2010 中,电子工作表的第 27 列的列编号为(　　)。

A. AA　　B. A1　　C. AB　　D. BA

146. 在 Excel 2010 中,一个新工作簿最多可包含大于(　　)张工作表。

A. 127　　B. 255　　C. 3　　D. 2

147. 在 Excel 2010 中,删除单元格时,可以选择(　　)。

A. 右侧单元格右移　　B. 左侧单元格右移

C. 下方单元格上移　　D. 左侧单元格左移

148. 公式=(A1+A2+A3)/3 相当于函数(　　)。

A. =AVERAGE(A1,A3)　　B. =AVERAGE(A1:A3)

C. =SUM(A1,A3)　　D. =SUM(A1:A3)

149. 在含有公式或函数的单元格中出现＃NAME?时，表示(　　)。

A. 使用了无法识别的文本　　B. 找不到匹配的值

C. 数据过长　　D. 在公式中有除数为零

150. 在 Excel 2010 中，F5 单元格右边第二个单元格的地址为(　　)。

A. G5　　B. G6　　C. H5　　D. H6

151. 在 Excel 2010 中，如果只需要删除所选区域的格式，则应执行的操作为(　　)。

A. 清除/清除批注　　B. 清除/全部清除

C. 清除/清除内容　　D. 清除/清除格式

152. 以下引用函数的方法错误的是(　　)。

A. 公式/插入函数　　B. 公式/自动求和

C. 开始/自动求和　　D. 插入/公式

153. 反映数据在某段时间的变化趋势用(　　)。

A. 饼图　　B. 条形图　　C. 折线图　　D. 柱形图

154. 假定单元格 B2 的内容为 2015-4-25，则公式＝day(B2)的值为(　　)。

A. 2015　　B. 4　　C. 25　　D. 29

155. 在 Excel 2010 中，若 C3:C8 区域的单元格一半是文本一半是数值，则公式＝count(C3:C8)的值为(　　)。

A. 3　　B. 5　　C. 6　　D. 7

156. 在 Excel 2010 中，数据透视表在“插入”选项卡(　　)组中。

A. 插图　　B. 文本　　C. 表格　　D. 符号

157. 在 Excel 2010 中，工作表的主要视图方式不包括(　　)。

A. 页面视图　　B. 分页预览视图　　C. 页面布局　　D. 普通视图

158. 在 Excel 2010 主界面(即工作窗口)中包含(　　)。

A. “插入”选项卡　　B. “输出”选项卡

C. “数值”选项卡　　D. “输入”选项卡

159. 在 Excel 2010 中，执行“＝if(3＜5,"正","错")”后的结果为(　　)。

A. 真　　B. 假　　C. "正"　　D. "错"

160. 在 Excel 2010 中若不想在工作区显示编辑栏则应该在(　　)中设置。

A. 开始选项卡　　B. 页面布局选项卡

C. 文件选项卡　　D. 视图选项卡

161. 在 Excel 2010 中，(　　)选项卡不在页面设置对话框中。

A. 页边距　　B. 页眉　　C. 页面　　D. 工作表

162. 在 Excel 2010 中不能插入的 SmartArt 图形类型的是(　　)。

A. 顺序型　　B. 流程型　　C. 循环型　　D. 关系型

163. Excel 2010 中不能连接到的位置是(　　)。

A. 现有文件　　B. 工作表　　C. 新建的文档　　D. 注册表

164. 在 Excel 2010 中纵向滚动条上方的方形按钮 的作用是(　　)。

A. 显示标尺　　B. 冻结横向窗格

C. 拆分窗口　　D. 做一条横向辅助线

165. 在 Excel 2010 中,在输入单个函数时,如果忘记输入右括号则(　　)。
A. 提示#NAME　　B. 不受影响
C. 弹出提示框　　D. 显示输入的字符

166. 下列(　　)不是 Excel 2010 内置的图表模板。
A. 曲面图　　B. 雷达图　　C. 圆环图　　D. 树状图

167. 在 Excel 2010 中,Ctrl+Pg Dn 组合键的作用是(　　)。
A. 切换到下一张工作表　　B. 切换到下一个图表
C. 切换到下一个数据清单　　D. 切换到下一个菜单选项卡

168. Excel 2010 图表的数据标签不能包括(　　)。
A. 系列名称　　B. 类别名称　　C. 值　　D. 标题名称

169. 在 Excel 2010 中,若想直接插入页眉和页脚可以选择(　　)视图。
A. 普通　　B. 分页浏览　　C. 页面布局　　D. 全屏显示

170. 在 Excel 2010 中,能够直接看见页眉和页脚的视图是(　　)。
A. 分页浏览　　B. 页面布局　　C. 普通视图　　D. 全屏显示

171. 若想显示表格中所有公式而不显示其结果应该(　　)。
A. 在"开始"选项卡中单击"显示公式"
B. 在"插入"选项卡中单击"显示公式"
C. 在"公式"选项卡中单击"显示公式"
D. 在"审阅"选项卡中单击"显示公式"

172. 在 Excel 2010 操作中,快捷键 Ctrl+Shift+F 的作用是(　　)。
A. 打开"查找"对话框　　B. 打开"字体"对话框
C. 打开"设置单元格格式"对话框　　D. 没有此快捷键

173. 在 Excel 2010 中建立的数据表,通常把每一列称之为一个(　　)。
A. 记录　　B. 二维表　　C. 属性　　D. 关键字

174. 在 Excel 2010 中,对工作表的选择区域中不能够进行操作的是(　　)。
A. 行高尺寸　　B. 列宽尺寸　　C. 条件格式　　D. 文档保存

175. 在 Excel 2010 的"设置单元格格式"对话框中,不存在的选项卡是(　　)。
A. "数字"选项卡　　B. "对齐"选项卡
C. "字体"选项卡　　D. "货币"选项卡

176. 在 Excel 2010 中"设置单元格格式"对话框中,不存在的选项卡是(　　)。
A. 数字　　B. 对齐　　C. 保存　　D. 填充

177. 在 Excel 2010 的高级筛选中,条件区域中写在同一行的条件是(　　)。
A. 逻辑或关系　　B. 逻辑与关系
C. 逻辑非关系　　D. 逻辑异或关系

178. 在 Excel 2010 进行分类汇总前,首先必须对数据表中的某个列标题进行(　　)。
A. 自动筛选　　B. 高级筛选　　C. 排序　　D. 查找

179. 在 Excel 2010 中,所包含的图表类型共有(　　)种。
A. 10　　B. 11　　C. 20　　D. 30

180. 在 Excel 2010 的图表中,水平 X 轴通常作为(　　)。
A. 排序轴　　B. 分类轴　　C. 数值轴　　D. 时间轴

181. 在 Excel 2010 的“图表工具”下的“布局”选项卡中，不能设置或修改(　　)。

A. 图表标题　　B. 坐标轴标题　　C. 图例　　D. 图表位置

182. 在 Excel 2010 中，设置单元格日期格式的快捷键是(　　)。

A. Ctrl+Shift+ $　　B. Ctrl+Shift+^

C. Ctrl+Shift+ #　　D. Ctrl+Shift+～

183. 在 Excel 2010 中，设置单元格“货币”格式(负数放在括号中)的快捷键是(　　)。

A. Ctrl+Shift+ $　　B. Ctrl+Shift+&

C. Ctrl+Shift+!　　D. Ctrl+Shift+：

184. 在 Excel 2010 中，设置单元格带有两位小数的科学计数格式的快捷键是(　　)。

A. Ctrl+0　　B. Ctrl+Shift+(

C. Ctrl+Shift+_　　D. Ctrl+Shift+^

185. 在 Excel 2010 中，应用带有日、月和年的“百分比”格式的快捷键是(　　)。

A. Ctrl+Shift+!　　B. Ctrl+Shift+%

C. Ctrl+Shift+ *　　D. Ctrl+；

186. 在 Excel 2010 中，获取外部数据的方法除(　　)之外。

A. 现有连接　　B. 来自网站

C. 来自 Access　　D. 来自 Word 2010

187. 在 Excel 2010 中，在单元格中输入下列数据或公式，结果是左对齐的是(　　)。

A. 5−3　　B. 5/3　　C. =5+3　　D. 5 * 3

188. 在 Excel 2010 中，右击一个工作表标签不能够进行(　　)。

A. 插入一个工作表　　B. 重命名一个工作表

C. 打印一个工作表　　D. 删除一个工作表

189. 用户可以通过(　　)快捷键，快速创建图表工作表。

A. F1　　B. Ctrl+F1　　C. F11　　D. Ctrl+F11

190. 在 Excel 2010“设置单元格格式”对话框中，不存在的选项卡为(　　)。

A. 数字　　B. 对齐　　C. 字体　　D. 图形

191. 在 Excel 2010 中，只能把一个新的工作表插入(　　)。

A. 所有工作表的最后面　　B. 当前工作表的前面

C. 当前工作表的后面　　D. 可以是 A，也可以是 B

192. 在 Excel 2010 中，在“设置单元格格式”对话框中，自定义类型中的 0 表示(　　)。

A. 整数　　B. 小数　　C. 对齐方式　　D. 预留值

193. 假定单元格 D3 保存的公式为=D3+C3，若把它移动到 E4 中，则 E4 中保存的公式为(　　)。

A. =E4+C3　　B. =C3+D3　　C. =E4+C4　　D. =C4+D4

194. 在 Excel 2010 的页面设置中，不能设置(　　)。

A. 纸张大小　　B. 每页字数　　C. 页边距　　D. 页眉/页脚

195. 通过选择“所有程序”→Microsoft Office→Microsoft Excel 2010 命令，启动 Excel 2010，自动建立的工作簿文件的默认文件名为(　　)。

A. 工作簿 1　　B. 工作簿文件 1　　C. Book1　　D. BookFile1

196. 在 Excel 2010 的操作界面中，整个编辑栏被分为左、中、右三个部分，左边部分显示出(　　)。

A. 活动单元格行号　　B. 活动单元格列号

C. 某个单元格名称　　D. 活动单元格名称

197. 当向 Excel 2010 工作簿文件中插入一张工作表时,默认的表标签名为(　　)。

A. Sheet　　B. Book　　C. Table　　D. List

198. 在 Excel 2010 中,一个单元格的二维地址包含所属的(　　)。

A. 列标　　B. 行号　　C. 列标或行号　　D. 列标与行号

199. 一个 Excel 工作表中第 5 行第 4 列的单元格地址是(　　)。

A. D5　　B. 4E　　C. 5D　　D. E4

200. 用 Excel 电子表格处理学生成绩时,有时需要对不及格的成绩用醒目的方式表示(例如设置为红色)。假如现在需要处理大量的学生成绩,可利用(　　)功能最为方便。

A. 查找　　B. 定位　　C. 数据筛选　　D. 条件格式

二、判断题

1. 在 Excel 2010 的工作表中,"数据"选项卡的"排序和筛选"可以排序、筛选记录数据,但不能直接修改数据表中各字段的值。(　　)

2. 在 Excel 2010 中,图表一旦建立,其标题的字体、字形是不可改变的。(　　)

3. Excel 2010 软件是对二维表格进行处理并可制作成报表的应用软件。(　　)

4. 在 Excel 2010 中,删除单元格的批注,可使用"开始"选项卡的"删除"命令。(　　)

5. 在 Excel 2010 某单元格中输入"=AVERAGE(B1:B3)",则该单元格显示的结果必是(B1+B2+B3)/3 的值。(　　)

6. 在 Excel 2010 中进行单元格复制时,无论单元格是什么内容,复制出来的内容与原单元格总是完全一致的。(　　)

7. 在 Excel 2010 中,如果一个数据表需要打印多页,且每页有相同的标题,则可以在"页面设置"对话框中对其进行设置。(　　)

8. 在 Excel 2010 的工作表中,"数据"选项卡中包含有"插入"、"删除"或"修改记录数据"及"公式字段值"的命令。(　　)

9. 在 Excel 2010 表格中,在对数据清单分类汇总前,应该做的操作是排序。(　　)

10. 在 Excel 2010 中,单元格地址会随位移的方向与大小而改变的称为绝对引用。(　　)

11. Excel 2010 默认状态是公式正确输入到单元格后,其中会显示出计算的结果。(　　)

12. 在 Excel 2010 中,单元格地址不随位移的方向与大小而改变的称为相对引用。(　　)

13. Excel 2010 中新建的工作簿里都只有 3 张工作表。(　　)

14. Excel 2010 中单元格中正确输入公式后,显示出以 # 开头的信息但不全是 # 的信息,则表示公式有错。(　　)

15. Excel 2010 中单元格中可输入公式,但单元格真正存储的是其计算结果。(　　)

16. Excel 2010 可以把正在编辑的工作簿保存为文本文件。(　　)

17. Excel 2010 中分类汇总后的数据清单不能再恢复原工作表的记录。(　　)

18. 对 Excel 2010 的工作表中的数据建立图表,图表一定存放在同一张工作表中。 ( )

19. Excel 2010 工作簿是工作表的集合,一个工作簿中的工作表数量是无限的。 ( )

20. 用 Excel 2010 工作表数据建立图表,不论是内嵌式还是独立式图表,都被单独保存在另一张工作表中。 ( )

21. Excel 2010 提供了许多内部函数,不允许用户自定义函数。 ( )

22. Excel 2010 中新建的工作簿里最多只能 256 张工作表。 ( )

23. 对 Excel 2010 中数据清单中的记录进行排序只能进行升序排列。 ( )

24. Excel 2010 中的工作簿是工作表的集合。 ( )

25. 在 Excel 2010 工作表中,若在单元格 C1 中存储一公式 A$4,将其复制到 H3 单元格后,公式仍为 A$4。 ( )

26. 在 Excel 2010 表格中,单元格的数据填充不一定在相邻的单元格中进行。 ( )

27. 在 Excel 2010 中,在完成了公式复制后,则所复制的单元格中的所有公式都是完全相同的。 ( )

28. 在 Excel 2010 中,若只需打印工作表的部分数据,应先把它们复制到一张单独的工作表中。 ( )

29. 在 Excel 2010 的工作表中,“开始”选项卡各组中的按钮可以方便地插入、删除或修改记录数据。 ( )

30. 在 Excel 2010 工作表中,D5 单元格中有公式=A5+$B$4,删除第 3 行后,D4 中的公式是=A4+$B$3。 ( )

31. Excel 2010 工具栏中的 Σ 按钮功能是“求和”。 ( )

32. Excel 2010 单元格的默认宽度为 8 个字符。 ( )

33. 在 Excel 2010 中,若 A1 单元格为文本数据,A2 单元格为逻辑值 TRUE,则公式=SUM(A1:A2)的结果为 1。 ( )

34. 在 Excel 2010 中,公式=1&234 的计算结果是#N/A。 ( )

35. 在 Excel 2010 中,公式=SUM(A3:A8)/6 等效于函数=AVERAGE(A3:A8)。 ( )

36. 在 Excel 2010 中,若 COUNT(F1:F7)=2,则区域 F1:F7 中有两个数字单元格。 ( )

37. 用快捷键退出 Excel 2010 的按键是 Alt+F5。 ( )

38. Excel 2010 允许用户改变文本的颜色。先选择想要改变文本颜色的单元格或区域,然后单击“开始”选项卡中“字体”组中的“字体颜色”按钮。 ( )

39. Excel 2010 单元格的引用有相对引用、绝对引用和混合引用。 ( )

40. 在 Excel 2010 中输入文字时,默认对齐方式是:单元格内靠右对齐。 ( )

41. 在 Excel 2010 单元格中,输入由数字组成的文本数据,应在数字前加双引号。 ( )

42. 在 Excel 2010 中只能在单元格中编辑内容。 ( )

43. 在 Excel 2010 中,公式=Sum(Sheet1:Sheet5!$E$6)表示求本工作簿中 Sheet1~Sheet5 共 5 个表格中的 E6 单元格的数值之和。 ( )

44. 在 Excel 2010 中,如果输入的数据具有某种内在规律,则可以利用“自动填充”功能

进行输入。 ( )

45. 在Excel 2010中,设置页眉和页脚应选“页面布局”选项卡中的相关按钮。 ( )

第七章 演示文稿制作基础

一、单选题

1. 用PowerPoint 2010制作的演示文稿默认的扩展名是( )。

A. .pwpx B. .pptx C. .ppnx D. .popx

2. 如要终止幻灯片的放映,可直接按( )键/组合键。

A. Ctrl＋C B. Esc C. End D. Alt＋F4

3. 打印演示文稿时若选择“讲义”,则每页打印纸上最多能输出( )张幻灯片。

A. 2 B. 4 C. 6 D. 9

4. 下列不是PowerPoint 2010视图的是( )。

A. 普通视图 B. 幻灯片放映视图

C. 阅读视图 D. Web视图

5. 下列操作中,不是退出PowerPoint 2010的操作是( )。

A. 执行“文件”下拉菜单中的“关闭”命令

B. 执行“文件”下拉菜单中的“退出”命令

C. 按组合键Alt＋F4

D. 双击PowerPoint窗口的“控制菜单”图标

6. 对于演示文稿中不准备放映的幻灯片可用( )选项卡的“隐藏幻灯片”命令隐藏。

A. 工具 B. 幻灯片放映 C. 视图 D. 编辑

7. 在PowerPoint 2010中,可以对幻灯片进行移动、删除、复制,但不能对单独的幻灯片的内容进行编辑的视图是( )。

A. 普通视图 B. 阅读视图

C. 幻灯片放映视图 D. 幻灯片浏览视图

8. 如果要播放演示文稿,可以使用( )。

A. 幻灯片视图 B. 大纲视图

C. 幻灯片放映视图 D. 幻灯片浏览视图

9. 在设计幻灯片的背景时,如果单击“全部应用”按钮,结果是( )。

A. 所有对象全部被该背景覆盖

B. 仅当前一张应用该背景

C. 现有及新插入的幻灯片都是该背景

D. 现有的用该背景而新插入的幻灯片不变

10. 在PowerPoint 2010中,下列说法中错误的是( )。

A. 将图片插入幻灯片中后,用户可以对这些图片进行必要的操作

B. 利用“图片工具”选项卡中的工具可裁剪图片、添加边框和调整图片亮度及对比度

C. 选择“开始”选项卡,再从“图片”组中弹出“设置图片格式”对话框

D. 对图片进行修改后不能再恢复原状

11. 在 PowerPoint 2010 中，下列说法中错误的是(　　)。

A. 可以动态显示文本和对象　　B. 可以更改动画对象的出现顺序

C. 图表中的元素不可以设置动画效果　　D. 可以设置幻灯片切换效果

12. 在 PowerPoint 2010 中，有关复制幻灯片的说法中错误的是(　　)。

A. 可以在演示文稿内使用幻灯片副本

B. 可以使用"复制"和"粘贴"命令

C. 右击普通视图导航窗格的"幻灯片"选项卡中选定的幻灯片，选择菜单中"复制幻灯片"命令

D. 可以在浏览视图中按住 Shift 键，并拖动幻灯片

13. 在 PowerPoint 2010 中，下列有关嵌入的说法中错误的是(　　)。

A. 嵌入的对象不链接源文件

B. 如果更新源文件，嵌入幻灯片中的对象并不改变

C. 用户可以双击一个嵌入对象来打开对象对应的应用程序，以便于编辑和更新对象

D. 当双击嵌入对象并对其编辑完毕后，返回 PowerPoint 时，需重新启动

14. 在 PowerPoint 2010 中，有关人工设置放映时间的说法中错误的是(　　)。

A. 只有单击鼠标时换页　　B. 可以设置在单击鼠标时换页

C. 可以设置每隔一段时间自动换页　　D. B 和 C 两种方法都可以换页

15. 在 PowerPoint 2010 中，下列说法中错误的是(　　)。

A. 可以打开存放在本机硬盘上的演示文稿

B. 可打开存放在可联网服务器上的演示文稿

C. 可以打开 Internet 上的演示文稿

D. 不能用 URL 地址打开网络上的演示文稿

16. 在 PowerPoint 2010 中，(　　)命令可以用来改变某一幻灯片的布局。

A. 背景　　B. 幻灯片版式　　C. 幻灯片设计　　D. 字体

17. 在 PowerPoint 2010 中，启动幻灯片放映的方法中错误的是(　　)。

A. 单击状态栏右侧的"幻灯片放映"按钮

B. 执行"幻灯片放映"选项卡"从头开始"命令

C. 直接按 F5 键，即可放映演示文稿

D. 直接按 F6 键，即可放映演示文稿

18. 在 PowerPoint 2010 中，对于已创建的多媒体演示文档可以用(　　)命令转移到其他未安装 PowerPoint 2010 的机器上放映。

A. 文件/保存并发送　　B. 文件/另存为

C. 视图/宏　　D. 设计/主题

19. 在 PowerPoint 2010 中的(　　)中，可以精确设置幻灯片的格式。

A. 普通视图　　B. 幻灯片浏览视图

C. 阅读视图　　D. 幻灯片放映视图

20. 在 PowerPoint 2010 中,为了使所有幻灯片具有一致的外观,可以使用母版,其中有幻灯片母版、备注母版和(　　)。

A. 普通母版　B. 讲义母版　C. 放映母版　D. 阅读母版

21. 在 PowerPoint 2010 的(　　)视图中,用户可以看到画面变成上下两半,上面是幻灯片,下面是文本框,可以记录演讲者讲演时所需的一些提示重点。

A. 备注页视图　B. 幻灯片浏览视图

C. 普通视图　D. 阅读视图

22. 下列软件中主要用于制作演示文稿的是(　　)。

A. Word　B. Excel　C. Windows　D. PowerPoint

23. PowerPoint 2010 工作窗口的组成部分不包括(　　)。

A. 地址栏　B. 选项卡　C. 工具栏　D. 数据编辑区

24. 在 PowerPoint 2010 中,要切换到幻灯片的黑白视图,可选择(　　)。

A. “幻灯片放映”选项卡中的“监视器”

B. “设计”选项卡中的“颜色”

C. “视图”选项卡中的“黑白模式”

D. 不能切换到黑白视图

25. 在 PowerPoint 2010 幻灯片进行自定义动画设置时,可以改变(　　)。

A. 幻灯片切换的速度　B. 幻灯片的背景

C. 幻灯片中某一对象的动画效果　D. 幻灯片切换的效果

26. 修改 PowerPoint 2010 中超级链接的文字颜色,可以使用(　　)。

A. 开始/字体　B. 视图/颜色　C. 插入/超链接　D. 主题/颜色

27. 在幻灯片母版中,在标题区或文本区添加各幻灯片都共有文本的方法是(　　)。

A. 选择带有文本占位符的幻灯片版式　B. 单击直接输入

C. 使用文本框　D. 使用模板

28. 演示文稿中,超链接中所链接的目标可以是(　　)。

A. 幻灯片中的图片　B. 幻灯片中的文本

C. 幻灯片中的动画　D. 同一演示文稿的某一张幻灯片

29. 如果要从一张幻灯片“溶解”到下一张幻灯片,应使用“幻灯片放映”菜单中的(　　)。

A. 动作设置　B. 预设动画　C. 幻灯片切换　D. 自定义动画

30. 在幻灯片中插入的页脚,正确的是(　　)。

A. 每一页幻灯片上都必须显示　B. 能进行格式化

C. 作为每页的注释　D. 其中的内容不能是日期

31. PowerPoint 2010 中主要的编辑视图是(　　)。

A. 幻灯片浏览视图　B. 普通视图

C. 幻灯片放映视图　D. 阅读视图

32. 在幻灯片视图窗格中,在状态栏中出现了“幻灯片 2/7”的文字,则表示(　　)。

A. 共有 7 张幻灯片,目前只编辑了二张

B. 共有 7 张幻灯片,目前显示的是第二张

C. 共编辑了 2/7 张的幻灯片

D. 共有 9 张幻灯片,目前显示的是第二张

33. 幻灯片母版设置，可以起到(　　)作用。

A. 统一幻灯片的风格　　B. 统一标题内容

C. 统一图片内容　　D. 统一页码内容

34. 在幻灯片切换中，可以设置幻灯片切换的(　　)。

A. 方向　　B. 强调效果　　C. 退出效果　　D. 换片方式

35. 在 PowerPoint 2010 自定义动画中，可以设置(　　)。

A. 隐藏幻灯片　　B. 动作

C. 超链接　　D. 动画重复播放次数

36. 在 PowerPoint 2010 中，要使文字加粗，应该使用(　　)选项卡中的命令。

A. 动画　　B. 插入　　C. 开始　　D. 设计

37. 如果希望将幻灯片由横排变为竖排，需要更换(　　)。

A. 版式　　B. 设计模板　　C. 背景　　D. 幻灯片切换

38. 动作按钮可以链接到(　　)。

A. 其他幻灯片　　B. 其他文件　　C. 网址　　D. 以上都行

39. 在 PowerPoint 2010 中，(　　)设置能够应用幻灯片模板改变幻灯片的背景、标题字体格式。

A. 版式　　B. 主题　　C. 切换　　D. 放映

40. 在 PowerPoint 2010 中，通过(　　)设置后，单击“观看放映”按钮后能够自动放映。

A. 排练计时　　B. 动画设置　　C. 自定义动画　　D. 幻灯片设计

41. PowerPoint 2010 演示文稿和模板的扩展名是(　　)。

A. docx 和 txt　　B. html 和 ptr　　C. pott 和 pptx　　D. pptx 和 potx

42. 下列不是合法的“打印内容”选项的是(　　)。

A. 幻灯片　　B. 备注页　　C. 讲义　　D. 动画

43. 下列不是 PowerPoint 2010 视图的是(　　)。

A. 普通视图　　B. 大纲视图

C. 备注页视图　　D. 幻灯片浏览视图

44. 设置 PowerPoint 2010 对象的超链接功能是指把对象链接到其他(　　)上。

A. 图片　　B. 音乐

C. 幻灯片/文件/程序　　D. 以上皆可

45. 在 PowerPoint 2010 中，将演示文稿打包为可播放的演示文稿后，文件类型为(　　)。

A. .ppsx　　B. .ppzx　　C. .pspx　　D. .pptx

46. PowerPoint 2010 是(　　)。

A. 数据库管理系统　　B. 幻灯片制作软件

C. 文字处理软件　　D. 电子表格软件

47. 在 PowerPoint 2010 中，若为幻灯片中的对象设置“飞入”，应选择(　　)对话框。

A. 自定义动画　　B. 幻灯片版式　　C. 自定义放映　　D. 幻灯片放映

48. 用 PowerPoint 2010 制作教学课件，要在幻灯片中加入自己的声音文件，选择(　　)。

A. “设计”选项卡　　B. “插入”选项卡

C. “动画”选项卡　　D. “切换”选项卡

49. 演示文稿中的每一张演示的单页称为(　　),它是演示文稿的核心。

A. 母版　　B. 模板　　C. 版式　　D. 幻灯片

50. 以下关于设计模板的说法,错误的是(　　)。

A. 选择了设计模板就相当于使用了新的母版

B. 可将新创建的演示文稿保存为设计模板

C. 一个演示文稿只能使用一种设计模板

D. 设计模板是改变演示文稿外观的一种方案

51. 幻灯片在(　　)下,可以从状态栏看到演示文稿所包括的幻灯片总页数与当前页码。

A. 普通视图　　B. 大纲视图

C. 幻灯片放映视图　　D. 幻灯片视图

52. 选择(　　)的相应选项卡,可以切换显示演示文稿的大纲和幻灯片缩略图。

A. 普通视图　　B. 大纲视图

C. 幻灯片放映视图　　D. 幻灯片浏览视图

53. 在演示文档的视图模式中,(　　)最适宜于输入文字。

A. 大纲视图　　B. 幻灯片放映视图

C. 幻灯片视图　　D. 普通视图

54. 在幻灯片中,可以利用(　　)输入文本。

A. 对话框　　B. 数据库　　C. 文本框　　D. 文档库

55. 当需要删除幻灯片时,在幻灯片窗格中选择要删除的幻灯片,按(　　)键进行删除。

A. Shift　　B. Alt　　C. Ctrl　　D. Delete

56. 在 PowerPoint 2010 中,若为幻灯片中的对象设置“飞入效果”,应选择对话框(　　)。

A. 添加动画　　B. 幻灯片放映　　C. 自定义动画　　D. 幻灯片版式

57. 在空白幻灯片中不可以直接插入(　　)。

A. 艺术字　　B. 公式　　C. 文字　　D. 文本框

58. 新建一个演示文稿时第一张幻灯片的默认版式是(　　)。

A. 项目清单　　B. 两栏文本　　C. 标题幻灯片　　D. 空白

59. 幻灯片母版包含(　　)个占位符,用来确定幻灯片母版的版式。

A. 4　　B. 5　　C. 8　　D. 7

60. 在 PowerPoint 2010 中,若要设置文本链接,可以选择(　　)选项卡中的“超级链接”。

A. 开始　　B. 设计　　C. 切换　　D. 插入

61. 要打印一张幻灯片,可以单击“文件”选项卡中的(　　)按钮。

A. 保存　　B. 打印　　C. 打印预览　　D. 打开

62. 在 PowerPoint 2010 中,对文字或段落不能设置(　　)。

A. 段前距　　B. 首字下沉　　C. 段后距　　D. 字间距

63. 在 PowerPoint 2010 中,下列说法正确的是(　　)。

A. 在 PowerPoint 2010 中播放的影片文件,只能在播放完毕后才能停止

B. 插入的视频文件在 PowerPoint 2010 幻灯片视图中不会显示图像

C. 只能在播放幻灯片时，才能看到影片效果

D. 在设置影片为“单击播放影片”后，放映时单击鼠标即可，再次单击则退出播放

64. 如果要在幻灯片放映过程中结束放映，以下操作中不能采取的选择是(　　)。

A. 按 Alt+F4 组合键　　B. 按 Space 键

C. 按 Esc 键　　D. 右击鼠标选择“结束放映”命令

65. 配色方案由(　　)种颜色组成，使用配色方案可以指定幻灯片各部分的重新配色。

A. 8　　B. 9　　C. 6　　D. 7

66. 在 PowerPoint 2010 中，段落对齐方式不包含(　　)。

A. 分散对齐　　B. 靠上对齐　　C. 两端对齐　　D. 居中对齐

67. 以下关于配色方案的说法中正确的是(　　)。

A. 使用幻灯片配色方案命令可以对幻灯片的各个部分重新配色

B. 一组幻灯片只能采用一种配色方案

C. 所有配色方案均是系统自带，用户不能自行更改或添加

D. 上述三种说法全部正确

68. 在以下几种 PowerPoint 2010 视图中，能够添加和显示备注文字的视图是(　　)。

A. 幻灯片放映视图　　B. 大纲视图

C. 幻灯片浏览视图　　D. 普通视图

69. 要真正更改幻灯片的大小，可通过(　　)来实现。

A. 普通视图下直接拖拽幻灯片的四条边框

B. 在“视图”→“显示比例”列表框中选择相应命令

C. 选择“开始”→“幻灯片版式”命令

D. 选择“设计”→“页面设置”命令

70. 下面对幻灯片的打印描述中，正确的是(　　)。

A. 须从第一张幻灯片开始打印　　B. 可以打印幻灯片、讲义和大纲

C. 须打印所有幻灯片　　D. 幻灯片只能打印在纸上

71. 在 PowerPoint 2010 窗口中制作幻灯片时，需要使用“绘图”工具，使用(　　)中的命令并绘制一个形状，可以显示该工具选项卡。

A. 开始/编辑　　B. 设计/主题　　C. 动画/动画样式　　D. 插入/形状

72. PowerPoint 2010 允许设置幻灯片的方向，使用(　　)对话框完成此设置。

A. 开始/新建幻灯片　　B. 设计/幻灯片方向

C. 切换/切换方案　　D. 视图/幻灯片母版

73. PowerPoint 2010 中的导航窗格中包含(　　)和幻灯片窗格。

A. 修改　　B. 删除　　C. 大纲　　D. 替换

74. 在 PowerPoint 2010 中，备注母版有(　　)个占位符。

A. 2　　B. 4　　C. 6　　D. 8

75. 在 PowerPoint 2010 中，幻灯片中母版文本格式的改动(　　)。

A. 会影响设计模板　　B. 不影响标题母版

C. 会影响标题母版　　D. 不会影响幻灯片

76. 将作者名字出现在所有的幻灯片中，应将其加入(　　)中。

A. 幻灯片母版　　B. 标题母版　　C. 备注母版　　D. 讲义母版

77. 在 PowerPoint 2010 中,在插入形状图案的矩形时按(　　)键图形为正方形。

A. Shift　　B. Ctrl　　C. Delete　　D. Alt

78. 在 PowerPoint 2010 中,使用(　　)选项卡中的“幻灯片母版”命令,进入幻灯片母版设计窗口,更改幻灯片的母版。

A. 开始　　B. 设计　　C. 视图　　D. 插入

79. 在 PowerPoint 2010 中,在“幻灯片浏览视图”模式下,不允许进行的操作是(　　)。

A. 幻灯片移动和复制　　B. 幻灯片切换

C. 幻灯片删除　　D. 设置动画效果

80. 在“页眉和页脚”对话框中设置幻灯片编号,默认将放置到幻灯片的(　　)中。

A. 左下脚　　B. 中部　　C. 右下脚　　D. 顶部

81. 在 PowerPoint 2010 中,“背景”组在(　　)选项卡中。

A. 开始　　B. 设计　　C. 切换　　D. 插入

82. 将一个幻灯片上多个已选中自选图形组合成一个复合图形,使用(　　)。

A. 文件菜单　　B. 快捷菜单　　C. 开始选项卡　　D. 设计选项卡

83. 幻灯片母版中一般都包含(　　)占位符,其他的占位符则根据版式而不同。

A. 文本　　B. 页脚　　C. 图标　　D. 标题

84. 在 PowerPoint 2010 中,插入形状图形时如果想插入正圆形,应按住键盘上的(　　)。

A. Ctrl　　B. Shift　　C. Tab　　D. CapsLock

85. 在 PowerPoint 2010 中,艺术字具有(　　)。

A. 文件属性　　B. 图形属性　　C. 字符属性　　D. 文本属性

86. 在 PowerPoint 2010 中,选一个形状图形,打开“格式”选项卡,不能改变图形的(　　)。

A. 旋转角度　　B. 大小尺寸　　C. 内部颜色　　D. 形状

87. 在 PowerPoint 2010 中,要将幻灯片的编号设置到幻灯片的右上角,可以首先在该位置放置一个文本框,再使用(　　)选项卡中的命令来实现。

A. 插入　　B. 视图　　C. 设计　　D. 切换

88. 在 PowerPoint 2010 中,执行了插入新幻灯片的操作,被插入幻灯片将出现在(　　)。

A. 当前幻灯片之前　　B. 当前幻灯片之后

C. 最前　　D. 最后

89. PowerPoint 2010 中的幻灯片可以(　　)。

A. 在投影仪上放映　　B. 在计算机屏幕上放映

C. 打印成幻灯片使用　　D. 以上三种均可以完成

90. 如果要在形状图形上添加文本,(　　),然后输入文本。

A. 必须在形状图形上右击鼠标,选择“输入文本”命令

B. 必须使用“插入”工具栏中的“文本框”命令

C. 需要在“格式”选项卡中选中文本框,并在该图形上单击鼠标

D. 必须使用“开始”工具栏中的“文本框”命令

91. 改变对象大小时,按住 Shift 键时出现的结果是(　　)。

A. 以图形对象的中心为基点进行缩放

B. 按图形对象的比例改变图形的大小

C. 只有图形对象的高度发生变化

D. 只有图形对象的宽度发生变化

92. PowerPoint 2010 主窗口水平滚动条的左侧有 4 个显示方式切换按钮：普通视图、幻灯片浏览视图、幻灯片放映视图和(　　)。

A. 全屏显示　　B. 主控文档　　C. 阅读视图　　D. 文本视图

93. PowerPoint 2010 放映过程中，启动屏幕画笔的方法是(　　)。

A. Shift+X　　B. Esc　　C. Alt+E　　D. Ctrl+P

94. 在 PowerPoint 2010 中，插入一张新幻灯片的快捷键是(　　)。

A. Ctrl+M　　B. Ctrl+N　　C. Alt+N　　D. Alt+M

95. 在 PowerPoint 2010 中选择了某种“设计模板”，幻灯片背景显示(　　)。

A. 不改变　　B. 不能定义　　C. 不能忽略模板　　D. 可以定义

96. 在 PowerPoint 2010 中，插入 SWF 格式的 Flash 动画的方法是(　　)。

A. “插入”选项卡中的“视频”命令　　B. “插入”选项卡中的“音频”命令

C. “开始”选项卡中的“绘图”命令　　D. “插入”选项卡中的“相册”命令

97. 对于幻灯片中文本框内的文字，设置项目符号可以采用(　　)。

A. “视图”选项卡中的“幻灯片母版”命令

B. “插入”选项卡中的“符号”命令

C. “开始”选项卡中的“项目符号”命令

D. “设计”选项卡中的“符号”命令

98. 如果要从第二张幻灯片跳转到第八张幻灯片，应使用“幻灯片放映”选项卡中的(　　)。

A. 自定义幻灯片放映　　B. 预设动画

C. 幻灯片切换　　D. 自定义动画

99. PowerPoint 2010 的图表是用于(　　)。

A. 可视化显示数字　　B. 可视化显示文本

C. 说明一个进程　　D. 显示一个组织结构

100. 在 PowerPoint 2010 的页面设置中，能够设置(　　)。

A. 幻灯片页面的对齐方式　　B. 幻灯片的页脚

C. 幻灯片的页面　　D. 幻灯片编号的起始值

101. 在 PowerPoint 2010 中，要隐藏某个幻灯片，应使用(　　)。

A. 选择“设计”选项卡中的“隐藏幻灯片”命令

B. 选择“视图”选项卡中的“隐藏幻灯片”命令

C. “幻灯片”窗格，双击该幻灯片，选择“隐藏幻灯片”命令

D. “幻灯片”窗格，右击该幻灯片，选择“隐藏幻灯片”命令

102. PowerPoint 2010 的页眉可以(　　)。

A. 用作标题　　B. 将文本放置在讲义打印页的顶端

C. 将文本放置在每张幻灯片的顶端　　D. 将图片放置在每张幻灯片的顶端

103. 在 PowerPoint 2010 中，在(　　)状态下可以复制幻灯片。

A. 幻灯片浏览　　B. 预留框　　C. 幻灯片播放　　D. 注释页

104. 在 PowerPoint 2010 中，当在一张幻灯片中将某文本行降级时(　　)。

A. 降低了该行的重要性　　B. 使该行缩进一个大纲层

C. 使该行缩进一个幻灯片层　　D. 增加了该行的重要性

105. 在 PowerPoint 2010 幻灯片插入的数据表中,数字默认是(　　)。

A. 左对齐　　B. 右对齐　　C. 居中　　D. 两端对齐

106. 在 PowerPoint 2010 中,当向幻灯片中添加数据表时,首先从电子表格复制数据,然后用快捷菜单中的命令(　　)。

A. 全选　　B. 清除　　C. 粘贴　　D. 替换

107. 进入幻灯片母版的快捷方法是(　　)。

A. 按住 Ctrl 键的同时,再单击幻灯片窗口右下角的“幻灯片浏览视图”按钮

B. 按住 Ctrl 键的同时,再单击幻灯片窗口右下角的“普通视图”按钮

C. 按住 Shift 键的同时,再单击幻灯片窗口右下角的“普通视图”按钮

D. 按住 Shift 键的同时,再单击幻灯片窗口右下角的“幻灯片浏览视图”按钮

108. 在 PowerPoint 2010 中,当在幻灯片中移动多个对象时(　　)。

A. 只能以英寸为单位移动这些对象

B. 一次只能移动一个对象

C. 可将这些对象编组,把它们视为一体

D. 修改演示文稿中各个幻灯片的布局

109. 要选定 PowerPoint 2010 中字体的对齐方式,应使用(　　)组中的命令。

A. 段落　　B. 字体　　C. 文本　　D. 主题

110. 在 PowerPoint 2010 中,要输入特殊符号,应使用(　　)选项卡中的命令来实现。

A. 开始　　B. 视图　　C. 设计　　D. 插入

111. PowerPoint 2010 有“拼写检查”功能,其功能是通过(　　)选项卡中的命令来实现。

A. 设计　　B. 视图　　C. 审阅　　D. 插入

112. 在 PowerPoint 2010 中,若想打包演示文稿,应使用(　　)中的命令来实现。

A. 快捷　　B. 快速访问工具栏

C. “文件”选项卡　　D. 以上均可

113. 若要修改幻灯片的外观,为幻灯片添加图形、影片、声音等,需要通过幻灯片(　　)。

A. 浏览视图　　B. 普通视图　　C. 母版　　D. 主题

114. 在 PowerPoint 2010 的普通视图下,有一组视图切换按钮位于窗口的(　　)处。

A. 左下角　　B. 右下角　　C. 左上角　　D. 右上角

115. 要制作演示文稿大纲,可将 Word 等文字处理软件编辑的大纲文件保存成(　　)格式。

A. .rtf　　B. .doc　　C. .ppt　　D. .pdf

116. 在 PowerPoint 2010 中,可从(　　)看到演示文稿所包括的幻灯片总页数、当前页号和当前使用的模板等信息。

A. 标题栏　　B. 菜单栏　　C. 状态栏　　D. 工具栏

117. 在 PowerPoint 2010 中,可以在大纲编辑窗格中输入演示文稿的所有文本,然后重新排列(　　)、段落和幻灯片等。

A. 项目符号　　B. 字体　　C. 页码　　D. 背景

118. 在幻灯片中可以利用占位符输入文本,也可以利用(　　)输入文本。

A. 文本框　　B. 数据库　　C. 工具栏　　D. 对话框

119. 在 PowerPoint 2010 中，保存的快捷键是(　　)。
A. Ctrl+C　　B. Ctrl+V　　C. Shift+Alt　　D. Ctrl+S

120. 在 PowerPoint 2010 中，新建幻灯片文稿的快捷方式是(　　)。
A. Ctrl+C　　B. Ctrl+V　　C. Shift+Alt　　D. Ctrl+N

121. 在 PowerPoint 2010 中，"从头开始观看放映"的快捷键是(　　)。
A. F1　　B. F5　　C. Shift+F5　　D. Ctrl

122. 在 PowerPoint 2010 中，插入"批注"的命令出现在(　　)选项卡中。
A. 审阅　　B. 开始　　C. 设计　　D. 插入

123. 在 PowerPoint 2010 中，"打印"的快捷键是(　　)。
A. Ctrl+C　　B. Ctrl+P　　C. Shift+Alt　　D. Ctrl+N

124. 在 PowerPoint 2010 中，"粘贴"对象的快捷键是(　　)。
A. Ctrl+V　　B. Ctrl+P　　C. Shift+Alt　　D. Ctrl+N

125. 在 PowerPoint 2010 中，"全选"对象的快捷键是(　　)。
A. Ctrl+V　　B. Ctrl+A　　C. Shift+Alt　　D. Ctrl+N

126. 在 PowerPoint 2010 中，"查找"文本的快捷键是(　　)。
A. Ctrl+V　　B. Ctrl+A　　C. Ctrl+F　　D. Ctrl+N

127. 在 PowerPoint 2010 中，"替换"的快捷键是(　　)。
A. Ctrl+V　　B. Ctrl+A　　C. Ctrl+H　　D. Ctrl+N

128. 在 PowerPoint 2010 中，"标尺"是出现在(　　)选项卡中的命令。
A. 开始　　B. 设计　　C. 审阅　　D. 视图

129. 在 PowerPoint 2010 中，下列说法中错误的是(　　)。
A. 可以将演示文稿转换成文本文档
B. 可以将演示文稿转换成 Web 文档
C. 可以将演示文稿转换成 PDF 文档
D. 可以将演示文稿转换成 Word 文档

130. 在 PowerPoint 2010 中，下列有关运行和控制放映方式的说法错误的是(　　)。
A. 用户可以根据需要，使用 3 种不同的方式运行幻灯片放映
B. 要选择放映方式，请单击"幻灯片放映"选项卡中的"设置幻灯片放映"命令
C. 3 种放映方式：演讲者放映、观众自行浏览以及在展台浏览均是全屏方式
D. 对于演讲者放映方式，演讲者具有完整的控制权

131. 在 PowerPoint 2010 中，要切换到幻灯片母版中，(　　)。
A. 单击视图选项卡中的"幻灯片母版"按钮
B. 按 Alt 键的同时单击"幻灯片视图"按钮
C. 按 Ctrl 键的同时单击"幻灯片视图"按钮
D. A 和 C 都对

132. 在 PowerPoint 2010 中，(　　)不是"幻灯片母版"选项卡中的命令组。
A. 幻灯片缩图　　B. 编辑母版　　C. 母版版式　　D. 编辑主题

133. 在 PowerPoint 2010 中，下列有关应用程序间复制数据的说法中错误的是(　　)。
A. 只能使用复制和粘贴的方法实现信息共享
B. 可以将幻灯片复制到 Word 中

C. 可以将幻灯片移动到 Excel 工作簿中
D. 可以将幻灯片拖动到 Word 中

134. 在 PowerPoint 2010 中,有关备注母版的说法错误的是(　　)。
A. 备注的最主要功能是进一步提示某张幻灯片的内容
B. 要进入备注母版,可以选择“视图”选项卡的“幻灯片母版”命令
C. 备注母版的页面共有 5 个设置:页眉区、页脚区、日期区、幻灯片缩图和数字区
D. 备注母版的下方是备注文本区,可以像在幻灯片母版中那样设置格式

135. 在 PowerPoint 2010 中,有关幻灯片背景下列说法错误的是(　　)。
A. 用户可以为幻灯片设置不同的背景
B. 可以使用图片作为幻灯片背景
C. 可以为单张幻灯片进行背景设置
D. 不可以同时对多张幻灯片设置背景

136. 在 PowerPoint 2010 演示文稿中,将某张幻灯片版式更改为“垂直排列文本”,应选择的菜单是(　　)。
A. 视图　　B. 插入　　C. 版式　　D. 幻灯片放映

137. 在 PowerPoint 2010 中,不能完成对个别幻灯片进行设计或装饰的对话框是(　　)。
A. 背景　　B. 幻灯片版式
C. 配色方案　　D. 应用设计模板

138. 在 PowerPoint 2010 中,在幻灯片中插入多媒体内容的说法中错误的是(　　)。
A. 可以插入声音(如掌声)
B. 可以插入音乐(如 CD 乐曲)
C. 可以插入影片
D. 放映时只能自动放映,不能手动放映

139. 在 PowerPoint 2010 中,要为文本和对象设置动态效果,下列步骤正确的是(　　)。
A. 在浏览视图中,单击要设置动态效果的幻灯片
B. 在普通视图中,选择要动态显示的文本或对象,选择“动画”选项卡的“添加动画”命令
C. 选择要动态显示的文本或者对象,右击在快捷菜单中“启动动画”中选择“激活动画”命令
D. 要添加动画,单击“动画”选项卡中的“动画窗格”命令

140. 在 PowerPoint 2010 中,执行“文件”选项卡中的(　　)命令,可以打开历史记录列表中的一个文件。
A. 最近所用文件　　B. 打开　　C. 新建　　D. 保存并发送

141. 在 PowerPoint 2010 中,有关幻灯片母版的说法中错误的是(　　)。
A. 只有标题区、对象区、日期区、页脚区
B. 可以更改占位符的大小和位置
C. 可以设置占位符的格式
D. 可以更改文本格式

142. 在 PowerPoint 2010 中,在(　　)中,可以定位到某特定的幻灯片放映。
A. 备注页视图　　B. 浏览视图　　C. 放映视图　　D. 黑白视图

143. 在 PowerPoint 2010 中，下列说法错误的是(　　)。

A. 可以利用幻灯片版式建立带剪贴画的幻灯片，用来插入剪贴画

B. 可以向已存在的幻灯片中插入剪贴画

C. 可以修改剪贴画

D. 不可以为图片重新上色

144. 在 PowerPoint 2010 中，在浏览视图下按住 Ctrl 键并拖动某幻灯片，可以完成(　　)。

A. 移动幻灯片　　B. 复制幻灯片

C. 删除幻灯片　　D. 选定幻灯片

145. 在 PowerPoint 2010 中，普通视图下包含 3 个窗格，下列选项中(　　)窗格不可以对幻灯片进行移动操作。

A. 大纲窗格　　B. 幻灯片窗格　　C. 备注窗格　　D. 放映窗口

146. 在 PowerPoint 2010 中，能对个别幻灯片内容进行编辑修改的视图方式是(　　)。

A. 阅读视图　　B. 浏览视图

C. 普通视图　　D. 幻灯片放映视图

147. 在 PowerPoint 2010 中，下列说法错误的是(　　)。

A. 要插入表格，需切换到普通视图

B. 要插入剪切画，需切换到普通视图

C. 可以向组织结构图中输入文本

D. 不可以编辑组织结构图

148. 若仅显示文稿的文本内容，不显示图形、图像、图表等对象，应选择(　　)窗格。

A. 页面　　B. 大纲　　C. 幻灯片　　D. 幻灯片浏览

149. 演示文稿中的每一张幻灯片是由若干(　　)组成。

A. 图表　　B. 表格　　C. 对象　　D. 文字

150. 创建新的幻灯片时出现的虚线框称为(　　)。

A. 图表　　B. 占位符　　C. 表格　　D. 文字

151. 若在幻灯片浏览视图中要连续选取多张幻灯片，应在单击这些幻灯片时按住(　　)键。

A. Shift　　B. Ctrl　　C. Alt　　D. Enter

152. 能够全屏显示的视图是(　　)。

A. 普通视图　　B. 幻灯片浏览视图

C. 幻灯片放映视图　　D. 大纲视图

153. 删除某张幻灯片的操作是在幻灯片缩略图中选择需要删除的幻灯片，然后按(　　)键。

A. Delete　　B. Backspace　　C. Enter　　D. Insert

154. 母版实际上就是一种特殊的幻灯片。它用于设置演示文稿中每张幻灯片的预设格式，以下说法错误的是(　　)。

A. 母版能控制演示文稿有统一的内容

B. 母版能控制演示文稿有统一的颜色

C. 母版能控制演示文稿有统一的字体

D. 母版能控制演示文稿有统一的项目符号

155. 在 PowerPoint 2010 中,(　　)模式可以实现在其他视图中可实现的一切编辑功能。

A. 普通视图　　B. 阅读视图
C. 幻灯片放映视图　　D. 幻灯片浏览视图

156. 幻灯片放映方式通常有 3 种,不属于这 3 种的是(　　)。

A. 演讲者放映(全屏幕)　　B. 大纲视图(窗口)
C. 幻灯片视图(窗口)　　D. 幻灯片浏览视图(全屏幕)

157. 下列可以在幻灯片中为教学提供音乐、声响、解说等都是(　　)对象。

A. 图形　　B. 视频　　C. 音频　　D. 图像

158. 下列可以在幻灯片中呈现真实动态过程,再现真实运动变化的媒体是(　　)。

A. 图形　　B. 视频　　C. 音频　　D. 图像

159. 下列可以在幻灯片中模拟运动过程,突出事物本质的媒体是(　　)。

A. 图形　　B. 音频　　C. 动画　　D. 图像

160. 下列(　　)媒体是在幻灯片中记录真实动态过程的数据文件。

A. 视频　　B. 图形　　C. 音频　　D. 图像

161. 下列(　　)是由照相机、扫描仪采集的真实画面的数据文件。

A. 图形　　B. 视频　　C. 图像　　D. 动画

162. 在制作演示文稿过程中,有时需要对插入图片的透明度进行设置,应选择(　　)。

A. 艺术效果　　B. 颜色　　C. 更正　　D. 裁剪

163. 在 PowerPoint 2010 窗口中,快速访问工具栏在默认情况下位于窗口的(　　)区域。

A. 顶部　　B. 底部　　C. 左上角　　D. 右上角

164. 在 PowerPoint 2010 的界面中,位于左侧的区域是(　　)。

A. 工具栏　　B. 信息导航窗格　　C. 工作区　　D. 任务窗格

165. 在 PowerPoint 2010 的界面中,位于中间的区域是(　　)。

A. 工具栏　　B. 信息导航窗格　　C. 工作区　　D. 任务窗格

166. 在 PowerPoint 2010 的界面中,由某些操作呈现位于右侧的区域是(　　)。

A. 工具栏　　B. 信息导航窗格　　C. 工作区　　D. 对话框窗格

167. 若在打印幻灯片讲义时,要选择每张要打印幻灯片的数量及顺序,应选择“打印内容”中的(　　)选项。

A. 幻灯片　　B. 讲义　　C. 备注页　　D. 大纲视图

168. 使用“样本模板”创建演示文稿,默认情况下演示文稿中有(　　)张幻灯片。

A. 1　　B. 2　　C. 5　　D. 多张

169. 在 PowerPoint 2010 中,“页眉/页脚”的命令是出现在(　　)的选项卡中。

A. 开始　　B. 设计　　C. 插入　　D. 视图

170. 在 PowerPoint 2010 中,讲义母版默认有(　　)个占位符。

A. 4　　B. 6　　C. 8　　D. 10

171. (　　)不是 PowerPoint 2010 在网络方面的功能。

A. 在 IE 中查看演示文稿可自动调整其大小

B. 可以用浏览器查看演示文稿的内容

C. 文稿中的动画等媒体也适用于 htm 文件

D. 演示文稿可保存成 Web 页

172. 在 PowerPoint 2010 演示文稿放映过程中，以下不正确的控制方法是(　　)。

A. 可以用键盘控制　　B. 只能用鼠标控制

C. 可以用快捷菜单控制　　D. 可以用鼠标控制

173. 在 PowerPoint 2010 中，对选中的文本或文本占位符加项目符号时不可设置其(　　)。

A. 动态效果　　B. 大小　　C. 图片　　D. 颜色

174. 在 PowerPoint 2010 中，关于自定义动画，说法不正确的是(　　)。

A. 可以带声音　　B. 可以添加效果

C. 不可以进行预览　　D. 可以调整顺序

175. 在 PowerPoint 2010 中，以下元素不可以添加动画效果的对象是(　　)。

A. 图片　　B. 剪贴画　　C. 文本框　　D. 视频

176. 在 PowerPoint 2010 中，可插入的对象不包括(　　)。

A. 视频文件　　B. 音频文件　　C. Windows　　D. 图像文件

177. 在 PowerPoint 2010 中，在添加动画时，能设置鼠标的动作为(　　)。

A. 单击　　B. 双击　　C. 三击　　D. 右击

178. 在 PowerPoint 2010 中，幻灯片中不可以包含(　　)。

A. 文字　　B. 声音　　C. 图片　　D. Excel 工作簿

179. 在 PowerPoint 2010 中，以下(　　)不是控制幻灯片外观的方法。

A. 母版　　B. 配色方案

C. 设计模板　　D. 绘制、修饰图形

180. (　　)不是 PowerPoint 2010 中提供的母版。

A. 讲义母版　　B. 幻灯片母版　　C. 设计母版　　D. 备注母版

181. 在 PowerPoint 2010 中，通过“视图”选项卡可以打开的母版中没有(　　)。

A. 幻灯片母版　　B. 配色母版　　C. 讲义母版　　D. 备注母版

182. 在 PowerPoint 2010 中，通过“开始/段落”组，不可以进行段落的(　　)对齐。

A. 跨列居中　　B. 居中　　C. 两端对齐　　D. 左对齐

183. 在 PowerPoint 2010 中，选择“动画/添加动画”命令不可以进行(　　)动画设置。

A. 飞入　　B. 闪烁一次　　C. 驶出　　D. 打字机

184. 在 PowerPoint 中，选择“切换/切换方案”命令不可以设置幻灯片的(　　)切换效果。

A. 飞入　　B. 切出　　C. 推进　　D. 棋盘

185. 在 PowerPoint 2010 中，通过“设计/页面设置”对话框不可以进行(　　)项设置。

A. 宽度　　B. 角度　　C. 高度　　D. 幻灯片大小

186. 在 PowerPoint 2010 中，(　　)不属于调整文本框的操作。

A. 改变文本框大小　　B. 移动文本框位置

C. 插入新的文本框　　D. 填充文本框颜色

187. 要删除幻灯片上已选定的文本,不可按(　　)键/组合键。
A. Ctrl＋V　B. Ctrl＋X　C. Backspace　D. Delete
188. 在 PowerPoint 2010 中放映幻灯片时,不可通过(　　)来播放下一张幻灯片。
A. 右击鼠标　B. 单击鼠标　C. 键盘左光标键　D. 键盘下光标键
189. 在 PowerPoint 2010 中,普通视图主要由三部分组成,除(　　)之外。
A. 幻灯片窗格　B. 文本框　C. 备注窗格　D. 信息导航窗格
190. 幻灯片中不但可以输入文字信息,也可以输入“艺术字”信息。艺术字信息是一种(　　)信息。
A. 图片剪辑库　B. 图形对象
C. 加颜色的普通文字　D. 照片
191. 在幻灯片中插入超级链接,演示文稿链接的对象不可以是(　　)。
A. Word 文档　B. Excel 工作簿　C. 数据库　D. 艺术字
192. 在幻灯片的“编辑超链接”对话框中,不可以(　　)等操作。
A. 输入超链接要显示的文字　B. 增加屏幕提示
C. 更改字体　D. 删除链接
193. 在幻灯片中可以插入某些特殊符号,不包括(　　)。
A. 单位符号　B. 标点符号　C. 数学符号　D. 几何符号
194. 在幻灯片的查找功能中,不可选择的命令有(　　)。
A. 区分几何符号　B. 区分大小写
C. 全字匹配　D. 区分全/半角
195. 在 PowerPoint 2010 中,“打印内容”下拉列表中不包括(　　)。
A. 幻灯片　B. 讲义　C. 备注页　D. 幻灯片母版
196. 在 PowerPoint 2010 中,视图之间切换的最简便方法是(　　)。
A. 单击“视图切换”选项卡中的相应按钮
B. 执行“文件”选项卡中的“信息”命令
C. 快捷键 Shift＋F4
D. 执行“切换”选项卡中的“切换方案”命令
197. 在 PowerPoint 2010 中,可以添加到幻灯片的文字不包括(　　)。
A. 占位符文本　B. 文本框中的文本
C. 形状图形中的文本　D. 视频字幕
198. 在 PowerPoint 2010 中插入图表通常的方法是(　　)。
A. 插入“空白”幻灯片,再“粘贴”一个图表
B. 自己绘制
C. 选择一种带有图表占位符的版式
D. 在“设计/主题”中选择含图表的主题
199. 在 PowerPoint 2010 中的“设置背景格式”对话框中,不能进行(　　)种效果填充。
A. 加深　B. 渐变　C. 纹理　D. 图案
200. 在演示文稿播放过程中,可进行(　　)操作。
A. 幻灯片的复制　B. 删除幻灯片
C. 幻灯片之间的切换　D. 幻灯片的插入

二、判断题

1. 在 PowerPoint 2010 中，视频可以添加动画效果。（ ）
2. 在 PowerPoint 2010 中，可插入的对象不包括 Windows。（ ）
3. 在 PowerPoint 2010 中，控制幻灯片外观的方法是添加绘制、修饰图形。（ ）
4. 设计模板是 PowerPoint 2010 中提供的母版之一。（ ）
5. 在 PowerPoint 2010 中，通过"开始/段落"组，可以设置段前间距。（ ）
6. 在 PowerPoint 2010 中，视图之间的切换方法是通过"切换"选项卡中的"切换方案"命令进行切换。（ ）
7. 在 PowerPoint 2010 中，形状图形及其文本可以添加到幻灯片。（ ）
8. 在 PowerPoint 2010 中，一份演示文稿是以默认扩展名为.pptx 存盘的文件。（ ）
9. 在 PowerPoint 2010 中，若创建新演示文稿时选择了某种幻灯片版式，则该演示文稿中所有幻灯片都只能用这种版式来进行内容的布局。（ ）
10. 在 PowerPoint 2010 中，对于演讲者不想播放的幻灯片应直接删除。（ ）
11. 在演示文稿中只播放几张不连续的幻灯片，应在"幻灯片放映"中的"自定义幻灯片放映"中设置。（ ）
12. 在 PowerPoint 2010 中，幻灯片主题可以对已使用的主题进行更改。（ ）
13. 在 PowerPoint 2010 中，能更改是否在退出时提示保留墨迹注释。（ ）
14. 在 PowerPoint 2010 中，备注母版的下方是备注文本区，可以像在幻灯片母版中那样设置其格式。（ ）
15. 关于 PowerPoint 2010 的母版，在母版中插入图片对象后，在幻灯片中可以根据需要进行编辑。（ ）
16. 关于向幻灯片中插入音频，插入音频后显示的小图标不可以隐藏。（ ）
17. 如果对一张幻灯片使用了系统提供的某种版式，对其中各个对象的占用位符，可以删除不用，但不能在幻灯片中再插入新的对象。（ ）
18. 在 PowerPoint 2010 编辑状态下，如果对当前打开的演示文稿所使用的背景、颜色等不满意，可以用"设计"选项卡中的"主题模板"命令改变全部幻灯片。（ ）
19. 在 PowerPoint 2010，可大量使用特殊字符和效果，用得越多效果越好。（ ）
20. 在编辑好当前幻灯片后，若打算往下做一张新幻灯片，应当按 Ctrl+M 组合键。（ ）
21. 在幻灯片视图中如果当前是一张还没有文字的幻灯片，要想输入文字应当首先插入一个新的文本框。（ ）
22. 在幻灯片中插入的影片和声音，在放映时，双击它才可激活。（ ）
23. 关于插入在幻灯片里的图片、图形等对象，这些对象放置的位置可以重叠，叠放的次序可以改变。（ ）
24. 在 PowerPoint 2010 中，"幻灯片放映"选项卡中的"添加动画"命令，用于设置放映时前后两张幻灯片的切换方式。（ ）
25. 在 PowerPoint 2010 中，单击状态栏中的"幻灯片浏览"按钮可以演播幻灯片集。（ ）
26. 在 PowerPoint 2010 中，应当使用"切换/切换方案"命令，设置从一张幻灯片淡出转

到下一张。 (　　)

27. 在 PowerPoint 2010 中,使用“幻灯片放映”选项卡中的“设置幻灯片放映”命令,也能指定仅放映演示文稿中的部分幻灯片,这与采用自定义放映方案相比可以选择的幻灯片范围和指定的幻灯片顺序不同。 (　　)

28. 为在幻灯片浏览视图中看到更多幻灯片,应减小“显示比例”按钮中的百分比。 (　　)

29. 若要把一个制作好的演示文稿拿到另一台未安装 PowerPoint 2010 的计算机上去放映,需要把演示文稿和 PowerPoint 2010 程序都复制到另一台计算机上。 (　　)

30. 在 PowerPoint 2010 中,“项目符号开/关”按钮可在“开始”选项卡中找到。 (　　)

31. 在 PowerPoint 2010 中,可以对幻灯片进行移动、删除、复制、设置动画效果,但不能对单独的幻灯片的内容进行编辑的视图是“阅读视图”。 (　　)

32. 在 PowerPoint 2010 中,创建演示文稿的最简单的方法是从零开始。 (　　)

33. 在 PowerPoint 2010 中,为每张幻灯片设置放映时的切换方式,应使用“切换”选项卡中的“切换到此幻灯片”组中的按钮。 (　　)

34. 在 PowerPoint 2010 中的幻灯片浏览视图下,按住 Ctrl 键并拖动某幻灯片,可以完成幻灯片复制的操作。 (　　)

35. 在 PowerPoint 2010 中,在一个演示文稿中可以同时使用不同的模板。 (　　)

36. 在 PowerPoint 2010 中,如果希望在放映过程中退出幻灯片放映,则随时可以按下的终止键是 Esc。 (　　)

37. PowerPoint 2010 的阅读视图主要是用于窗口放映幻灯片。 (　　)

38. 在普通视图方式下使用“视图”选项卡中的“标尺”命令,可显示或隐藏标尺。 (　　)

39. 对于多个打开的演示文稿窗口,“页面设置”命令可对演示文稿进行格式设置。 (　　)

40. PowerPoint 2010 模板的扩展名为. pptx。 (　　)

41. PowerPoint 2010 模板与母版的关系是模板中包含有母版,模板是特殊演示文稿,母版是几张特殊的幻灯片。 (　　)

42. 在 PowerPoint 2010 中,一共提供了 3 种母版。 (　　)

43. 在 PowerPoint 2010 中,提供了自定义动画的工具。 (　　)

44. 在 PowerPoint 2010 中,在幻灯片中插入超级链接,链接的对象可以是艺术字。 (　　)

45. 在 PowerPoint 2010 中,视频对象不可以添加动画效果。 (　　)

第八章　计算机网络与 Internet 基础

一、单选题

1. 就计算机网络分类而言,若按覆盖范围,下列说法中规范的是(　　)。

A. 网络可分为光缆网、无线网、局域网

B. 网络可分为公用网、专用网、远程网

C. 网络可分为数字网、模拟网、通用网

D. 网络可分为局域网、广域网、城域网

2. 计算机网络中关于“链接”，下列说法中正确的是（　　）。

A. 链接指将约定的设备用线路连通

B. 链接将指定的文件与当前文件合并

C. 单击链接就会转向链接指向的地方

D. 链接为发送电子邮件做好准备

3. 用以太网技术构成的局域网，其拓扑结构为（　　）。

A. 环型　　B. 总线型　　C. 网孔型　　D. 树型

4. 计算机网络最突出的优势是（　　）。

A. 信息流通　　B. 数据传送　　C. 资源共享　　D. 降低费用

5. 一个计算机网络是由（　　）组成的。

A. 传输介质和通信设备　　B. 通信子网和资源子网

C. 用户计算机和终端　　D. 主机和通信处理机

6. LAN、MAN 和（　　）分别代表的是局域网、城域网和广域网。

A. WEM　　B. WON　　C. WAN　　D. WBN

7. 下列的英文缩写和中文名字的对照中，正确的是（　　）。

A. WAN——广域网　　B. ISP——因特网服务程序

C. USB——不间断电源　　D. RAM——只读存储器

8. “非对称数字用户环路”接入互联网优点是上网与通话两不误，其英文缩写是（　　）。

A. ADSL　　B. ISDN　　C. ISP　　D. TCP

9. 计算机网络的主要目标是实现（　　）。

A. 数据处理　　B. 文献检索　　C. 资源共享　　D. 共享文件

10. 若要将计算机与局域网连接，则最基本需要的硬件是（　　）。

A. 集线器　　B. 网关　　C. 网卡　　D. 路由器

11. 局域网的英文缩写是（　　）。

A. LAN　　B. WAN　　C. MAN　　D. INTERNET

12. 根据信道中传输的信号类型来分，信道又可分模拟信道和（　　）信道。

A. 调制　　B. 解调　　C. 数字　　D. 传输

13. 网络中数据传输速率的基本单位是（　　）。

A. 帧/秒　　B. 文件/秒　　C. 位/秒　　D. 米/秒

14. 以下不是计算机网络特点的是（　　）。

A. 节省人力　　B. 数据传输　　C. 信息流通　　D. 共享资源

15. ADSL 制解调器是 ADSL 上网的主要硬件设备，它的作用是（　　）。

A. 将计算机输出的数字信号调制成模拟信号，以便发送

B. 将输入的模拟信号调制成计算机的数字信号，以便发送

C. 将数字信号和模拟信号进行调制和解调，以便计算机发送和接收

D. 为了拨号上网时，上网和接收电话两不误

16. 从网络访问速度来看,下列网络速度最快的是(　　)。
    A. 城域网　　B. 局域网　　C. 广域网　　D. 卫星通信网
17. 调制解调器的功能是实现(　　)。
    A. 数字信号的编码　　B. 数字信号的整形
    C. 模拟信号的放大　　D. 数字/模拟信号转换
18. 当个人计算机以 ADSL 拨号方式接入 Internet 网时,必须使用的设备是(　　)。
    A. 网卡　　B. 调制解调器　　C. 电话机　　D. 交换机
19. 网络中各个站点只考虑其相互连接的方法和形式的称之为(　　)。
    A. 局域网　　B. Internet　　C. 网络拓扑　　D. 网络协议
20. 网络协议是(　　)。
    A. 网络连接的软件　　B. 网络各层的规范
    C. 网络操作系统　　D. 网络硬件
21. Internet 使用的基本网络协议是(　　)。
    A. IPX/SPX　　B. TCP/IP　　C. NetBEUI　　D. OSI
22. 以下(　　)物质不是网络传输媒介。
    A. 空气　　B. 电话线　　C. 光纤　　D. 钢丝绳
23. Internet 是(　　)。
    A. 局域网　　B. 电话网　　C. 城域网　　D. 互联网
24. ISO/OSI 参考模型是一种(　　)层网络模型。
    A. 5　　B. 6　　C. 7　　D. 8
25. OSI 参考模型中的第二层是(　　)。
    A. 网络层　　B. 数据链路层　　C. 传输层　　D. 物理层
26. 在下列四项中,不属于 OSI(开放系统互连)参考模型 7 个层次的是(　　)。
    A. 会话层　　B. 数据链路层　　C. 用户层　　D. 应用层
27. OSI(开放系统互联)参考模型的最高层是(　　)。
    A. 表示层　　B. 网络层　　C. 应用层　　D. 会话层
28. 在计算机网络中,通常把提供并管理共享资源的计算机称为(　　)。
    A. 服务器　　B. 工作站　　C. 网关　　D. 网桥
29. 在计算机网络中,实现数字信号和模拟信号之间转换的设备是(　　)。
    A. Hub　　B. Modem　　C. 电话　　D. 网卡
30. 计算机网络按传输媒介分类可分为(　　)。
    A. 无线网、有线网　　B. 电话网、光纤网
    C. 双绞线网、同轴电缆网　　D. 局域网、Internet
31. 按照光纤的传输模式,可分为(　　)模式。
    A. 强光和弱光　　B. 单模和多模
    C. 民用和军用　　D. 含铜和不含铜
32. 单模光纤与多模光纤在使用方面的主要区别是(　　)。
    A. 安装　　B. 重量　　C. 价格　　D. 传输距离
33. 每台联网的计算机都必须遵守一些事先约定的规则,这些规则称为(　　)。
    A. 标准　　B. 协议　　C. 公约　　D. 地址

34. ISO/RM模型的第三层是(　　)。

A. 物理层　　B. 网络层　　C. 数据链路层　　D. 传输层

35. 局域网的网络硬件主要包括服务器、工作站、网卡和(　　)。

A. 网络拓扑结构　　B. 微型机　　C. 传输电缆　　D. 网络协议

36. (　　)多用于同类局域之间的互联。

A. 中继器　　B. 网桥　　C. 路由器　　D. 网关

37. 调制解调器(Modem)属于(　　)的网络设备。

A. 物理层　　B. 网络层　　C. 数据链路层　　D. 应用层

38. Internet上各种不同类型的计算机相互通信的基础是(　　)协议。

A. TCP/IP　　B. SPX/IPX　　C. CSM/CD　　D. X.25

39. 在环型网结构中,工作站间通过(　　)协调数据传输。

A. CSMA/CD　　B. RARP　　C. 优先级　　D. 令牌

40. 在计算机网络中,"带宽"这一术语表示(　　)。

A. 数据传输的宽度　　B. 数据传输的速率

C. 计算机位数　　D. CPU主频

41. 家庭接入Internet需各种条件,以下各项中不是必需的是(　　)。

A. IE 5.0浏览器　　B. ISP提供的电话线

C. ISP提供的光纤　　D. 调制解调器

42. 网络中所有的物理连接介质称为(　　)。

A. 应用介质　　B. 教育介质　　C. 网络连接介质　　D. 系统介质

43. 网络中使用光缆的优点是(　　)。

A. 便宜　　B. 容易安装　　C. 易于购买　　D. 传输速率最高

44. 正确定义了网络连接介质是(　　)。

A. 数据传输经过的电缆和电线　　B. 传输信号经过的各种物理环境

C. 构成网络的计算机系统和电缆　　D. 网络中的任何硬件和软件

45. 网卡(NIC)的主要功能是(　　)。

A. 建立、管理、终止应用之间的会话,管理表示层实体之间的数据交换

B. 在计算机之间建立网络通信机制

C. 为应用进程提供服务

D. 提供建立、维护、终止虚电路,传送差错报告,恢复和信息流控制的机制

46. 需要网络互联设备的主要原因是(　　)。

A. 它们允许更多的网络接点,扩展网络的距离,合并不同的网络

B. 它们增加数据传输的速度,降低建筑物内的电磁干扰

C. 它们提供了冗余的路径,从而防止信号丢失和损坏

D. 它们提供了整个建筑物内设备的连接

47. 当网桥检测到一个数据包携带的目的地址与源地址属于同一个网段时,网桥会(　　)。

A. 把数据转发到网络的其他网段

B. 不再把数据转发到网络的其他网段

C. 在两个网段间传送数据

D. 在工作在不同协议的网络间传送数据

48. 路由器的功能是(　　)。

A. 比较路由表中的信息和数据的目的 IP 地址,把到来的数据发送到正确的子网和主机

B. 比较路由表中的信息和数据的目的 IP 地址,把到来的数据发送到正确的子网

C. 比较路由表中的信息和数据的目的 IP 地址,把到来的数据发送到正确的网络

D. 比较路由表中的信息和数据的目的 IP 地址,把到来的数据发送到正确的主机

49. (　　)不是 LAN 的主要特性。

A. 运行在一个宽广的地域范围内　　B. 提供多用户高带宽介质访问

C. 提供本地服务的全部时间连接　　D. 连接物理上接近的设备

50. 下面关于 CSMA/CD 网络的叙述(　　)是正确的。

A. 任何一个结点的通信数据要通过整个网络,并且每一个结点都接收并检验该数据

B. 如果源结点知道目的地的 IP 和 MAC 地址的话,信号是直接送往目的地

C. 一个结点的数据发往最近的路由器,路由器将数据直接发到目的地

D. 信号都是以广播方式发送的

51. 对 PPP 的描述最恰当的是(　　)。

A. 使用高质量的数字设施,是最快的广域网协议

B. 支持点到点和点到多点配置,使用帧特性和校验和

C. 通过同步和异步电路提供路由器到路由器和主机到网络的连接

D. 是一种通过现有电话线传输语音和数据的数字服务

52. (　　)项准确描述了 TCP/IP。

A. 在各种互联网络中通信的一套协议

B. 允许局域网连入广域网的一套协议

C. 允许在多个网络中传输数据的一套协议

D. 允许互联网络共享不同设备的一套协议

53. 将计算机网络分为星型、环型、总线型、树型和网状型等是按(　　)分类的方法。

A. 传输技术　　B. 交换方式　　C. 拓扑结构　　D. 覆盖范围

54. 个人用户通过 ADSL 接入 Internet 时,用户需要准备的条件是:一个 Modem,一条电话线,PPP/SLIP 软件与(　　)。

A. 交换机

B. TCP/IP 协议

C. IP 地址

D. 向 ISP 或网管中心申请一个用户账号

55. 下面不能用做网络共享设备的是(　　)。

A. 打印机　　B. 硬盘　　C. 网卡　　D. 光盘

56. 通过网络,可使用其他计算机所提供的共享资源,下面给出了多种使用共享资源的途径,其中不正确的是(　　)。

A. IE 浏览器图标　　B. 资源管理器　　C. 查找命令　　D. 运行命令

57. 申请 ADSL 上网的用户，由 ISP 提供给一些必需的信息，其中（　　）可以不包括在内。

A. 上网用户名　　B. 用户密码

C. ISP 电话号码　　D. 用户的电话号码

58. 在常用的有线传输介质中，带宽最宽、抗干扰能力最强的是（　　）。

A. 双绞线　　B. 同轴电缆　　C. 光纤　　D. 铜芯电线

59. 下列关于网卡的叙述中，错误的是（　　）。

A. 网卡可以是一块电路板也可以集成在主板上

B. 网卡又称为网络适配器

C. 局域网中服务器和工作站都需要网卡相连

D. 可用 Modem 代替网卡实现连接工作

60. 计算机网络中，位于开放系统互联参考模型 OSI-RM 最底层是（　　）。

A. 物理层　　B. 数据链路层　　C. 传输层　　D. 网络层

61. 在局域网中，以一台计算机为中心结点与其他入网计算机相连的网络称为（　　）。

A. 总线型网　　B. 星型网　　C. 局域网　　D. 环型网

62. 计算机间若要实现网络通信，必须具备 3 个条件，而（　　）不属此条件中的内容。

A. 网卡和传输介质　　B. 网络协议

C. 浏览器　　D. 网络操作系统

63. 计算机网络中，位于开放系统互联参考模型 OSI-RM 第二层的是（　　）。

A. 物理层　　B. 数据链路层　　C. 传输层　　D. 网络层

64. 计算机网络的拓扑结构是指计算机网络中计算机（　　）的抽象表现形式。

A. 通信协议　　B. 物理连接　　C. 网卡类型　　D. 通信介质

65. 在传输数据时，以原封不动的形式把来自终端的信息送入线路，称为（　　）。

A. 频带传输　　B. 调制　　C. 解调　　D. 基带传输

66. 有线电视使用的是（　　）技术，可以收看很多电视台的节目。

A. 频分多路复用　　B. 时分多路复用

C. 统计时分多路复用　　D. 波分多路复用

67. 报文交换与分组交换相比，不足之处是（　　）。

A. 有利于迅速纠错和减少重发的数据量

B. 把整个数据分成了若干分组

C. 出错时需重传整个报文

D. 比分组交换更有利于在 Internet 中采用

68. 下列叙述中，错误的是（　　）。

A. 带宽是指通信信道的传输速率

B. 误码率是指比特流在传输中出错的比率

C. 传输介质是指连接通信双方的物理通道

D. 数字信号是指高低的电平或脉冲信号

69. 网络操作系统的种类较多，下列各项中，不属于网络操作系统的是（　　）。

A. DOS　　B. Windows　　C. NetWare　　D. UNIX

70. 计算机局域网中网络软件主要包括(　　)。

A. 单机操作系统、网络数据库管理系统和网络应用软件

B. 网络操作系统、网络数据库管理系统和网络应用软件

C. 网络传输协议和网络应用软件

D. 工作站软件和网络数据库管理系统

71. 关于路由器的功能,以下说法正确的是(　　)。

A. 增加网络的带宽

B. 实现广域网与局域网的连接和通信

C. 实现 TCP/IP 与 IPX/SPX 之间的协议转换

D. 降低数据传输的时间延迟

72. 若两个数据链路的互操作性实现机制不同,需借助于(　　)来实现网络互联。

A. 路由器　　B. 网桥　　C. 网关　　D. 中继器

73. 路由选择是 OSI 参考模型中(　　)所要解决的问题。

A. 物理层　　B. 网络层　　C. 数据链路层　　D. 传输层

74. 网卡的主要功能不包括(　　)。

A. 连接主机到网络上　　B. 进行电信号匹配

C. 实现数据传输　　D. 网络互联

75. 下列选项中,(　　)是将单个计算机连接到网络上的设备。

A. 显示卡　　B. 网卡　　C. 保护卡　　D. 声卡

76. 下列属于按网络信道带宽把网络分类的是(　　)。

A. 星型网和环型网　　B. 电路和分组交换网

C. 有线网和无线网　　D. 宽带网和窄带网

77. 把网络分为电路交换网、报文交换网、分组交换网属于按(　　)进行分类。

A. 连接距离　　B. 服务对象

C. 拓扑结构　　D. 数据交换方式

78. 下列属于最基本的服务器的是(　　)。

A. 文件服务器　　B. 异步通信服务器

C. 打印服务器　　D. 数据库服务器

79. 数据只能沿一个固定方向传输的通信方式是(　　)。

A. 单工　　B. 半双工　　C. 全双工　　D. 混合

80. 下列选项中,(　　)不适合于交互式通信,不能满足实时通信的要求。

A. 分组交换　　B. 报文交换　　C. 电路交换　　D. 信元交换

81. 管理计算机通信的规则称为(　　)。

A. 协议　　B. 介质　　C. 服务　　D. 网络操作系统

82. 在 OSI 模型中,第 N 层和其上的 $N+1$ 层的关系是(　　)。

A. N 层为 $N+1$ 层提供服务

B. $N+1$ 层将从 N 层接的信息增加了一个头

C. N 层利用 $N+1$ 层提供的服务

D. N 层对 $N+1$ 层没有任何作用

83. 计算机网络通信系统是(　　)。

A. 数据通信系统　　B. 模拟通信系统

C. 信号传输系统　　D. 电信号传输系统

84. (　　)是信息传输的物理通道。

A. 信号　　B. 编码　　C. 数据　　D. 介质

85. 数据传输方式有(　　)。

A. 并行和串行传输　　B. 单工通信

C. 半双工通信　　D. 全双工通信

86. 在传输过程中,接收和发送可同时共享同一信道的方式称为(　　)。

A. 单工　　B. 半双工　　C. 双工　　D. 全双工通信

87. 在数据传输中,(　　)的传输延迟最小。

A. 电路交换　　B. 分组交换　　C. 报文交换　　D. 信元交换

88. 目前局域网广泛采用的网络结构是(　　),具有结构简单灵活,成本低,扩充性强,性能好以及可靠性高等特点。

A. 星型结构　　B. 总线型结构　　C. 环型结构　　D. 以上都不是

89. 在网络中,超过一定长度,传输介质中的数据信号就会衰减。如果需要比较长的传输距离,就需要安装(　　)设备。

A. 中继器　　B. 网卡　　C. 读卡器　　D. 调制解调器

90. 当两种不相同类型且又使用不同通信协议的网络进行互联时,就需要使用(　　)。

A. 中继器　　B. 集线器　　C. 路由器　　D. 网桥

91. 光缆的光束是在(　　)内传输。

A. 玻璃纤维　　B. 透明橡胶　　C. 嵌埋钢丝　　D. 保护外套

92. 双绞线是成对线的扭绞旨在(　　)。

A. 易辨认电缆颜色

B. 使电磁射和外部电磁干扰减到最小

C. 加强双绞电缆强度

D. 便于与网络设备连接

93. 计算机网络就是用通信线路和(　　)将分布在不同地点的具有独立功能的多个计算机系统相互连接起来,在网络软件的支持下实现彼此之间的数据通信和资源共享的系统。

A. 通信设备　　B. 网线　　C. 主机　　D. 光纤

94. 在当前的网络系统中,由于网络覆盖面积的大小、技术条件和工作环境不同,通常分为广域网、(　　)和城域网三种。

A. 互联网　　B. 局域网　　C. 校园网　　D. 企业网

95. 计算机网络主要有(　　)、资源共享、可靠性高、分布式处理等功能。

A. 价格低廉　　B. 用户众多　　C. 数据通信　　D. 易于管理

96. 局域网的传输通常可达(　　),是一种比城域网和广域网的传输速度更高的网络。

A. 10～1000Kbps　　B. 10～1000bps

C. 10～1000Mbps　　D. 10～1000Gbps

97. 网络(　　)决定了网络传输速率、网络段最大长度、传输可靠性及网卡复杂性。

A. 通信介质　　B. 通信协议　　C. 通信量　　D. 通信时间

98. 常用的有线通信介质主要有(　　)。

A. 铜轴电缆　　B. 光纤　　C. 双绞线　　D. 以上都是

99. 服务器相比普通 PC 来说,在稳定性、安全性和(　　)等方面有更高的要求。

A. 大小　　B. 性能　　C. 重量　　D. 制冷

100. 目前常用的网络互联设备主要有交换机、网桥、(　　)和网关。

A. 集线器　　B. 网卡　　C. 防火墙　　D. 路由器

101. 将计算机的输出通过数字信道传输的称为(　　)。

A. 模拟通信　　B. 数字通信　　C. 仿真通信　　D. 混合通信

102. 频带传输技术是实现数字信号(　　)传输的技术。

A. 异构网　　B. 多用户　　C. 点对点　　D. 长距离

103. 在计算机网络中,所谓的资源共享主要是指硬件、软件和(　　)资源。

A. 数据　　B. 代码　　C. 程序　　D. 图片

104. TCP/IP 协议的层次模型有(　　)层。

A. 7　　B. 4　　C. 5　　D. 6

105. 局域网的两种工作模式是(　　)和客户/服务器模式。

A. 浏览器/服务器　　B. 主/从

C. 对等　　D. 上/下

106. 目前,在计算机广域网中主要采用(　　)交换技术。

A. 对等　　B. 电路　　C. 文件　　D. 分组

107. (　　)是组成局域网的接口部件。将其插在微机的扩展槽上,实现与计算机总线的通信连接,解释并执行主机的控制命令,并实现物理层和数据链路层的功能。

A. 主机　　B. 交换机　　C. 路由器　　D. 网卡

108. 在局域网中,为网络提供共享资源并对这些资源进行管理的计算机称为(　　)。

A. 客户机　　B. 服务器　　C. 终端　　D. 仿真机

109. 计算机网络是由负责信息处理并向全网提供可用资源的(　　)子网和负责信息传输子网组成的。

A. 模拟通信　　B. 安全通信　　C. 资源通信　　D. 仿真通信

110. 局域网中的以太网采用的媒体访问控制协议是(　　)。

A. FTP　　B. STMP　　C. IP　　D. CSMA/CD

111. 无线局域网常用的标准主要有(　　)系列协议族。

A. IEEE 802.11　　B. IEEE 802.3　　C. IEEE 802.4　　D. IEEE 802.5

112. Wi-Fi 是 Wireless Fidelity(无线保真)的缩写,通常使用(　　)波段。

A. 2.4GHz　　B. 3.5GHz　　C. 900MHz　　D. 1.8GHz

113. 网络传输的数据中,涉及数据的存在形式,据此可分为数字和(　　)两大类。

A. 数据　　B. 仿真　　C. 模拟　　D. 离散

114. 通信过程中产生和发送信息的设备或计算机又称为(　　)。

A. 信道　　B. 信宿　　C. 信源　　D. 信号

115. 通信过程中接收和处理信息的设备或计算机称为(　　)。

A. 信道　　B. 信宿　　C. 信源　　D. 信号

116. 为了能扩大网络的用户数且保持用户带宽，此时要利用的网络设备是(　　)。

A. 交换机　　B. 中继器　　C. 路由器　　D. 调制解调器

117. 采用同轴电缆作为网络传输媒介，其带宽在(　　)MHz 以上。

A. 100　　B. 1000　　C. 500　　D. 750

118. 单模光纤的直径很细，大约是(　　)μm。

A. 400～1000　　B. 1～2　　C. 40～100　　D. 4～10

119. 串行数据通信的方向性结构有 3 种，其中(　　)传输允许数据同时在两个方向上传输。

A. 单工　　B. 半双工　　C. 全双工　　D. 混合

120. 在微波通信系统中，通常两个微波站之间的距离大约是(　　)千米。

A. 40～50　　B. 60～70　　C. 70～80　　D. 80～100

121. 在通信系统中，信道复用技术的实质是(　　)。

A. 信道独占　　B. 信道共享　　C. 信道轮换　　D. 信道抑制

122. 蓝牙是一种传输距离为(　　)的无线通信技术，使用 2.4GHz 的 ISM 频段，通过低带宽电波实现点对点，或点对多点连接之间的信息交流。

A. 最大 30 米　　B. 最大 50 米　　C. 最大 100 米　　D. 最大 10 米

123. 计算机网络各层次及其协议的集合，称为(　　)。

A. 网络协议规范　　B. 网络体系结构

C. 网络结构体系　　D. 网络协议体系

124. WLAN 的网络模式分为两大类：(　　)和基础结构型网络模式。

A. 独立型网络模式　　B. 主从网络模式

C. 上下框架模式　　D. 客户/服务器模式

125. 无线 AP 是 WLAN 的核心设备，有“胖”、“瘦”之分。“瘦”AP 也称(　　)，其传输机制与集线器相当。

A. 无线路由　　B. 无线网关　　C. 无线网卡　　D. 无线终端

126. 物理层协议规定了建立、维持及断开物理信道有关的 4 个方面的特性，包括(　　)特性、电气特性、功能特性和规程特性。

A. 使用　　B. 结构　　C. 机械　　D. 款式

127. 数据链路层的基本功能是向网络层提供透明的和(　　)数据传送服务。

A. 丰富的　　B. 可用的　　C. 加密的　　D. 可靠的

128. 网络层的目的是实现两个端系统之间的数据透明传输，具体功能包括路由选择、阻塞控制和(　　)等。

A. 误码控制　　B. 出错控制　　C. 网际互联　　D. 用户连接

129. 局域网的特性主要涉及拓扑结构、传输媒体和(　　)等三项技术。

A. 媒体访问控制　　B. 网络通信技术

C. 网络通信方法　　D. 数据交换技术

130. 具有冲突检测的载波监听多路访问 CSMA/CD 的媒体访问控制协议可用于(　　)拓扑结构网络。

A. 环型　　B. 网络型

C. 总线型　　　　D. 以上三种均不能

131. 局域网操作系统的基本服务功能有:(　　)、打印服务、数据库服务、通信服务、信息服务和分布式服务等。

A. 文件服务　　B. 硬件服务　　C. 软件服务　　D. 综合服务

132. 无线局域网由无线网卡、访问控制器设备、(　　)和无线终端器组成。

A. 无线放大器　　B. 无线访问点

C. 无线转换器　　D. 以上三种均不是

133. 无线局域网与有线局域网相比的优势是在(　　)方面。

A. 带宽　　B. 实时　　C. 移动　　D. 价格

134. 在通信技术中,当以传输信号的载波频率不同来区分信道建立多址接入时,称为(　　)方式。

A. 频分多址　　B. 时分多址　　C. 波分多址　　D. 码分多址

135. 目前流行的 soho 网络属于(　　)。

A. 有线局域网　　B. 无线局域网　　C. 光纤局域网　　D. 互联网

136. Ad-Hoc 网也称为(　　)。

A. 基础结构型网络　　B. 无中心对等网

C. BSS 网　　D. ESS 网

137. 无线局域网(WLAN)技术中主要使用了(　　)介质。

A. 红外线　　B. 双绞线　　C. 光纤　　D. 同轴电缆

138. WLAN 的(　　)设备被安装在计算机内或者附加到计算机上,提供到无线网络的接口。

A. 接入点　　B. 天线　　C. 无线网卡　　D. 中继器

139. 无线网络的技术可以通过(　　)网络远距离连接全球的语音和数据网络。

A. 微波　　B. 激光　　C. 红外线　　D. 卫星

140. 蓝牙设备工作在(　　)的 RF 频段。

A. 900MHz　　B. 2.4GHz　　C. 5.8GHz　　D. 1.8GHz

141. WLAN 的工作方式与(　　)协议相似。

A. TCP　　B. CSMA/CD　　C. SMTP　　D. IP

142. 一个学生在自习室里使用无线连接到他的实验合作者的笔记本电脑,他正在使用的无线模式是(　　)。

A. Ad-Hoc 模式　　B. 基础结构模式　　C. 固定基站模式　　D. 漫游模式

143. 家用无线局域网具有布置简单、使用方便和(　　)等特点。

A. 时间限制　　B. 远离交流电源　　C. 场地严格　　D. 成本低

144. 以下(　　)缩略语用于表示可为单个用户提供 10 米覆盖范围的网络。

A. CAN　　B. BLAN　　C. MAN　　D. PAN

145. 通常,无线局域网包括 3 个基本组件:无线工作站(STA)、无线 AP 和(　　)。

A. 端口　　B. 接口　　C. LAN 口　　D. Wi-Fi

146. WLAN 上的两个设备之间使用的标识码称为(　　)。

A. BSS　　B. ESS　　C. SSID　　D. 隐形码

147. 与 Web 站点和 Web 页面密切相关的一个概念称“统一资源定位”，它的英文缩写是(　　)。

A. UPS　　B. USB　　C. ULR　　D. URL

148. 通过 Internet 发送或接收电子邮件的电子邮件地址，它的正确形式是(　　)。

A. 用户名@域名　　B. 用户名#域名

C. 用户名/域名　　D. 用户名.域名

149. 域名是 Internet 服务提供商(ISP)的计算机名，域名后缀.gov 表示机构所属类型为(　　)。

A. 军事机构　　B. 政府机构　　C. 教育机构　　D. 商业公司

150. 域名服务 DNS 的主要功能为(　　)。

A. 通过查询获得主机和网络的相关信息

B. 查询主机的 MAC 地址

C. 查询主机的计算机名

D. 合理分配 IP 地址的使用

151. WWW 是 Internet 上的一种基本(　　)。

A. 浏览器　　B. 标准　　C. 协议　　D. 服务

152. 以下网络协议中，(　　)是应用层协议。

A. PPP　　B. TCP　　C. IP　　D. HTTP

153. Windows 7 下的计算机，在与任何网络连接之前，系统中必须有(　　)配合工作才能提供所需的连接。

A. 网卡、声卡、光驱

B. 网络协议、网卡、网络客户程序

C. 网上邻居、收件箱、IP 地址

D. 拨号网络、浏览软件、电话拨号软件

154. 在 Windows 7 中 TCP/IP 属性中的 DNS 配置的作用是(　　)。

A. 让使用者能用 IP 地址访问 Internet　　B. 让使用者能用域名访问 Internet

C. 让使用者能用 Modem 访问 Internet　　D. 让使用者能用网卡访问 Internet

155. WWW 起源于(　　)。

A. 加州大学伯克利分校　　B. 贝尔实验室

C. 斯坦福大学　　D. 欧洲粒子物理实验室

156. WWW 的工作模式是(　　)。

A. 客户机/客户机　　B. 客户机/服务器

C. 服务器/服务器　　D. 分布式

157. 在 WWW 服务器和浏览器之间传输数据主要遵循的协议是(　　)。

A. HTTP　　B. TCP　　C. IP　　D. FTP

158. 给定一个 URL 地址 http://www.hnie.edu.cn/cjc/yesnot，其中标识主机名的部分是(　　)。

A. http:// www.hnie.edu.cn/　　B. hnie.edu.cn/cjc

C. www.hnie.edu.cn　　D. www.hnie.edu.cn/cjc/yesnot

159. ( )不属于 Internet 的基本服务。

A. SMTP B. WWW C. FTP D. BBS

160. 中国教育和科研计算机网的英文缩写名称是( )。

A. CERNET B. CHINAGBN C. CHINANET D. CSTNET

161. 以下写法正确的 URL 是( )。

A. http://www.mcp.com\que\que.html

B. http//www.mcp.com\que\que.html

C. http://www.mcp.com/que/que.html

D. http//www.mcp.com/que/que.html

162. 使用 Internet Explorer 浏览器保存 Web 网页信息时,( )。

A. 只能保存图片信息 B. 只能保存 Web 页信息

C. 只能保存目标超链接信息 D. 以上三种都能保存

163. 当我们需要搜索一个特定信息时,实际上是借助( )在该特定的数据库中进行查找。

A. 搜索引擎 B. 信息库 C. Internet D. 下载工具

164. 用户能收发电子邮件,必须保证( )。

A. 专线方式连接 Internet B. 所用计算机上安装电子邮件软件

C. 仿真终端方式连接到 Internet D. 一个合法且唯一的电子邮件地址

165. ADSL 调制解调器用于完成计算机数字信号与( )之间的转换。

A. 电话线上的数字信号 B. 同轴电缆上的音频信号

C. 同轴电缆上的数字信号 D. 电话线上的模拟信号

166. 互联网是指( )。

A. 同种类型的网络及其产品的互联

B. 同种或异种类型的网络及其产品的互联

C. 大型主机与远程终端相互连接起来

D. 若干台大型主机相互连接起来

167. 一个用户想使用电子信函(电子邮件)功能,他需要做的是( )。

A. 向当地的一个邮局申请办理并建立一个自己专用的信箱

B. 把自己的计算机通过网络与附近的一个邮局连起来

C. 直接使用自己家中的电话线与计算机相连

D. 使自己的计算机能上 Internet 并通过网络得到网上一个 E-mail 服务器的服务支持

168. 下列关于信息高速公路的叙述中,错误的是( )。

A. 高速网络技术是信息高速公路的核心技术之一

B. 信息高速公路是美国国家信息基础设施建设的核心

C. 因特网即信息高速公路

D. 我国的 CHINANET 网是我国的信息高速公路之一

169. 下列内容中,不属于 Internet 基本功能是( )。

A. 电子邮件 B. 文件传输

C. 远程登录 D. 实时监测控制

170. 计算机网络的目标是实现(　　)。

A. 数据处理　　B. 文献检索

C. 资源共享和信息传输　　D. 信息传输

171. 浏览 Web 网站必须使用浏览器,下列软件中(　　)不是浏览器。

A. maxthon　　B. Outlook

C. Opera　　D. Internet Explorer

172. 在计算机网络中,通常把提供并管理共享资源的计算机称为(　　)。

A. 服务器　　B. 工作站　　C. 网关　　D. 网桥

173. 通常一台计算机要用电话线接入互联网,应该安装的设备是(　　)。

A. 液晶显示器　　B. ADSL 调制解调器

C. 无线键盘　　D. 网络打印机

174. Internet 实现了分布在世界各地的各类网络的互联,其最基础和核心的协议是(　　)。

A. TCP/IP　　B. FTP　　C. HTML　　D. HTTP

175. 如果要以 ADSL 拨号方式接入 Internet 网,则需要安装 ADSL 调制解调器和(　　)。

A. 浏览器软件　　B. 网卡　　C. Windows NT　　D. 解压卡

176. 某台计算机的 IP 地址为 202.148.97.100,则该地址属于(　　)。

A. A 类地址　　B. B 类地址　　C. C 类地址　　D. D 类地址

177. URL 在计算机网络中的正确含义是(　　)。

A. 统一资源定位器　　B. Internet 协议

C. 简单邮件传输协议　　D. 传输控制协议

178. Telnet 的功能是(　　)。

A. 软件下载　　B. 远程登录　　C. WWW 浏览　　D. 新闻广播

179. HTTP 是(　　)的英文缩写。

A. 布尔逻辑搜索　　B. 电子公告牌

C. 文件传输协议　　D. 超文本传输协议

180. Internet 的前身是美国国防部资助建成的(　　)网。

A. APPA　　B. Intranet　　C. UNIX　　D. Telnet

181. Internet Explorer 在支持 FTP 的功能方面,正确的说法是(　　)。

A. 能进入非匿名式的 FTP,无法上传

B. 能进入非匿名式的 FTP,可以上传

C. 只能进入匿名式的 FTP,无法上传

D. 只能进入匿名式的 FTP,可以上传

182. 连接到 WWW 页面的协议是(　　)。

A. HTML　　B. HTTP　　C. SMTP　　D. DNS

183. IP 地址由(　　)个字节的二进制数组成。

A. 1　　B. 2　　C. 3　　D. 4

184. 域名 www.zhonghua.edu.cn 表明,它是(　　)的一个网络域名。

A. 中国的教育界　　B. 中国的工商界

C. 工商界　　D. 网络机构

185. 超文本与一般文档的最大区别是它有(　　)。

A. 声音　　B. 图像　　C. 链接　　D. 背景

186. 在IE浏览器中要保存一网址需使用(　　)功能。

A. 历史　　B. 搜索　　C. 收藏　　D. 转移

187. E-mail地址格式为username@hostname,其中username称为(　　)。

A. 用户名　　B. 某网站名　　C. 某网络公司名　　D. 主机域名

188. 在因特网上,用(　　)来标识网络的网络号。

A. IP地址　　B. 网卡MAC地址

C. 协议接口　　D. 子网掩码

189. 电子邮箱的地址由(　　)。

A. 用户名和主机域名两部分组成,它们之间用符号@分隔

B. 主机域名和用户名两部分组成,它们之间用符号@分隔

B. 主机域名和用户名两部分组成,它们之间用符号·分隔

D. 用户名和主机域名两部分组成,它们之间用符号·分隔

190. E-mail是当前(　　)上最受欢迎、最流行的服务之一。

A. 互联网　　B. PAN　　C. 局域网　　D. Wi-Fi

191. Internet实现了分布在世界各地的各类网络的互联,其地址配置遵循的协议是(　　)。

A. TCP　　B. IPv4　　C. SMTP　　D. HTTP

192. 域名服务采用的是一种(　　)结构。

A. 浏览器/服务器　　B. 对等主机

C. 客户端/服务器　　D. 以上三种均有

193. Internet采用了目前最流行的(客户机/服务器)工作模式,凡是使用(　　)协议,并能与Internet的任意主机进行通信的计算机,均可看成是Internet的一部分。

A. TCP/IP　　B. HTTP　　C. SMTP　　D. X.25

194. Internet上每一个网站都有一个独立的地址,这些地址称为(　　)。

A. IP地址　　B. TCP地址　　C. 电子邮箱地址　　D. URL地址

195. 将两台主机的IP地址分别与它们的子网掩码进行(　　)操作,若结果相同,则说明这两台主机在同一子网中。

A. 逻辑非运算　　B. 逻辑与运算

C. 逻辑或运算　　D. 逻辑异或运算

196. WWW的网页文件用HTML语言编写,并在(　　)协议支持下运行。

A. TCP　　B. IP　　C. HTTP　　D. SMTP

197. 在Internet上的每台主机都必须有一个唯一的标识,称为(　　)。

A. IP地址　　B. TCP地址　　C. 电子邮箱地址　　D. URL地址

198. IP地址由(　　)和主机标识两部分组成。

A. 邮箱标识　　B. IP标识　　C. URL地址　　D. 网络标识

199. 在IPv4中,一般用户只能分配到(　　)类地址。

A. B　　B. C　　C. D　　D. A

200. 将主机的子网掩码取反后再与IP地址(　　),结果是该主机在网络中的机器号。

A. 逻辑非运算　　B. 逻辑异或运算　　C. 逻辑或运算　　D. 逻辑与运算

二、判断题

1. 多台计算机相连，就形成了一个网络系统。（　　）
2. 计算机通信协议中的 TCP 称为传输控制协议。（　　）
3. UNIX 是一种网络操作系统。（　　）
4. E-mail 地址由两个主要部分组成，中间一定要有@分隔。（　　）
5. TCP/IP 是 Internet 使用的一种网络协议，是事实上的网络互联标准。（　　）
6. 自从有了计算机网络就有开放系统互联基本参考模型的国际标准。（　　）
7. 域名后缀为 com 的主页一般属于政府机构。（　　）
8. 网络中的计算机可以使用多家厂商生产的硬件，但必须遵循国际标准。（　　）
9. 网络软件是实现网络功能所不可缺少的软件环境。（　　）
10. http://www.hotmail.com/a1.html 是一个符合 HTTP 协议的网页地址。（　　）
11. 建立计算机网络的目的是收发 E-mail。（　　）
12. 局域网是将本单位的计算机连接起来，为本单位所拥有和管理。（　　）
13. 区分局域网、城域网和广域网是以计算机网络覆盖范围来确定的。（　　）
14. 域名系统中代表中国的是.china。（　　）
15. 数据通信是指一台计算机与另一台计算机之间的数据处理和数据传输。（　　）
16. 计算机通信线路可以有线的电缆线路，也可以无线的卫星通信链路。（　　）
17. 计算机网络系统是由多种计算机和终端通过通信介质连接起来的复杂系统。（　　）
18. 对于用户而言，域名不分大小写。（　　）
19. 1984 年正式颁布的一个国际标准“开放系统互连基本参考模型”共分 8 个层次。（　　）
20. 在国际互联网中，要求上网的计算机均遵守 TCP/IP 协议。（　　）
21. 将相对集中(如一个大院里)的计算机连接在一起的网络称为局域网。（　　）
22. 某甲向某乙发 E-mail，是将其 E-mail 直接放在某乙电脑的收件箱中。（　　）
23. 计算机网络经历了 3 个阶段：计算机终端网络、计算机通信网络、计算机网络。（　　）
24. 计算机中的信息可以直接通过网络传送至远方的另一台计算机中去的。（　　）
25. WWW 是一种基于超文本方式的信息查询工具，可在 Internet 网上组织和呈现相关的信息和图像。（　　）
26. 在 Internet 上，某台 PC 的 IP 地址、E-mail 地址都是唯一的。（　　）
27. 计算机通信协议中的 TCP 称为传输控制协议。（　　）
28. 使用 E-mail 可以将一封信同时发给多个收件人。（　　）
29. 万维网(WWW)是一种广域网。（　　）
30. 用户没有登录到 Internet 网上，不能发送和接收邮件。（　　）
31. 在 Internet 上，每一个电子邮件用户所拥有的电子邮件地址称为 E-mail 地址，它具有如下统一格式：用户名@主机域名。（　　）
32. IP 地址是 Internet 使用的唯一标识计算机的地址，分为 A、B、C、D、E 五大类型。（　　）

33. FTP 是在 Internet 上进行文件传输的一种协议。 ( )
34. 在 Internet 上的主机必须拥有一个唯一的 IP 地址。 ( )
35. 使用 E-mail 不可以同时将一封信发送给多个收件人。 ( )
36. 使用蓝牙技术也可以构建一个无线局域网。 ( )
37. WLAN 是一种使用方便、造价低廉的局域网。 ( )
38. IE 浏览器是浏览互联网必不可少的硬件设备。 ( )
39. 在校园网内,也可以采用 TCP/IP 协议。 ( )
40. 网站上的内容只能浏览不能保存。 ( )
41. 一个计算机用户只能建立一个邮件账号。 ( )
42. 与 Internet 连接只要安装 ADSL 调制解调器,接上电话线就可上网浏览了。 ( )
43. 打印机在网络中可以共享。 ( )
44. IP 地址采用 3 个字节的二进制数进行存储和识别。 ( )
45. 在脱机状态下仍能接收邮件,因为电子邮件是存储在电子邮件服务器中。 ( )

第九章 软件工程与程序设计基础

一、单选题

1. 在软件生命周期中,能确定软件系统必须做什么和必须具备哪些功能的阶段是( )。
   A. 概要设计 B. 详细设计 C. 可行性分析 D. 需求分析
2. 下面不属于软件工程的 3 个要素的是( )。
   A. 工具 B. 过程 C. 方法 D. 环境
3. 检查软件产品是否符合需求定义的过程称为( )。
   A. 确认测试 B. 集成测试 C. 验证测试 D. 验收测试
4. 数据流图用于抽象描述一个软件的逻辑模型,数据流图由一些特定的图符构成。下列图符名标识的图符不属于数据流合法图符的是( )。
   A. 控制流 B. 加工 C. 数据存储 D. 源
5. 下面不属于软件设计原则的是( )。
   A. 抽象 B. 模块化 C. 自底向上 D. 信息隐蔽
6. 程序流图(PFD)中箭头代表的是( )。
   A. 数据流 B. 控制流 C. 调用关系 D. 组成关系
7. 在结构化方法中,软件功能分解属于下列软件开发中的( )阶段。
   A. 详细设计 B. 需求分析 C. 总体设计 D. 编程调试
8. 软件调试的目的是( )。
   A. 发现错误 B. 改正错误
   C. 改善软件的性能 D. 编程调试
9. 软件需求分析阶段的工作,可以分为 4 个方面:需求获取、需求分析、编写需求规格说明书以及( )。
   A. 阶段性报告 B. 需求评审 C. 总结 D. 都不正确

10. 模块(　　),则说明模块的独立性越强。

A. 耦合越强　　B. 扇入数越高　　C. 耦合越弱　　D. 扇入数越低

11. 在实现阶段要完成的工作之一是单元测试,单元测试要根据在(　　)阶段中的规格说明进行。

A. 可行性研究与计划　　B. 需求分析

C. 概要设计　　D. 详细设计

12. 面向对象的主要特征除对象抽象、封装、继承外,还有(　　)。

A. 多态性　　B. 完整性　　C. 可移植性　　D. 兼容性

13. 使用程序设计的控制结构导出测试用例的测试方法是(　　)。

A. 黑盒测试　　B. 白盒测试　　C. 边界测试　　D. 系统测试

14. 需求分析最终结果是产生(　　)。

A. 项目开发计划　　B. 需求规格说明书

C. 设计说明书　　D. 可行性分析报告

15. 快速原型模型的主要特点之一是(　　)。

A. 开发完毕才见到产品

B. 及早提供全部完整的软件产品

C. 开发完毕后才见到工作软件

D. 及早提供工作软件

16. 软件详细设计主要采用的方法是(　　)。

A. 模块设计　　B. 结构化设计

C. PDL 语言　　D. 结构化程序设计

17. 按软件生命周期方法设计软件的过程中,画数据流图属于下面哪个阶段的工作?(　　)

A. 需求分析　　B. 概要设计　　C. 详细设计　　D. 软件维护

18. 程序流程图(框图)中的矩形框代表(　　)。

A. 执行　　B. 判断　　C. 连接　　D. 起止

19. 结构化程序设计主要强调的是(　　)。

A. 程序的规模　　B. 程序的效率

C. 设计语言的先进性　　D. 程序易读性

20. 对象实现了数据和操作的结合,使数据和操作(　　)于对象的统一体中。

A. 结合　　B. 隐藏　　C. 封装　　D. 抽象

21. 软件概要设计结束后得到(　　)。

A. 初始化的软件结构图　　B. 优化后的软件结构图

C. 模块的接口图和详细算法　　D. 程序编码

22. 软件特性中,程序能够满足规格说明和完成用户业务目标的程度,称作(　　)。

A. 正确性　　B. 移植性　　C. 可靠性　　D. 完整性

23. 为使得开发人员对软件产品的各个阶段工作都进行周密的思考,从而减少返工,所以(　　)的编制是很重要的。

A. 需求说明　　B. 概要说明　　C. 软件文档　　D. 测试计划

24. 软件维护产生的副作用是指(　　)。

A. 开发时的错误　　B. 隐含的错误
C. 因修改软件而造成的错误　　D. 运行时误操作

25. 软件详细设计的主要任务是确定每个模块的(　　)。

A. 算法和使用的数据结构　　B. 外部接口
C. 功能　　D. 编程

26. 因计算机硬件和软件环境的变化而做出的修改软件的过程称为(　　)。

A. 纠正性维护　　B. 适应性维护　　C. 完善性维护　　D. 预防性维护

27. 在程序设计中,算法是解决某问题的(　　)的描述。

A. 计算工具　　B. 计算结果　　C. 求解步骤　　D. 求解条件

28. 程序的 3 种基本控制结构是(　　)。

A. 过程、子程序和分程序　　B. 顺序、选择和循环
C. 递归、堆栈和队列　　D. 调用、返回和转移

29. 软件生存周期中时间最长的是(　　)阶段。

A. 总体设计　　B. 需求分析　　C. 软件测试　　D. 软件维护

30. 软件工程的出现主要是由于(　　)。

A. 程序方法学的影响　　B. 其他工程学科的影响
C. 计算机的发展　　D. 软件危机的出现

31. 结构化分析的方法是一种(　　)。

A. 系统分析方法　　B. 面向数据结构的分析方法
C. 面向对象的分析方法　　D. 面向数据流的分析方法

32. 结构化程序设计的一种基本方法是(　　)。

A. 筛选法　　B. 迭代法　　C. 逐步求精法　　D. 递归法

33. 结构化设计是一种应用最广泛的系统设计方法,是以(　　)为基础,自顶向下,求精和模块化的过程。

A. 数据流　　B. 数据流图　　C. 数据库　　D. 数据结构

34. 成功的测试是指(　　)。

A. 运行测试实例后未发现错误项　　B. 发现程序的错误
C. 证明程序正确　　D. 改正程序的错误

35. 软件工程中,只根据程序的功能说明而不关心程序内部的逻辑结构的测试方法,称为(　　)测试。

A. 白盒法　　B. 灰盒法　　C. 黑盒法　　D. 综合法

36. 二叉树第 10 层的结点数的最大数目为(　　)。

A. 10　　B. 100　　C. 512　　D. 1024

37. 下列高级语言中,能用于面向对象程序设计的是(　　)。

A. Dbase　　B. Fortran　　C. Pascal　　D. C++

38. 数据结构中,“后进后出”是(　　)的结构的特征。

A. 队列　　B. 栈　　C. 线性表　　D. 树

39. 用(　　)编写的计算机程序运算速度最快。

A. 高级语言　　B. 汇编语言　　C. C语言　　D. Pascal

40. 计算机中的栈，是一种特殊的线性表，用于存放数据，它的结构特点是(　　)。

A. 先进先出　　B. 后进先出　　C. 后进后出　　D. 中间先出

41. 程序设计中的3种基本控制结构不包括(　　)。

A. 顺序结构　　B. 递归结构　　C. 分支结构　　D. 循环结构

42. 目前最流行、应用最广的数据模型主要是(　　)。

A. 逻辑模型　　B. 层次模型　　C. 网状模型　　D. 关系模型

43. 下列关于栈的叙述，错误的是(　　)。

A. 栈是线性结构的　　B. 栈操作的特点是“后进后出”

C. 栈的元素可以是任何数据类型　　D. 栈是一种数据结构

44. 能将高级语言源程序转换成目标程序的是(　　)。

A. 调试程序　　B. 解释程序　　C. 机器语言程序　　D. 编译程序

45. 下列关于链表的说法正确的是(　　)。

A. 顺序存储的非线性表结构　　B. 非顺序存储的线性表结构

C. 非顺序存储的非线性表结构　　D. 顺序存储的线性表结构

46. 算法的时间复杂度是指(　　)。

A. 执行算法程序所需要的时间

B. 算法程序的长度

C. 算法执行过程中所需要的基本运算次数

D. 算法程序中的指令条数

47. 在数据结构中，从逻辑上可以把数据结构分成(　　)。

A. 动态结构和静态结构　　B. 线性结构和非线性结构

C. 集合结构和非集合结构　　D. 树状结构和图状结构

48. 采用面向对象技术开发的应用系统的特点是(　　)。

A. 重用性更强　　B. 运行速度更快

C. 占用存储量小　　D. 维护更复杂

49. 下面叙述正确的是(　　)。

A. 算法的执行效率与数据的存储结构无关

B. 算法的空间复杂度是指算法程序中指令(或语句)的条数

C. 算法的有穷性是指算法必须能在执行有限个步骤之后终止

D. 以上三种描述都不对

50. 以下数据结构中不属于线性数据结构的是(　　)。

A. 队列　　B. 线性表　　C. 二叉树　　D. 栈

51. 下面描述中，符合结构化程序设计风格的是(　　)。

A. 使用顺序、选择和循环三种基本控制结构表示程序的控制逻辑

B. 模块只有一个入口，可以有多个出口

C. 注重提高程序的执行效率

D. 使用 goto 语句

52. 下面概念中,不属于面向对象方法的是( )。

A. 对象　B. 继承　C. 类　D. 过程调用

53. 下面叙述不正确的是( )。

A. 算法的执行效率与数据的存储结构无关

B. 算法的空间复杂度是指执行这个算法所需要的内存空间

C. 算法的有穷性是指算法必须能在执行有限个步骤之后中止

D. 算法的时间复杂度是指执行这个算法所需要的时间

54. 算法执行过程中所需要的存储空间称为算法的( )。

A. 时间复杂度　B. 计算工作量　C. 空间复杂度　D. 工作空间

55. 下列关于列队的叙述中正确的是( )。

A. 在列队终止能插入数据　B. 在列队中只能删除数据

C. 列队是“先进先出”的线性表　C. 列队是“先进后出”的线性表

56. 下列( )是面向对象程序设计不同于其他语言的主要特点。

A. 继承性　B. 消息传递　C. 多态性　D. 静态联编

57. 程序流程图中带有箭头的线段表示的是( )。

A. 图元关系　B. 数据流　C. 控制流　D. 调用关系

58. 结构化程序设计的基本原则不包括( )。

A. 多态性　B. 自顶向下　C. 模块化　D. 逐步求精

59. 软件设计中模块划分应遵循的准则是( )。

A. 低内聚低耦合　B. 高内聚低耦合

C. 低内聚高耦合　D. 高内聚高耦合

60. 在软件开发中,需求分析阶段产生的主要文档是( )。

A. 可行性分析报告　B. 软件需求规格说明书

C. 概要设计说明书　D. 集成测试计划

61. 算法的有穷性是指( )。

A. 算法程序的运行时间是有限的

B. 算法程序所处理的数据量是有限的

C. 算法程序的长度是有限的

D. 算法只能被有限的用户使用

62. 对长度为 n 的线性表排序,在最坏情况下,比较次数不是 $n(n-1)/2$ 的排序方法是( )。

A. 快速排序　B. 冒泡排序　C. 直接插入排序　D. 堆排序

63. 下列关于栈的叙述正确的是( )。

A. 栈按“先进先出”组织数据　B. 栈按“先进后出”组织数据

C. 只能在栈底插入数据　D. 不能删除数据

64. 高级程序设计语言的特点是( )。

A. 高级语言数据结构丰富

B. 高级语言与具体的机器结构密切相关

C. 高级语言接近算法语言不易掌握

D. 用高级语言编写的程序计算机可立即执行

65. 一个栈的初始状态为空。现将元素 1、2、3、4、5、A、B、C、D、E 依次入栈，然后再依次出栈，则元素出栈的顺序是(　　)。

A. 12345ABCDE　　B. EDCBA54321

C. ABCDE12345　　D. 54321EDCBA

66. 下列叙述中正确的是(　　)。

A. 循环队列有队头和队尾两个指针，因此，循环队列是非线性结构

B. 在循环队列中，只需要队头指针就能反映队列中元素的动态变化情况

C. 在循环队列中，只需要队尾指针就能反映队列中元素的动态变化情况

D. 循环队列中元素的个数是由队头指针和队尾指针共同决定

67. 在长度为 n 的有序线性表中进行二分查找，最坏情况下需要比较的次数是(　　)。

A. $O(n)$　　B. $O(n^2)$　　C. $O(\log_2 n)$　　D. $O(n\log_2 n)$

68. 下列叙述中正确的是(　　)。

A. 顺序存储结构的存储一定是连续的，链式存储结构的存储空间不一定是连续的

B. 顺序存储结构只针对线性结构，链式存储结构只针对非线性结构

C. 顺序存储结构能存储有序表，链式存储结构不能存储有序表

D. 链式存储结构比顺序存储结构节省存储空间

69. 下列叙述中错误的是(　　)。

A. 高级语言编写的程序的可移植性最差

B. 不同型号的计算机具有不同的机器语言

C. 机器语言是由一串二进制数 0、1 组成的

D. 用机器语言编写的程序执行效率最高

70. 数据流图中带有箭头的线段表示的是(　　)。

A. 控制流　　B. 事件驱动　　C. 模块调用　　D. 数据流

71. 在软件开发中，需求分析阶段可以使用的工具是(　　)。

A. N-S 图　　B. DFD 图　　C. PAD 图　　D. 程序流程图

72. 在面向对象方法中，不属于“对象”基本特点的是(　　)。

A. 一致性　　B. 分类性　　C. 多态性　　D. 标识唯一性

73. 计算机硬件能直接识别、执行的语言是(　　)。

A. 汇编语言　　B. 机器语言　　C. 高级程序语言　　D. C++语言

74. 下列叙述中正确的是(　　)。

A. 栈是“先进先出”的线性表

B. 队列是“先进后出”的线性表

C. 循环队列是非线性结构

D. 有序线性表既可以采用顺序存储结构，也可以采用链式存储结构

75. 支持子程序调用的数据结构是(　　)。

A. 栈　　B. 树　　C. 队列　　D. 二叉树

76. 某二叉树有5个度为2的结点,则该二叉树中的叶子结点数是( )。

A. 10　B. 8　C. 6　D. 4

77. 下列排序方法中,最坏情况下比较次数最少的是( )。

A. 冒泡排序　B. 简单选择排序　C. 直接插入排序　D. 堆排序

78. 软件按功能可以分为应用软件、系统软件和支撑软件(或工具软件)。下面属于应用软件的是( )。

A. 编译程序　B. 操作系统　C. 教务管理系统　D. 汇编程序

79. 下面叙述中错误的是( )。

A. 软件测试的目的是发现错误并改正错误

B. 程序调试通常也称为Debug

C. 对被调试的程序进行"错误定位"是程序调试的必要步骤

D. 软件测试应严格执行测试计划,排除测试的随意性

80. 耦合性和内聚性是对模块独立性度量的两个标准。下列叙述中正确的是( )。

A. 提高耦合性降低内聚性有利于提高模块的独立性

B. 降低耦合性提高内聚性有利于提高模块的独立性

C. 耦合性是指一个模块内部各个元素间彼此结合的紧密程度

D. 内聚性是指模块间互相连接的紧密程度

81. 以下关于编译程序的说法正确的是( )。

A. 编译程序属于计算机应用软件,所有用户都需要编译程序

B. 编译程序不会生成目标程序,而是直接执行源程序

C. 编译程序完成高级语言程序到低级语言程序的等价翻译

D. 编译程序构造比较复杂,一般不进行出错处理

82. 下列数据结构中,属于非线性结构的是( )。

A. 循环队列　B. 带链队列　C. 二叉树　D. 带链栈

83. 下列数据结构中,能够按照"先进后出"原则存取数据的是( )。

A. 循环队列　B. 栈　C. 队列　D. 二叉树

84. 对于循环队列,下列叙述中正确的是( )。

A. 队头指针是固定不变的

B. 队头指针一定大于队尾指针

C. 队头指针一定小于队尾指针

D. 队头指针可以大于队尾指针,也可以小于队尾指针

85. 算法的空间复杂度是指( )。

A. 算法在执行过程中所需要的计算机存储空间

B. 算法所处理的数据量

C. 算法程序中的语句或指令条数

D. 算法在执行过程中所需要的临时工作单元数

86. 软件设计中划分模块的一个准则是( )。

A. 低内聚低耦合　B. 高内聚低耦合

C. 低内聚高耦合　D. 高内聚高耦合

87. 下列选项中不属于结构化程序设计原则的是(　　)。

A. 可封装　　B. 自顶向下　　C. 模块化　　D. 逐步求精

88. 软件详细设计生产如图 9-1 所示。该图是(　　)。

A. N-S 图

B. PAD 图

C. 程序流程图

D. E-R 图

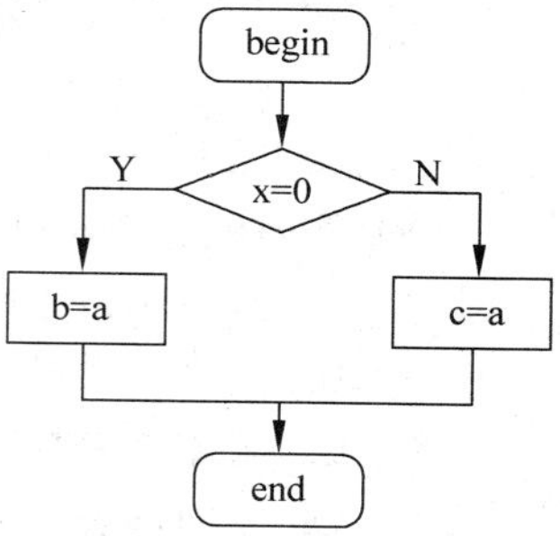

图 9-1　软件详细设计图

89. 用高级程序设计语言编写的程序(　　)。

A. 计算机能直接执行

B. 具有良好的可读性和可移植性

C. 执行效率高

D. 依赖于具体机器

90. 下列叙述中正确的是(　　)。

A. 线性表的链式存储结构与顺序存储结构所需要的存储空间是相同的

B. 线性表的链式存储结构所需要的存储空间一般要多于顺序存储结构

C. 线性表的链式存储结构所需要的存储空间一般要少于顺序存储结构

D. 线性表的链式存储结构与顺序存储结构在存储空间的需求上没有可比性

91. 下列叙述中正确的是(　　)。

A. 栈是一种“先进先出”的线性表　　B. 队列是一种“后进先出”的线性表

C. 栈与队列都是非线性结构　　D. 以上三种说法都不对

92. 软件测试的目的是(　　)。

A. 评估软件可靠性　　B. 发现并改正程序中的错误

C. 改正程序中的错误　　D. 发现程序中的错误

93. 在软件开发中,需求分析阶段产生的主要文档是(　　)。

A. 软件集成测试计划　　B. 软件详细设计说明书

C. 用户手册　　D. 软件需求规格说明书

94. 软件生命周期是指(　　)。

A. 软件产品从提出、实现、使用维护到停止使用退役的过程

B. 软件从需求分析、设计、实现到测试完成的过程

C. 软件的开发过程

D. 软件的运行维护过程

95. 面向对象方法中,继承是指(　　)。

A. 一组对象所具有的相似性质

B. 一个对象具有另一个对象的性质

C. 各对象之间的共同性质

D. 类之间共享属性和操作的机制

96. 下列各类计算机程序语言中,不属于高级程序设计语言的是(　　)。

A. Visual Basic 语言　　B. Fortan 语言

C. C++语言　　D. 汇编语言

97. 下列关于算法叙述正确的是(　　)。

A. 算法就是程序

B. 设计算法时只需要考虑数据结构的设计

C. 设计算法时只需要考虑结果的可靠性

D. 以上三种说法都不对

98. 下列叙述中正确的是(　　)。

A. 有一个以上根结点的数据结构不一定是非线性结构

B. 只有一个根结点的数据结构不一定是线性结构

C. 循环链表是非线性结构

D. 双向链表是非线性结构

99. 下列关于二叉树的叙述中,正确的是(　　)。

A. 叶子结点总是比度为 2 的结点少一个

B. 叶子结点总是比度为 2 的结点多一个

C. 叶子结点数是度为 2 的结点数的两倍

D. 度为 2 的结点数是度为 1 的结点数的两倍

100. 软件生命周期中的活动不包括(　　)。

A. 市场调研　　B. 需求分析　　C. 软件测试　　D. 软件维护

101. 某系统总体结构图如图 9-2 所示,该系统总体结构图的深度是(　　)。

A. 7　　B. 6　　C. 3　　D. 2

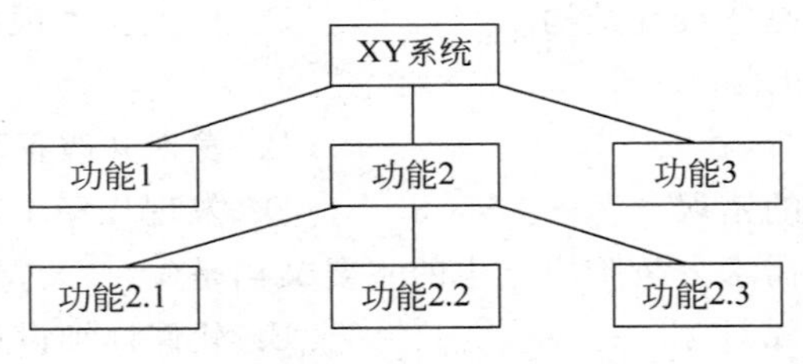

图 9-2　系统总体结构

102. 程序调试的任务是(　　)。

A. 设计测试用例　　B. 验证程序的正确性

C. 发现程序中的错误　　D. 诊断和改正程序中的错误

103. 构造编译程序应掌握(　　)。

A. 源程序　　B. 目标语言

C. 编译方法　　D. 以上三项都是

104. 下列关于指令系统的描述,正确的是(　　)。

A. 指令由操作码和控制码两部分组成

B. 指令的地址码部分是不可缺少的

C. 指令的地址码部分可能是操作数,也可能是操作数的内存单元地址

D. 指令的操作码部分描述了完成指令所需要的操作数类型

105. 下列叙述中正确的是(　　)。

A. 循环队列是队列的一种链式存储结构

B. 循环队列是队列的一种顺序存储结构

C. 循环队列是非线性结构

D. 循环队列是一种逻辑结构

106. 下列关于线性链表的叙述中，正确的是(　　)。

A. 各数据结点的存储空间可以不连续，但它们的存储顺序与逻辑顺序必须一致

B. 各数据结点的存储顺序与逻辑顺序可以不一致，但它们的存储空间必须连续

C. 进行插入与删除时，不需移动表中的元素

D. 以上说法均不正确

107. 一棵二叉树共有 25 个结点，其中 5 个是叶子结点，则度为 1 的结点数为(　　)。

A. 16　　B. 10　　C. 6　　D. 4

108. 下面描述中，不属于软件危机表现的是(　　)。

A. 软件过程不规范　　B. 软件开发生产率低

C. 软件质量难以控制　　D. 软件成本不断提高

109. 下面不属于需求分析阶段任务的是(　　)。

A. 确定软件系统的功能需求　　B. 确定软件系统的性能需求

C. 需求规格说明书评审　　D. 制定软件集成测试计划

110. 在黑盒测试方法中，设计测试用例的主要根据是(　　)。

A. 程序内部逻辑　　B. 程序外部功能

C. 程序数据结构　　D. 程序流程图

111. 在软件设计中不使用的工具是(　　)。

A. 系统结构图　　B. PAD 图

C. 数据流图(DFD 图)　　D. 程序流程图

112. 关于汇编语言程序(　　)。

A. 相对于高级程序设计语言程序具有良好的可移植性

B. 相对于高级程序设计语言程序具有良好的可度性

C. 相对于机器语言程序具有良好的可移植性

D. 相对于机器语言程序具有较高的执行效率

113. 下列关于栈叙述正确的是(　　)。

A. 栈顶元素最先能被删除　　B. 栈顶元素最后才能被删除

C. 栈底元素永远不能被删除　　D. 栈底元素最先被删除

114. 下列叙述中正确的是(　　)。

A. 在栈中，栈中元素随栈底指针与栈顶指针的变化而动态变化

B. 在栈中，栈顶指针不变，栈中元素随栈底指针的变化而动态变化

C. 在栈中，栈底指针不变，栈中元素随栈顶指针的变化而动态变化

D. 以上说法均不正确

115. 某二叉树共有 7 个结点，其中叶子结点只有 1 个，则该二叉树的深度为(假设根结点在第 1 层)(　　)。

A. 3　　B. 4　　C. 6　　D. 7

116. 软件按功能可以分为应用软件、系统软件和支撑软件(或工具软件)。下面属于应用软件的是(　　)。

A. 学生成绩管理系统　　B. C 语言编译程序

C. UNIX 操作系统　　D. 数据库管理系统

117. 结构化程序所要求的基本结构不包括(　　)。

A. 顺序结构　　B. goto 跳转

C. 选择(分支)结构　　D. 重复(循环)结构

118. 下面描述中错误的是(　　)。

A. 系统总体结构图支持软件系统的详细设计

B. 软件设计是将软件需求转换为软件表示的过程

C. 数据结构与数据库设计是软件设计的任务之一

D. PAD 图是软件详细设计的表示工具

119. 下列叙述中,正确的是(　　)。

A. 高级语言编写的程序可移植性差

B. 机器语言就是汇编语言,无非是名称不同而已

C. 指令是由一串二进制数 0、1 组成的

D. 用机器语言编写的程序可读性好

120. 下列链表中,其逻辑结构属于非线性结构的是(　　)。

A. 二叉链表　　B. 循环链表　　C. 双向链表　　D. 带链的栈

121. 设循环队列的存储空间为 Q(1∶35),初始状态为 front＝rear＝35。现经过一系列入队与退队运算后,front＝15,rear＝15,则循环队列中的元素个数为(　　)。

A. 15　　B. 16　　C. 20　　D. 0 或 35

122. 下列关于栈的叙述中,正确的是(　　)。

A. 栈底元素一定是最后入栈的元素　　B. 栈顶元素一定是最先入栈的元素

C. 栈操作遵循“先进后出”的原则　　D. 以上说法均错误

123. 数据字典(DD)所定义的对象都包含于(　　)。

A. 数据流图(DFD 图)　　B. 程序流程图

C. 软件结构图　　D. 方框图

124. 软件需求规格说明书的作用不包括(　　)。

A. 软件验收的依据

B. 用户与开发者对软件要做什么的共同理解

C. 软件设计的依据

D. 软件可行性研究的依据

125. 下面属于黑盒测试方法的是(　　)。

A. 语句覆盖　　B. 逻辑覆盖　　C. 边界值分析　　D. 路径覆盖

126. 下面不属于软件设计阶段任务的是(　　)。

A. 软件总体设计　　B. 算法设计

C. 制定软件确认测试计划　　D. 数据库设计

127. 下列叙述中正确的是(　　)。

A. 一个算法的空间复杂度大,则其时间复杂度也必定大

B. 一个算法的空间复杂度大,则其时间复杂度必定小

C. 一个算法的时间复杂度大,则其空间复杂度必定小

D. 算法的时间复杂度与空间复杂度没有直接关系

128. 下列叙述中正确的是(　　)。

A. 循环队列中的元素个数随队头指针与队尾指针的变化而动态变化

B. 循环队列中的元素个数随队头指针的变化而动态变化

C. 循环队列中的元素个数随队尾指针的变化而动态变化

D. 以上说法都不对

129. 一棵二叉树共有 80 个叶子结点与 70 个度为 1 的结点,则该二叉树中的总结点数为(　　)。

A. 219　　B. 229　　C. 230　　D. 231

130. 对长度为 10 的线性表进行冒泡排序,最坏情况下需要比较的次数为(　　)。

A. 9　　B. 10　　C. 45　　D. 90

131. 构成计算机软件的是(　　)。

A. 源代码　　B. 程序和数据

C. 程序和文档　　D. 程序、数据及文档

132. 软件生命周期可分为定义、开发和维护阶段,下面不属于开发阶段任务的是(　　)。

A. 测试　　B. 设计　　C. 可行性研究　　D. 实现

133. 下面不能作为结构化方法软件需求分析工具的是(　　)。

A. 系统结构图　　B. 数据字典(D-D)

C. 数据流程图(DFD 图)　　D. 判定表

134. 编译程序的最终目标是(　　)。

A. 发现源程序中的语法错误

B. 改正源程序中的语法错误

C. 将源程序编译成目标程序

D. 将某一高级语言程序翻译成另一高级语言程序

135. 一个完整的计算机系统应当包括(　　)。

A. 计算机与外设　　B. 硬件系统与软件系统

C. 主机,键盘与显示器　　D. 系统硬件与系统软件

136. 下列叙述中正确的是(　　)。

A. 算法的效率只与问题的规模有关,而与数据的存储结构无关

B. 算法的时间复杂度是指执行算法所需要的计算工作量

C. 数据的逻辑结构与存储结构是一一对应的

D. 算法的时间复杂度与空间复杂度一定相关

137. 下列叙述中正确的是(　　)。

A. 线性表链式存储结构的存储空间一般要少于顺序存储结构

B. 线性表链式存储结构与顺序存储结构的存储空间都是连续的

C. 线性表链式存储结构的存储空间可以是连续的,也可以是不连续的

D. 以上说法均错误

138. 某二叉树共有12个结点,其中叶子结点只有1个。则该二叉树的深度为(根结点在第1层)(　　)。

A. 3　B. 6　C. 8　D. 12

139. 对长度为n的线性表作快速排序,在最坏情况下,比较次数为(　　)。

A. n　B. $n-1$　C. $n(n-1)$　D. $n(n-1)/2$

140. 结构化程序设计中,下面对goto语句使用描述正确的是(　　)。

A. 禁止使用goto语句　B. 使用goto语句程序效率高

C. 应避免滥用goto语句　D. 以上说法均错误

141. 下面不属于软件测试实施步骤的是(　　)。

A. 集成测试　B. 回归测试　C. 确认测试　D. 单元测试

142. 下面不属于软件需求分析阶段主要工作的是(　　)。

A. 需求变更申请　B. 需求分析

C. 需求评审　D. 需求获取

143. 下列软件中,属于系统软件的是(　　)。

A. 用C语言编写的求解一元二次方程的程序

B. 工资管理软件

C. 用汇编语言编写的一个练习程序

D. Windows操作系统

144. 下列各类计算机程序语言中,不是高级程序设计语言的是(　　)。

A. Visual Basic　B. Fortran语言　C. Pascal语言　D. 汇编语言

145. 可以将高级语言的源程序翻译成可执行程序的是(　　)。

A. 库程序　B. 编译程序　C. 汇编程序　D. 目标程序

146. 下列4种软件中,属于应用软件的是(　　)。

A. 财务管理系统　B. DOS

C. Windows 2010　D. Windows 2012

147. 下列都属于计算机低级语言的是(　　)。

A. 机器语言和高级语言　B. 机器语言和汇编语言

C. 汇编语言和高级语言　D. 高级语言和数据库语言

148. 面向对象方法中,实现对象的数据和操作结合于统一体中的是(　　)。

A. 结合　B. 封装　C. 隐藏　D. 抽象

149. 线性表的链式存储结构与顺序存储结构相比,链式存储结构的优点有(　　)。

A. 节省存储空间　B. 插入与删除运算效率高

C. 便于查找　D. 排序时减少元素的比较次数

150. 深度为7的完全二叉树中共有125个结点,则该完全二叉树中的叶子结点数为(　　)。

A. 62　B. 63　C. 64　D. 65

151. 下列叙述中正确的是(　　)。

A. 所谓有序表是指在顺序存储空间内连续存放的元素序列

B. 有序表只能顺序存储在连续的存储空间内

C. 有序表可以用链接存储方式存储在不连续的存储空间内

D. 任何存储方式的有序表均能采用二分法进行查找

152. 设二叉树如图 9-3 所示，则后序序列为(　　)。

A. ABDEGCFH　　B. DBGEAFHC

C. DGEBHFCA　　D. ABCDEFGH

图 9-3　二叉树(一)

153. 下面描述中不属于软件需求分析阶段任务的是(　　)。

A. 撰写软件需求规格说明书

B. 软件的总体结构设计

C. 软件的需求分析

D. 软件的需求评审

154. 下列叙述中正确的是(　　)。

A. 结点中具有两个指针域的链表一定是二叉链表

B. 结点中具有两个指针域的链表可以是线性结构，也可以是非线性结构

C. 二叉树只能采用链式存储结构

D. 循环链表是非线性结构

155. 某二叉树的前序序列为 ABCD，中序序列为 DCBA，则后序序列为(　　)。

A. BADC　　B. DCBA　　C. CDAB　　D. ABCD

156. 下面不能作为软件设计工具的是(　　)。

A. PAD 图　　B. 程序流程图

C. 数据流 DFD 图　　D. 总体结构图

157. 某二叉树有 15 个度为 1 的结点，16 个度为 2 的结点，则该二叉树中总的结点数为(　　)。

A. 32　　B. 46　　C. 48　　D. 49

158. 下面对软件特点描述错误的是(　　)。

A. 软件没有明显的制作过程

B. 软件在使用中存在磨损、老化问题

C. 软件是一种逻辑实体，不是物理实体，具有抽象性

D. 软件的开发、运行对计算机系统具有依赖性

159. 某系统结构图如图 9-4 所示，该系统结构图最大扇入是(　　)。

A. 0　　B. 1　　C. 2　　D. 3

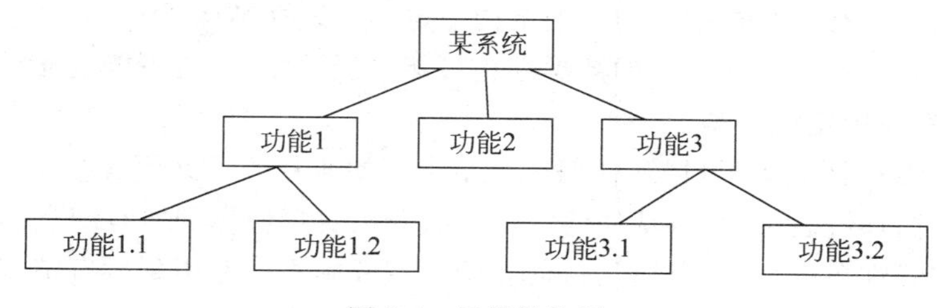

图 9-4　系统结构图

160. 下列叙述中正确的是(　　)。

A. 程序执行的效率与数据的存储结构密切相关

B. 程序执行的效率只取决于程序的控制结构

C. 程序执行的效率只取决于所处理的数据量

D. 以上说法均错误

161. 下列与队列结构有关联的是(　　)。

A. 函数的递归调用　　B. 数组元素的引用

C. 多重循环的执行　　D. 先到先服务的作业调度

162. 如图 9-5 所示的二叉树进行前序遍历的结果为(　　)。

A. DYBEAFCZX

B. YDEBFZXCA

C. ABDYECFXZ

D. ABCDEFXYZ

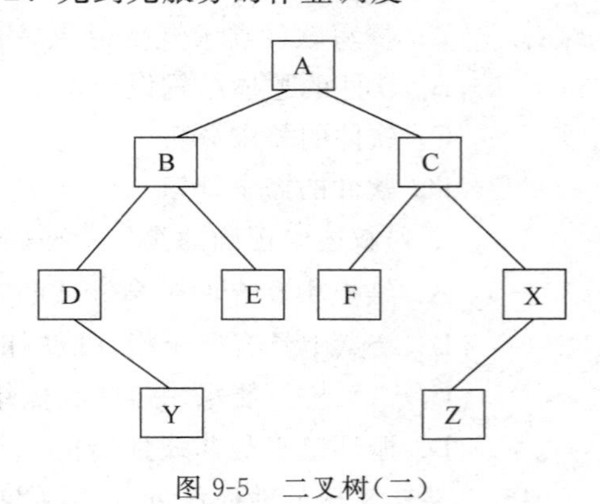

图 9-5　二叉树(二)

163. 一个栈的初始状态为空。现将元素 1,2,3,A,B,C 依次入栈,然后再依次出栈,则元素出栈的顺序是(　　)。

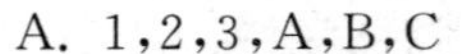
A. 1,2,3,A,B,C

B. C,B,A,1,2,3

C. C,B,A,3,2,1

D. 1,2,3,C,B,A

164. 下面属于白盒测试方法的是(　　)。

A. 等价类划分法　　B. 逻辑覆盖

C. 边界值分析法　　D. 错误推测法

165. 下面对对象概念描述正确的是(　　)。

A. 对象间的通信靠消息传递

B. 对象是名字和方法的封装体

C. 任何对象必须有继承性

D. 对象的多态性是指一个对象有多个操作

166. 下列叙述中正确的是(　　)。

A. 有且只有一个根结点的数据结构一定是线性结构

B. 每一个结点最多有一个前件也最多有一个后件的数据结构一定是线性结构

C. 有且只有一个根结点的数据结构一定是非线性结构

D. 有且只有一个根结点的数据结构可能是线性结构,也可能是非线性结构

167. 下列叙述中错误的是(　　)。

A. 在双向链表中,可以从任何一个结点开始直接遍历到所有结点

B. 在循环链表中,可以从任何一个结点开始直接遍历到所有结点

C. 在线性单链表中,可以从任何一个结点开始直接遍历到所有结点

D. 在二叉链表中,可以从根结点开始遍历到所有结点

168. 某二叉树共有 13 个结点,其中有 4 个度为 1 的结点,则叶子结点数为(　　)。

A. 5　　B. 4　　C. 3　　D. 2

169. 设栈的顺序存储空间为(1∶50),初始状态为 top=0。现经过一系列入栈与退栈运算后,top=20,则当前栈中元素个数为(　　)。

A. 30　　B. 29　　C. 20　　D. 19

170. 下列叙述中正确的是(　　)。

A. 栈与队列都只能顺序存储

B. 循环队列是队列的顺序存储结构

C. 循环链表是循环队列的链式存储结构

D. 栈是顺序存储结构,队列是链式存储结构

171. 设某二叉树的前序序列为 ABC,中序序列为 CBA,则该二叉树的后序序列为(　　)。

A. BCA　　B. CBA　　C. ABC　　D. CAB

172. 为了对有序表进行对分查找,则要求有序表(　　)。

A. 只能顺序存储　　B. 只能链式存储

C. 可以顺序存储也可以链式存储　　D. 任何存储方式

173. 在以下的测试方法中,(　　)属于白盒测试方法。

A. 边界值分析法　　B. 基本路径测试法

C. 等价类划分法　　D. 错误推测法

174. 下列叙述中正确的是(　　)。

A. 存储空间不连续的所有链表一定是非线性链表

B. 能顺序存储的数据结构一定是线性结构

C. 运算速度快

D. 带链的栈与队列是线性结构

175. 算法时间复杂度的度量方法是(　　)。

A. 算法程序的长度

B. 执行算法所需要的基本运算次数

C. 执行算法所需要的所有运算次数

D. 执行算法所需要的时间

176. 设循环队列为(1∶m),初始状态为 frot=rear=m。现经过一系列的入队与退队运算后,frot=rear=1,则该循环队列中的元素个数为(　　)。

A. 1　　B. 2　　C. m−1　　D. 0 或 m

177. 在以下的测试方法中,(　　)属于黑盒测试方法。

A. 边界值分析法　　B. 基本路径测试法

C. 条件覆盖　　D. 条件-分支覆盖

178. 下列链表中其逻辑结构属于非线性结构的是(　　)。

A. 二叉链表　　B. 循环链表　　C. 双向链表　　D. 带链的栈

179. 数据字典(DD)所定义的对象都包含于(　　)。

A. 数据流图(DFD)　　B. 程序流程图

C. 软件结构图　　D. 方框图

180. 以下数据结构中(　　)是线性结构。

A. 有向图　　B. 队列　　C. 线索二叉树　　D. B 树

181. 以下(　　)不是队列的基本运算。

A. 在队列第 i 个元素之后插入一个元素

B. 从队头删除一个元素

C. 判断一个队列是否为空

D. 读取队头元素的值

182. 字符 A、B、C 依次进入一个栈,按出栈的先后顺序组成不同的字符串,至多可以组成(　　)个不同的字符串。

A. 14　　B. 5　　C. 6　　D. 8

183. 数据的物理结构被分为顺序、(　　)、索引和散列四种。

A. 链表　　B. 队列　　C. 栈　　D. 图

184. 对于一个长度为 n 的顺序存储的线性表,在表头插入元素的时间复杂度为(　　)。

A. $O(n^2)$　　B. $O(n)$　　C. $O(\log^2 n)$　　D. $O(n\log^2 n)$

185. 对于一个长度为 n 的顺序存储的线性表,在表尾插入元素的时间复杂度为(　　)。

A. $O(n^2)$　　B. $O(n)$　　C. $O(\log^2 n)$　　D. $O(1)$

186. 对于一棵有 n 个结点的二叉树,某结点的编号为 $i(1\leqslant i\leqslant n)$,若它有左孩子则左孩子结点的编号为(　　)。

A. i 左　　B. $i+1$　　C. $2i$　　D. $2i+1$

187. 对于一棵有 n 个结点的二叉树,某结点的编号为 $i(1\leqslant i\leqslant n)$,若它有右孩子则右孩子结点的编号为(　　)。

A. i 右　　B. $i+1$　　C. $2i$　　D. $2i+1$

188. 若顺序存储的循环队列的 QueueMaxSize$=n$,则该队列最多可存储(　　)个元素。

A. n　　B. $n-1$　　C. $n+1$　　D. 不确定

189. 下述(　　)是顺序存储方式的优点。

A. 存储密度大

B. 插入和删除运算方便

C. 获取符合某种条件的元素方便

D. 查找运算速度快

190. 对一个算法的评价,不包括如下(　　)方面的内容。

A. 健壮性和可读性　　B. 并行性

C. 正确性　　D. 时空复杂度

191. 一个栈的输入序列为 1 2 3,则下列序列中不可能是栈的输出序列的是(　　)。

A. 2 3 1　　B. 3 2 1　　C. 3 1 2　　D. 1 2 3

192. 队列的插入操作是在队列的尾进行,删除操作是在队列的(　　)进行。

A. 尾　　B. 首　　C. 中间　　D. 以上均错误

193. 若某链表最常用的操作是在最后一个结点之后插入一个结点和删除最后一个结点,则采用(　　)存储方式最节省时间。

A. 单链表　　B. 双链表

C. 带头结点的双循环链表　　D. 单循环链表

194. 栈又称为(　　)表,队列又称为先进先出表。

A. 后进后出　　B. 先进先出　　C. 先进后出　　D. 线性

195. 栈和队列的共同特点是(　　)。

A. 只允许在端点处插入和删除元素　　B. 都是先进后出

C. 都是先进先出　　D. 没有共同点

196. 二叉树的第 k 层的结点数最多为(　　)。

A. 2^k-1　　B. $2k+1$　　C. $2k-1$　　D. 2^{k-1}

197. 通常从正确性、(　　)、强壮性和高效率四个方面评价算法的质量。

A. 可靠性　　B. 可用性　　C. 易读性　　D. 兼容性

198. 栈的插入与删除操作在栈顶进行,出栈操作时,需要修改(　　)。

A. 栈底　　B. 栈顶　　C. 栈顶指针　　D. 栈底指针

199. 数据结构就是研究(　　)。

A. 数据的逻辑结构

B. 数据的存储结构

C. 数据的逻辑结构和存储结构

D. 数据的逻辑结构、存储结构及其数据在运算上的实现

200. 线性结构中数据元素的位置之间存在(　　)的关系。

A. 一对多

B. 一对一

C. 多对多

D. 每个元素都有直接前驱和直接后继

二、判断题

1. 算法的复杂度主要包括程序复杂度和空间复杂度。(　　)

2. 数据的逻辑结构在计算机存储空间中的存放形式称为数据的存储结构。(　　)

3. 若按功能分,软件测试的方法通常分为白盒测试方法和黑盒测试方法。(　　)

4. 如果一个工人可管理多个设备,而已个设备只被一个工人管理,则实体“工人”与实体“设备”之间存在“一对多”的联系。(　　)

5. 算法必须在执行有限步骤之后终止,指的是算法的有效性。(　　)

6. 用一组地址连续的存储单元一次存储数据的方式,称为顺序存储结构。(　　)

7. 软件生命周期一般可分为以下阶段:问题定义、可行性研究、可靠性设计、设计、编码、测试、运行和维护。(　　)

8. 在一棵二叉树上第 6 层的结点个数最多是 32。(　　)

9. 软件是程序、数据和文档的集合。(　　)

10. 实体联系模型是一种常用的概念数据模型,实体联系图是实体联系模型的核心。(　　)

11. 编译型高级程序语言源程序需经过编译和链接后才能得到可执行程序。(　　)

12. 解释型高级语言源程序,需要经过全部翻译后才能执行。(　　)

13. 为了提高软件开发效率,开发软件时应尽量采用机器语言。(　　)

14. 算法执行过程中所需要的存储空间称为算法的工作空间。 ( )
15. 面向对象程序设计不同于其他语言的主要特点之一是继承性。 ( )
16. 程序流程图中带有箭头的线段表示的是控制流。 ( )
17. 结构化程序设计的基本原则不包括模块化。 ( )
18. 软件设计中模块划分应遵循的准则是“高内聚低耦合”。 ( )
19. 在软件开发中,需求分析阶段产生的主要文档是软件需求规格说明书。 ( )
20. 算法的有穷性是指算法程序的运行时间是有限的。 ( )
21. 栈按“先进先出”组织数据。 ( )
22. 用高级语言编写的程序计算机可立即执行。 ( )
23. 循环队列有队头和队尾两个指针,因此,循环队列是非线性结构。 ( )
24. 顺序存储结构的存储一定是连续的,链式存储结构的存储空间不一定是连续的。 ( )
25. 高级语言编写的程序的可移植性最差。 ( )
26. 支持子程序调用的数据结构是栈。 ( )
27. 软件测试的目的是发现错误并改正错误。 ( )
28. 提高耦合性降低内聚性有利于提高模块的独立性。 ( )
29. 二叉树属于非线性结构。 ( )
30. 算法的空间复杂度是指算法在执行过程中所需要的计算机存储空间。 ( )
31. 软件详细设计生产程序流程图。 ( )
32. 线性表的链式存储结构所需要的存储空间一般要多于顺序存储结构。 ( )
33. 软件生命周期是指软件产品从提出、实现、使用维护到停止使用退役的过程。 ( )
34. 指令由操作码和控制码两部分组成。 ( )
35. 循环队列是非线性结构。 ( )
36. 对线性链表进行插入与删除时,不需移动表中的元素。 ( )
37. 在黑盒测试方法中,设计测试用例的主要根据是程序数据结构。 ( )
38. 汇编语言程序相对于高级程序设计语言程序具有良好的可移植性。 ( )
39. 栈底元素永远不能被删除。 ( )
40. 结构化程序所要求的基本结构不包括 goto 跳转。 ( )
41. 制定软件确认测试计划不属于软件设计阶段任务。 ( )
42. 一个完整的计算机系统应当包括硬件系统与软件系统。 ( )
43. 错误推测法属于白盒测试方法。 ( )
44. 有且只有一个根结点的数据结构可能是线性结构,也可能是非线性结构。 ( )
45. 边界值分析法属于白盒测试方法。 ( )

第十章 数据库与 Access 2010 应用基础

一、单选题

1. 在数据库管理技术的发展过程中,经历了人工管理阶段、文件系统阶段和数据库系统阶段。其中数据独立性最高的阶段是(　　)。

A. 数据库系统阶段　　B. 文件系统阶段

C. 人工管理阶段　　D. 数据项管理

2. 数据库系统的核心是(　　)。

A. 数据模型　　B. 数据库管理系统

C. 软件工具　　D. 数据库

3. 下列叙述中正确的是(　　)。

A. 数据库系统是一个独立于操作系统的系统

B. 数据库设计是指设计数据库管理系统

C. 数据库技术的目标是要解决数据共享

D. 数据库系统中数据的物理结构须与逻辑结构一致

4. 下列模式中,能够给出数据库物理存储结与物理存取方法的是(　　)。

A. 内模式　　B. 外模式　　C. 概念模式　　D. 逻辑模式

5. 在数据库管理系统提供的数据语言中,负责数据的查询及增加、删除、修改等操作的是(　　)。

A. 数据定义语言　　B. 数据转换语言

C. 数据操纵语言　　D. 数据控制语言

6. 实体联系模型中,实体与实体之间的联系不可以是(　　)。

A. 一对一　　B. 多对多　　C. 一对多　　D. 一对零

7. 下面各项中不是数据库系统的组成部分的是(　　)。

A. 数据库应用系统　　B. 工具软件

C. 数据库管理系统　　D. 数据库

8. 下列模式中,能够看见和使用的局部数据的逻辑结构和特征的是(　　)。

A. 内模式　　B. 外模式　　C. 概念模式　　D. 逻辑模式

9. 关系数据库的概念模型是(　　)的集合。

A. 关系模型　　B. 关系模式　　C. 关系子模式　　D. 存储模式

10. 在数据库设计的4个阶段中,为关系模式选择存取方法应该是在(　　)阶段。

A. 需求分析　　B. 概念设计　　C. 逻辑设计　　D. 物理设计

11. Access 2010 中,下列(　　)不是表中的字段类型。

A. 文本　　B. 日期　　C. 备注　　D. 索引

12. Access 2010 中,不正确的日期常数是(　　)。

A. 2010年8月5日　　B. 99-16-10

C. 99-09-20　　D. 2010/12/12

13. Access 2010 中,可以加入图像的字段类型是(　　)。

A. 备注型　　B. 字符型　　C. 日期型　　D. OLE对象

14. Access 2010 数据库文件扩展名是(　　)。

A. .txt　　B. .accdb　　C. .dotx　　D. .xlsx

15. Access 2010 数据库类型是(　　)。

A. 层次型数据库　　B. 网状型数据库

C. 关系型数据库　　D. 面向对象数据库

16. Access 2010 适合开发的数据库应用系统是(　　)。

A. 小型　　B. 中型　　C. 中小型　　D. 大型

17. 关系数据库中的表的性质的叙述中错误的是(　　)。

A. 数据项不可再分

B. 同一数据项要具有相同的数据类型

C. 记录的顺序可以任意排列

D. 字段的顺序不能任意排列

18. 数据库系统中,数据的最小访问单位是(　　)。

A. 字节　　B. 字段　　C. 记录　　D. 表

19. 不是 Access 2010 关系数据库中的对象为(　　)。

A. 查询　　B. Word 文件　　C. 数据访问页　　D. 窗体

20. Access 2010 数据库中的对象是(　　)。

A. 图片　　B. 报表　　C. 形状　　D. 艺术字

21. 假设数据库表中有一个姓名字段,要查找姓名为"张三"或"李四"的记录的准则是(　　)。

A. IN("张三","李四")　　B. LIKE "张三" AND "李四"

C. "张三" AND "李四"　　D. LIKE ("张三" AND "李四")

22. 要用 SQL 命令查询一个表中的所有数据,可以用(　　)字符来表示任意字符。

A. ?　　B. *　　C. $　　D. @

23. 不合法的有效性规则表达式是(　　)。

A. "性别"="男" OR "性别"="女"

B. [性别]LIKE "男" OR [性别]="女"

C. [性别]LIKE "男"OR [性别]LIKE "女"

D. [性别]="男" OR [性别]="女"

24. 以下数据库的相关工作中应首先考虑的是(　　)。

A. 使用设计视图设计表　　B. 数据库的整体设计

C. 使用表向导设计表　　D. 指定字段数据类型

25. 数据库管理系统是(　　)。

A. 操作系统的一部分　　B. 在操作系统支持下的系统软件

C. 一种编译系统　　D. 一种操作系统

26. 数据库应用系统中的核心问题是(　　)。

A. 数据库设计　　B. 数据库系统设计

C. 数据库维护　　D. 数据库管理员培训

27. 数据库设计中全体数据逻辑结构和特征的描述,称为(　　)。

A. 逻辑模式　　B. 内模式　　C. 外模式　　D. 设计模式

28. 数据库系统的三级模式不包括(　　)。

A. 逻辑模式　　B. 内模式　　C. 外模式　　D. 数据模式

29. 软件可分为应用软件、系统软件和支撑软件。下面属于应用软件的是(　　)。

A. 学生成绩管理系统　　B. C语言编译程序

C. UNIX　　D. 数据库管理系统

30. 一间宿舍可住多个学生,则实体宿舍和学生之间的联系是(　　)。

A. 一对一　　B. 一对多　　C. 多对一　　D. 多对多

31. 一个工作人员可以使用多台计算机,而一台计算机可被多个人使用,则实体工作人员与实体计算机之间的联系是(　　)。

A. 一对一　　B. 一对多　　C. 多对多　　D. 多对一

32. 一个教师可讲授多门课程,一门课程可由多个教师讲授。则实体教师和课程间的联系是(　　)。

A. 1∶1联系　　B. 1∶m联系　　C. m∶1联系　　D. m∶n联系

33. 在E-R图中,用来表示实体之间的联系的图形是(　　)。

A. 椭圆形　　B. 矩形　　C. 菱形　　D. 三角形

34. 层次型、网状型和关系型数据库划分原则是(　　)。

A. 记录长度　　B. 文件的大小

C. 联系复杂程度　　D. 数据之间联系方式

35. 在满足实体完整性约束的条件下,(　　)说法是正确的。

A. 一个关系中应该有一个或多个候选关键字

B. 一个关系中只能有一个候选关键字

C. 一个关系中必须有多个候选关键字

D. 一个关系中可以没有候选关键字

36. 下列关于数据库设计的叙述中,正确的是(　　)。

A. 在需求分析阶段建立数据字典　　B. 在概念设计阶段建立数据字典

C. 在逻辑设计阶段建立数据字典　　D. 在物理设计阶段建立数据字典

37. 在数据库设计中,将E-R图转换成关系数据模型的过程属于(　　)。

A. 需求分析阶段　　B. 概念设计阶段

C. 逻辑设计阶段　　D. 物理设计阶段

38. 将E-R图转换为关系模式时,实体和联系都可以表示为(　　)。

A. 属性　　B. 键　　C. 关系　　D. 域

39. 设有表示学生选课的三张表:S(学号,姓名,性别,年龄,身份证号);C(课号,课名);SC(学号,课号,成绩)。则表SC的关键字(键或码)为(　　)。

A. 课号,成绩　　B. 学号,成绩　　C. 学号,课号　　D. 学号,姓名

40. 下列关于数据库的叙述中,正确的是(　　)。

A. 数据库减少了数据冗余

B. 数据库避免了数据冗余

C. 数据库中数据一致性是指数据类型一致

D. 数据库系统比文件系统能管理更多数据

41. 下列关于数据库特点的叙述中,错误的是(　　)。

A. 数据库能够减少数据冗余

B. 数据库中的数据可以共享

C. 数据库中的表能够避免一切数据的重复

D. 数据库中的表既相对独立,又相互联系

42. 按数据的组织形式,数据库的数据模型可分为 3 种模型,它们是(　　)。

A. 小型、中型和大型　　B. 网状、环状和链状

C. 层次、网状和关系　　D. 独享、共享和实时

43. 关系数据库管理系统中所谓的关系指的是(　　)。

A. 各元组之间彼此有一定的关系　　B. 各字段之间彼此有一定的关系

C. 数据库之间彼此有一定的关系　　D. 符合满足一定条件的二维表格

44. 在学生表中要查找所有年龄大于 30 岁姓王的男同学,应该采用的关系运算是(　　)。

A. 选择　　B. 投影　　C. 联接　　D. 自然联接

45. 在 Access 2010 中要显示"教师表"中姓名和职称的信息,应采用的关系运算是(　　)。

A. 投影　　B. 选择　　C. 连接　　D. 关联

46. 在 Access 2010 数据库对象中,体现数据库设计目的的对象是(　　)。

A. 报表　　B. 模块　　C. 查询　　D. 表

47. 在 Access 2010 中,可用于设计输入界面的对象是(　　)。

A. 窗体　　B. 报表　　C. 查询　　D. 表

48. Access 2010 数据库最基础的对象是(　　)。

A. 表　　B. 宏　　C. 报表　　D. 查询

49. 如果在创建表中建立字段"性别",并要求用汉字表示,其数据类型应当是(　　)。

A. 是/否　　B. 数字　　C. 文本　　D. 备注

50. 在 Access 2010 中,下列关于 OLE 对象的叙述中,正确的是(　　)。

A. 用于输入文本数据

B. 用于处理超级链接数据

C. 用于生成自动编号数据

D. 用于链接或内嵌 Windows 支持的对象

51. 在 Access 2010 中,数据类型是(　　)。

A. 字段的另外一种定义

B. 一种数据库应用程序

C. 决定字段能包含哪类数据的设置

D. 描述表向导提供的可选择的字段

52. 若在数据库表的某个字段中存放演示文稿数据,则该字段的数据类型应是(　　)。

A. 文本型　　B. 备注型　　C. 超链接型　　D. OLE 对象型

53. 在 Access 2010 的数据表视图中,不能进行的操作是(　　)。

A. 删除一条记录　　B. 修改字段的类型

C. 删除一个字段　　D. 修改字段的名称

54. 在 Access 2010 中,定位到同一字段最后一条记录中的快捷键是(　　)。

A. End　　B. Ctrl+End　　C. Ctrl+↓　　D. Ctrl+Home

55. 在 Access 2010 中，字段名不能包含的字符是(　　)。

A. @　　B. ！　　C. %　　D. &

56. 对于 Access 2010，下列关于字段属性的叙述中，正确的是(　　)。

A. 可对任意类型的字段设置“默认值”属性

B. 设置字段默认值即规定该字段值不为空

C. 只有“文本”型数据能使用“输入掩码向导”

D. “有效性规则”只允许定义一个条件表达式

57. 下列关于 SQL 语句的说法中，错误的是(　　)。

A. INSERT 用于向数据表插入新数据记录

B. UPDATE 用于更新数据表中已有数据

C. DELETE 用来删除数据表中的记录

D. CREATE 用于创建表并追加新的记录

58. 若要求在文本框中输入文本时达到密码 * 的显示效果，则应该设置的属性是(　　)。

A. 默认值　　B. 有效性文本　　C. 输入掩码　　D. 密码

59. 能够检查字段中的输入值是否合法的属性是(　　)。

A. 格式　　B. 默认值　　C. 有效性规则　　D. 有效性文本

60. 在文本型字段的“格式”属性中，若使用“@；男”，则下列叙述正确的是(　　)。

A. @代表所有输入的数据　　B. 只可以输入字符“@”

C. 必须在此字段输入数据　　D. 默认值是一个字“男”

61. 定义某一个字段默认值属性的作用是(　　)。

A. 不允许字段的值超出指定的范围

B. 在未输入数据前系统自动提供值

C. 在输入数据时系统自动完成大小写转换

D. 当输入数据超出指定范围时显示的信息

62. 输入掩码字符“&”的含义是(　　)。

A. 必须输入字母或数字

B. 可以选择输入字母或数字

C. 必须输入一个任意的字符或一个空格

D. 可以选择输入任意的字符或一个空格

63. 在设计表时，若输入掩码属性设置为 LLLL，则能够接收的输入是(　　)。

A. abcd　　B. 1234　　C. AB+C　　D. ABa9

64. 对要求输入相对固定格式的数据，如电话号码 010-83950001，应定义字段的(　　)。

A. “格式”属性　　B. “默认值”属性

C. “输入掩码”属性　　D. “有效性规则”属性

65. 若输入掩码设置为 L，则在输入数据的时候，该位置上可以接受的合法输入是(　　)。

A. 任意符号　　B. 必须是字母 A～Z

C. 可输入字母或数字　　D. 可输入数字或空格

66. 下列关于关系数据库中数据表的描述，正确的是(　　)。

A. 数据表相互之间存在联系，但用独立的文件名保存

B. 数据表相互之间存在联系,是用表名表示相互间的联系
C. 数据表相互之间不存在联系,完全独立
D. 数据表既相对独立,又相互联系

67. 在 Access 2010 中,参照完整性规则不包括(　　)。
A. 查询规则　　B. 更新规则　　C. 删除规则　　D. 插入规则

68. 在关系窗口中,双击两个表之间的连接线,会弹出(　　)。
A. 数据表分析向导　　B. 数据关系图窗口
C. 连接线粗细变化　　D. 编辑关系对话框

69. 在 Access 2010 数据表中删除一条记录,被删除的记录(　　)。
A. 不能恢复　　B. 可恢复到原来位置
C. 被恢复为第一条记录　　D. 被恢复为最后一条记录

70. 在 Access 2010 中,如果不想显示数据表中的某些字段,可以使用的命令是(　　)。
A. 隐藏　　B. 删除　　C. 冻结　　D. 筛选

71. 某数据表中有 5 条记录,其中"编号"为文本型字段,其值分别为:129、97、75、131、118,若按该字段对记录进行降序排序,则排序后的顺序应为(　　)。
A. 75、97、118、129、131　　B. 118、129、131、75、97
C. 131、129、118、97、75　　D. 97、75、131、129、118

72. 在筛选时,不需要输入筛选规则的方法是(　　)。
A. 高级筛选　　B. 按窗体筛选
C. 按选定内容筛选　　D. 输入筛选目标筛选

73. 在 Access 数据库中使用向导创建查询,其数据可以来自(　　)。
A. 多个表　　B. 一个表
C. 一个表的一部分　　D. 表或查询

74. 在 Access 数据库中,利用对话框提示用户输入查询条件,这样的查询属于(　　)。
A. 选择查询　　B. 参数查询　　C. 操作查询　　D. SQL 查询

75. 下列关于操作查询的叙述中,错误的是(　　)。
A. 在更新查询中可以使用计算功能
B. 删除查询可删除符合条件的记录
C. 生成表查询生成的新表是原表的子集
D. 追加查询要求两个表的结构必须一致

76. 将表 A 的记录添加到表 B 中,要求保持表 B 中原有的记录,可以使用的查询是(　　)。
A. 选择查询　　B. 追加查询　　C. 更新查询　　D. 生成表查询

77. 假设"公司"表中有编号、名称、法人等字段,查找公司名称中有"网络"二字的公司信息,正确的命令是(　　)。
A. SELECT * FROM 公司 FOR 名称= "*网络*"
B. SELECT * FROM 公司 FOR 名称 LIKE "*网络*"
C. SELECT * FROM 公司 WHERE 名称= "*网络*"
D. SELECT * FROM 公司 WHERE 名称 LIKE "*网络*"

78. 在 SQL 语言的 SELECT 语句中,用于指明检索结果排序的子句是(　　)。
A. FROM　　B. WHILE　　C. GROUP BY　　D. ORDER BY

79. 已知“借阅”表中有“借阅编号”、“学号”和“借阅图书编号”等字段,每名学生每借阅一本书生成一条记录,要按学生学号统计出每名学生的借阅次数,下列 SQL 语句正确的是(　　)。

A. SELECT 学号, COUNT(学号) FROM 借阅

B. SELECT 学号, COUNT(学号) FROM 借阅 GROUP BY 学号

C. SELECT 学号, SUM(学号) FROM 借阅

D. SELECT 学号, SUM(学号) FROM 借阅 ORDER BY 学号

80. 学生表中有“学号”、“姓名”、“性别”和“入学成绩”等字段。执行如下 SQL 命令: Select avg(入学成绩) From 学生表 Group by 性别; 后的结果是(　　)。

A. 计算并显示所有学生的平均入学成绩

B. 计算并显示所有学生的性别和平均入学成绩

C. 按性别顺序计算并显示所有学生的平均入学成绩

D. 按性别分组计算并显示不同性别学生的平均入学成绩

81. 在 SQL 语言的 SELECT 语句中,用于实现选择运算的子句是(　　)。

A. FOR　　B. IF　　C. WHILE　　D. WHERE

82. 下列关于 SQL 命令的叙述中,正确的是(　　)。

A. DELETE 不能与 GROUP BY 一起用

B. SELECT 不能与 GROUP BY 一起用

C. INSERT 与 GROUP BY 一起使用可以按分组将新记录插入到表中

D. UPDATE 命令与 GROUP BY 关键字一起使用可以按分组更新表中原有的记录

83. 下列关于 SQL 命令的叙述中,正确的是(　　)。

A. UPDATE 命令中必须有 FROM 关键字

B. UPDATE 命令中必须有 INTO 关键字

C. UPDATE 命令中必须有 SET 关键字

D. UPDATE 命令中必须有 WHERE 关键字

84. 数据库中有一“商品”表,有“商品”、“单价”等字段,要查找出单价大于等于 3000 并且小于 10000 的记录,正确的 SQL 命令是(　　)。

A. SELECT * FROM 商品 WHERE 单价 BETWEEN 3000 AND 10000

B. SELECT * FROM 商品 WHERE 单价 BETWEEN 3000 TO 10000

C. SELECT * FROM 商品 WHERE 单价 BETWEEN 3000 AND 9999

D. SELECT * FROM 商品 WHERE 单价 BETWEEN 3000 TO 9999

85. 下列关于 SQL 命令的叙述中,正确的是(　　)。

A. INSERT 命令中可以没有 VALUES 关键字

B. INSERT 命令中可以没有 INTO 关键字

C. INSERT 命令中必须有 SET 关键字

D. 以上说法均不正确

86. 在下列查询语句中,与 SELECT * FROM TAB1 WHERE InStr([简历],"篮球") <> 0 功能等价的语句是(　　)。

A. SELECT * FROM TAB1 WHERE TAB1.简历 Like "篮球"

B. SELECT * FROM TAB1 WHERE TAB1.简历 Like "*篮球"

C. SELECT * FROM TAB1 WHERE TAB1.简历 Like "*篮球*"

D. SELECT * FROM TAB1 WHERE TAB1.简历 Like "篮球*"

87. 在书写查询准则时，日期型数据应该使用适当的分隔符括起来，正确的分隔符是(　　)。

A. ?　　B. %　　C. &　　D. #

88. 如果在查询条件中使用通配符[]，其含义是(　　)。

A. 错误的使用方法　　B. 通配任意长度的字符

C. 通配不在括号内的任意字符　　D. 通配方括号内任一单个字符

89. 下列关于查询设计视图“设计网格”各行作用的叙述中，错误的是(　　)。

A. “总计”行是用于对查询的字段进行求和

B. “表”行设置字段所在的表或查询的名称

C. “字段”行表示可在此输入或添加字段名

D. “条件”行用于输入条件来限定记录选择

90. 查询“书名”字段中包含“离散”字样的记录，应该使用的条件是(　　)。

A. Like "离散"　　B. Like "*离散"

C. Like "离散*"　　D. Like "*离散*"

91. 下列不属于查询设计视图“设计网格”中的选项是(　　)。

A. 排序　　B. 显示　　C. 字段　　D. 类型

92. 在成绩中要查找成绩≥80 且成绩≤90 的学生，正确的条件表达式是(　　)。

A. 成绩 Between 80 And 90　　B. 成绩 Between 80 To 90

C. 成绩 Between 79 And 91　　D. 成绩 Between 79 To 91

93. 在数据表的“查找”操作中，通配符[!]的使用方法是(　　)。

A. 通配任意一个数字字符

B. 通配任意一个文本字符

C. 通配不在方括号内的任意一个字符

D. 通配位于方括号内的任意一个字符

94. 在数据表的“查找”操作中，通配符-的含义是(　　)。

A. 通配任意多个减号　　B. 通配任意单个字符

C. 通配任意单个运算符　　D. 通配指定范围内的任意单个字符

95. 在 Access 2010 中已经建立了“学生”表，若查找“学号”是 S00001 或 S00002 的记录，应在查询设计视图的“条件”行中输入(　　)。

A. "S00001" and "S00002"　　B. not ("S00001" and "S00002")

C. in ("S00001", "S00002")　　D. not in ("S00001", "S00002")

96. 在 Access 中已经建立了“学生”表，若查找“学号”是 S00001 与 S00002 的记录，应在查询设计视图的“条件”行中输入(　　)。

A. "S00001" or "S00002"　　B. "S00001" and "S00002"

C. in ("S00001" or "S00002")　　D. not in("S00001" and "S00002")

97. 创建参数查询时，在查询设计视图条件行中应将参数提示文本放置在(　　)中。
A. {}　　B. ()　　C. []　　D. <>

98. 若在数据库中已有同名的表，要通过查询覆盖原来的表，应使用的查询类型是(　　)。
A. 删除　　B. 追加　　C. 生成表　　D. 更新

99. 若要将“产品”表中所有供货商是 ABC 的产品单价下调 50，正确 SQL 语句是(　　)。
A. UPDATE 产品 SET 单价＝50 WHERE 供货商＝"ABC"
B. UPDATE 产品 SET 单价＝单价－50 WHERE 供货商＝"ABC"
C. UPDATE FROM 产品 SET 单价＝50 WHERE 供货商＝"ABC"
D. UPDATE FROM 产品 SET 单价＝单价－50 WHERE 供货商＝"ABC"

100. 在 SQL 查询中 GROUP BY 的含义是(　　)。
A. 选择行条件　　B. 对查询进行排序
C. 选择列字段　　D. 对查询进行分组

101. 要从数据库中修改一个表，应该使用的 SQL 语句是(　　)。
A. ALTER TABLE　　B. KILL TABLE
C. DELETE TABLE　　D. DROP TABLE

102. 主窗体和子窗体通常用于显示多个表或查询中的数据，这些表或查询中的数据一般应该具有的关系是(　　)。
A. 一对一　　B. 一对多　　C. 多对多　　D. 关联

103. 在教师信息输入窗体中，为职称字段提供“教授”、“副教授”、“讲师”等选项供用户直接选择，最合适的控件是(　　)。
A. 标签　　B. 复选框　　C. 文本框　　D. 组合框

104. 在学生表中使用“照片”字段存放相片，当使用向导为该表创建窗体时，照片字段使用的默认控件是(　　)。
A. 图形　　B. 图像
C. OLE 对象框　　D. 未绑定对象框

105. 若要使某命令按钮获得控制焦点，可使用的方法是(　　)。
A. LostFocus　　B. SetFocus　　C. Point　　D. Value

106. 窗体设计中，决定了按 Tab 键时焦点在各个控件之间移动顺序的属性是(　　)。
A. Index　　B. TabStop　　C. TabIndex　　D. SetFocus

107. 发生在控件接收焦点之前的事件是(　　)。
A. Enter　　B. Exit　　C. GotFocus　　D. LostFocus

108. 下列属性中，属于窗体的“数据”类属性的是(　　)。
A. 记录源　　B. 自动居中　　C. 获得焦点　　D. 记录选择器

109. 在 Access 中为窗体上的控件设置 Tab 键的顺序，应选择“属性”对话框的(　　)。
A. “格式”选项卡　　B. “数据”选项卡
C. “事件”选项卡　　D. “其他”选项卡

110. 窗体 Caption 属性的作用是(　　)。
A. 确定窗体的标题　　B. 确定窗体的名称
C. 确定窗体边界类型　　D. 确定窗体的字体

111. 在代码中引用一个窗体控件时,应使用的控件属性是(　　)。

A. Caption　　B. Name　　C. Text　　D. Index

112. 确定一个窗体大小的属性是(　　)。

A. Width 和 Height　　B. Width 和 Top

C. Top 和 Left　　D. Top 和 Height

113. 下列选项中,所有控件共有的属性是(　　)。

A. Caption　　B. Value　　C. Text　　D. Name

114. 要使窗体上的按钮运行时不可见,需要设置的属性是(　　)。

A. Enable　　B. Visible　　C. Default　　D. Cancel

115. 窗体主体的 BackColor 属性用于设置窗体主体的是(　　)。

A. 高度　　B. 亮度　　C. 背景色　　D. 前景色

116. 若要在文本框中输入字符时显示密码效果,如星号 *,应设置文本框的属性是(　　)。

A. Text　　B. Caption

C. InputMask　　D. PasswordChar

117. 决定一个窗体有无"控制"菜单的属性是(　　)。

A. MinButton　　B. Caption　　C. MaxButton　　D. ControlBox

118. 如果要改变窗体或报表的标题,需要设置的属性是(　　)。

A. Name　　B. Caption　　C. BackColor　　D. BorderStyle

119. 命令按钮 Command1 的 Caption 属性为"退出",要将命令按钮的快捷键设为 Alt+X,应修改 Caption 属性为(　　)。

A. 在 x 前插入 &　　B. 在 x 后插入 &

C. 在 x 前插入 #　　D. 在 x 后插入 #

120. 能够接受数值型数据输入的窗体控件是(　　)。

A. 图形　　B. 文本框　　C. 标签　　D. 命令按钮

121. 启动窗体时,系统首先执行的事件过程是(　　)。

A. Load　　B. Click　　C. Unload　　D. GotFocus

122. 数据库设计过程不包括(　　)。

A. 算法设计　　B. 逻辑设计　　C. 物理设计　　D. 概念设计

123. 下列关于报表的叙述中,正确的是(　　)。

A. 报表只能输入数据　　B. 报表只能输出数据

C. 报表可以输入和输出数据　　D. 报表不能输入和输出数据

124. 报表的作用不包括(　　)。

A. 分组数据　　B. 汇总数据　　C. 格式化数据　　D. 输入数据

125. 报表的数据源不包括(　　)。

A. 表　　B. 查询　　C. SQL 语句　　D. 窗体

126. 要实现报表按某字段分组统计输出,需要设置的是(　　)。

A. 报表页脚　　B. 该字段的组页脚

C. 主体　　D. 页面页脚

127. 在报表设计过程中,不适合添加的控件是(　　)。

A. 标签控件　　B. 图形控件　　C. 文本框控件　　D. 选项组控件

128. 如果要改变窗体或报表的标题,需要设置的属性是(　　)。
A. Name　B. Caption　C. BackColor　D. BorderStyle
129. 在 Access 2010 数据库中,数据保存在(　　)对象中。
A. 窗体　B. 查询　C. 报表　D. 表
130. 数据库文件中至少包含有(　　)对象。
A. 表　B. 窗体　C. 查询　D. 其余三种
131. 在 Access 2010 数据库系统中,不能建立索引的数据类型是(　　)。
A. 文本型　B. 数字型　C. 备注型　D. 日期/时间型
132. 如果字段内容为声音文件,可将此字段定义为(　　)类型。
A. 文本　B. 查询向导　C. OLE 对象　D. 备注
133. 在表设计视图中,如果要限定数据的输入格式,应修改字段的(　　)属性。
A. 格式　B. 有效性规则　C. 输入格式　D. 字段大小
134. 下面有关主键的叙述正确的是(　　)。
A. 不同的记录可具有重复的主键值
B. 表中的主键可以是一个或多个字段
C. 在表中的主键只可以是一个字段
D. 表中的主键的数据类型必为自动编号
135. 下面有关表的叙述中错误的是(　　)。
A. 表是 Access 数据库中的要素之一
B. 表设计的主要工作是设计表的结构
C. Access 数据库的各表之间相互独立
D. 可将其他数据库的表导入当前数据库
136. Access 是(　　)办公套件中的一个重要组成部分。
A. MS Office　B. Word　C. Excel　D. WPS
137. 存储在计算机内按一定的结构和规则组织起来的相关数据的集合称为(　　)。
A. 数据库管理系统　B. 数据库系统
C. 数据库　D. 数据结构
138. 数据的完整性,是指存贮在数据库中的数据要在一定意义下确保是(　　)。
A. 一致的　B. 正确的、一致的
C. 正确的　D. 规范化的
139. 关系数据库是以(　　)的形式组织和存放数据的。
A. 一条链　B. 一维表　C. 二维表　D. 多维表格
140. 以下有关数据基本表的叙述,(　　)是正确的。
A. 每个表的记录与实体为一对多的形式
B. 每个表的关键字只能是一个字段
C. 为建立关系,表中可定义一个或多个索引
D. 每个表都要有关键字以保证记录的唯一
141. 在 Access 2010 中,表是数据库的核心与基础,它存放着数据库的(　　)。
A. 全部数据　B. 部分数据
C. 全部对象　D. 全部数据结构

142. 建立 Access 2010 数据库时要创建一系列的对象,其中最重要的是创建(　　)。

A. 报表　　B. 基本表

C. 基本表之间的关系　　D. 查询

143. 在关系数据库中,用来表示实体间联系的是(　　)。

A. 二维表　　B. 属性　　C. 网状结构　　D. 树状结构

144. 在表设计选项卡的上半部分的表格用于设计表中的字段。表格的每一行均由三部分组成,它们从左到右依次为(　　)。

A. 字段名称、数据类型、字段属性　　B. 字段名称、数据类型、字段大小

C. 字段名称、数据类型、字段特性　　D. 字段名称、数据类型、说明区

145. 在表设计选项卡中的"设计"选项卡中的"主键"按钮的作用是(　　)。

A. 用于检索关键字字段

B. 用于把选定的字段设置为主关键字

C. 用于弹出设置关键字的对话框

D. 以上都对

146. 在数据管理技术发展的 3 个阶段中,数据共享最好的是(　　)。

A. 人工管理阶段　　B. 文件系统阶段

C. 数据程序混编阶段　　D. 数据库系统阶段

147. 在 E-R 图中,用来表示实体联系的图形是(　　)。

A. 椭圆形　　B. 菱形　　C. 矩形　　D. 三角形

148. 数据库设计中反映用户对数据要求的模式是(　　)。

A. 外模式　　B. 概念模式　　C. 内模式　　D. 设计模式

149. 在下列模式中,能够给出数据库物理存储结构与物理存取方法的是(　　)。

A. 外模式　　B. 概念模式　　C. 内模式　　D. 逻辑模式

150. 负责数据库中查询操作的数据库语言是(　　)。

A. 数据定义语言　　B. 数据操纵语言

C. 数据管理语言　　D. 数据控制语言

151. 以下关于修改表之间关系操作的叙述,错误的是(　　)。

A. 修改关系的操作是更改、删除表的关系

B. 删除关系的操作在关系选项卡进行的

C. 删除表之间的关系,双击关系连线即可

D. 删除关系可单击关系连线,再按 Delete 键删除

152. 数据库设计过程中,需求分析包括(　　)。

A. 信息需求　　B. 处理需求

C. 安全性和完整性　　D. 以上全是

153. Access 数据库系统主要在(　　)等方面提供了面向对象数据库系统的功能。

A. 用户界面和程序设计　　B. 信息处理

C. 数据查询　　D. 数据管理

154. 计算机在处理数据时,通过(　　)来存放数据。

A. 外存储器　　B. 内存储器　　C. 光盘　　D. 硬磁盘

155. 数据是指存储在某一种媒体上(　　)。

A. 数字符号　B. 物理符号　C. 逻辑符号　D. 概念符号

156. 数据处理的中心问题是(　　)。

A. 数据采集　B. 数据分析　C. 数据输出　D. 数据管理

157. 在 Access 2010 中,用来表示实体的是(　　)。

A. 域　B. 字段　C. 记录　D. 表

158. 在关系数据模型中,用来表示实体关系的是(　　)。

A. 字段　B. 记录　C. 表　D. 指针

159. 关于数据库系统叙述不正确的是(　　)。

A. 可以实现数据共享　B. 可以减少数据冗余

C. 可以表示事物和事物之间的联系　D. 不支持抽象的数据模型

160. 从关系模式中,指定若干属性组成新的关系称为(　　)。

A. 选择　B. 投影　C. 连接　D. 自然连接

161. 在 Access 2010 数据库系统中,数据的最小访问单位是(　　)。

A. 字节　B. 字段　C. 记录　D. 表

162. 若表中的一个字段不是本表的主关键字,而是另外一个表的主关键字和候选关键字,这个字段称为(　　)。

A. 元组　B. 属性　C. 关键字　D. 外部关键字

163. 数据库系统的特点包括(　　)。

A. 实现数据共享,减少数据冗余

B. 采用特定的数据模型

C. 具有较高的数据独立性、具有统一的数据控制功能

D. 以上都包括

164. 位于用户和操作系统之间的数据库管理软件是(　　)。

A. 数据库管理系统　B. 数据库文件系统

C. 数据库系统　D. 文件系统

165. 数据库设计过程中技巧性最强的一步是(　　)。

A. 确定需要的表　B. 确定所需要字段

C. 确定联系　D. 设计求精

166. 数据库系统中最早出现的数据模型用树形结构表示各类实体以及实体之间的联系的模型是(　　)。

A. 层次数据模型　B. 网状数据模型

C. 关系数据模型　D. 面向对象数据模型

167. Access 2010 中不允许同一表中有相同的(　　)。

A. 属性值　B. 字段名　C. 记录　D. 数据

168. 数据库是(　　)。

A. 一些数据的集合

B. 以一定组织结构保存于外存的数据集合

C. 辅助存储器上的一个文件

D. 磁盘上一个数据文件

169. 数据库 D、B 数据库系统 DBS、数据库管理系统 DBMS 三者之间的关系是(　　)。

A. DBS 包括 DB 和 DBMS　　B. DBMS 包括 DB 和 DBS

C. DB 包括 DBS 和 DBMS　　D. DBS 就是 DB,也就是 DBMS

170. 在数据库中能够唯一标识一个元组的属性或属性的组合称为(　　)。

A. 记录　　B. 字段　　C. 域　　D. 关键字/主键

171. 数据库类型是按照(　　)来划分的。

A. 文件形式　　B. 数据模型

C. 记录形式　　D. 数据存取方法

172. 在 Access 中,若要在打开网络共享数据库时禁止他人打开该数据库,应选择(　　)打开方式。

A. 只读　　B. 独占　　C. 独占且只读　　D. 隐藏

173. 以下软件(　　)不是数据库管理系统。

A. VB　　B. Access　　C. Sybase　　D. Oracle

174. 以下(　　)不是 Access 2010 的数据库对象。

A. 表　　B. 查询　　C. 窗体　　D. 文件夹

175. 下面描述中不属于数据库系统特点的是(　　)。

A. 数据共享　　B. 数据完整性　　C. 数据冗余度高　　D. 数据独立性高

176. 表是由(　　)组成的。

A. 字段和记录　　B. 查询和字段　　C. 记录和窗体　　D. 报表和字段

177. 创建子数据表通常需要两个表之间具有(　　)的关系。

A. 没有关系　　B. 随意

C. 一对多或者一对一　　D. 多对多

178. 输入掩码通过(　　)减少输入数据时的错误。

A. 限制可输入的字符数　　B. 仅接受某种类型的数据

C. 在每次输入时,自动填充某些数据　　D. 以上全部

179. (　　)数据类型可以用于为每个新记录自动生成数字。

A. 文本　　B. 数字　　C. 自动编号　　D. 备注

180. 数据类型是(　　)。

A. 字段的另一种说法　　B. 决定字段能包含哪类数据的设置

C. 一类数据库应用程序　　D. 从表向导中允许选择的字段名称

181. 可建立下拉列表式输入的字段对象是(　　)类型字段。

A. OLE　　B. 备注　　C. 超级链接　　D. 查阅向导

182. 掩码####-######对应的正确输入数据是(　　)。

A. abcd-123456　　B. 0755-123456

C. ####-######　　D. 0755-abcdefg

183. 如果要从列表中选择所需的值,而不想浏览数据表或窗体中的所有记录,或者要一次指定多个准则,即筛选条件,可使用(　　)方法。

A. 按选定内容筛选　　B. 内容排除筛选

C. 按窗体筛选 D. 高级筛选/排序

184. 掩码 LLL000 对应的正确输入数据是( )。

A. 555555 B. aaa555 C. 555aaa D. aaaaaa

185. 当数据库中数据总体逻辑结构发生变化,而应用程序不受影响,称为数据的( )。

A. 物理独立性 B. 逻辑独立性 C. 应用独立性 D. 空间独立性

186. 在 Access 2010 中,“文本”数据类型的字段最大为( )个字节。

A. 64 B. 128 C. 255 D. 256

187. ( )是表中唯一标识一条记录的字段。

A. 外键 B. 主键 C. 外码 D. 关系

188. “字段大小”属性用来控制允许输入字段的最大字符数,以下( )不属于常用的字段的大小。

A. OLE B. 整型 C. 长整型 D. 双精度型

189. 计算机处理的数据通常可以分为 3 类,其中反映事物数量的是( )。

A. 字符型数据 B. 数值型数据 C. 图形图像数据 D. 影音数据

190. 具有联系的相关数据按一定的方式组织排列.并构成一定的结构,这种结构即( )。

A. 数据模型 B. 数据库 C. 关系模型 D. 数据库管理系统

191. 使用 Access 按用户的应用需求设计的结构合理、使用方便、高效的数据库和配套的应用程序系统,属于一种( )。

A. 数据库 B. 数据库管理系统

C. 数据库应用系统 D. 数据模型

192. 当对关系 R 和 S 进行自然连接时,要求 R 和 S 含有一个或者多个共有的( )。

A. 记录 B. 行 C. 属性 D. 元组

193. 在 Access 2010 数据表设计选项卡中,数据类型不包括( )类型。

A. 文本 B. 逻辑 C. 数字 D. 备注

194. 用表设计选项卡来定义表的字段时,以下( )可以不设置内容。

A. 字段名称 B. 字段类型 C. 字段别名 D. 字段属性

195. 字段按其所存数据的不同而被分为不同的数据类型,“文本”数据类型用于存放( )。

A. 图片 B. 文字或数字数据

C. 文字数据 D. 数字数据

196. Access 2010 中,( )字段类型的长度由系统决定。

A. 是/否 B. 文本 C. 货币 D. 备注

197. 为数据库表建立索引时,索引的属性有几个取值( )。

A. 1 B. 2 C. 3 D. 4

198. 若实体 A 和 B 是一对多的联系,实体 B 和 C 是一对一的联系,则实体 A 和 C 的联系是( )。

A. 一对一 B. 多对一 C. 一对多 D. 多对多

199. 在 Access 中,如果一个字段中要保存长度多于 255 个字符的文本和数字的组合数据,选择( )数据类型。

A. 文本 B. 数字 C. 备注 D. 是/否

200. 在 Access 2010 中,在表设计选项卡下,不能对(　　)进行修改。
A. 表格中的字体　B. 字段的大小　C. 主键　D. 列标题

二、判断题

1. 作为桌面数据库,Access 2010 只支持单用户环境下的打开操作。(　　)

2. Access 2010 可以导入外部数据,包括来源于 Excel 文档的内容。(　　)

3. 在 Access 2010 中,可以直接建立空的数据库文件。(　　)

4. 在数据表的字段中,每个字段的域可填一个或多个值,视实际情况而定。(　　)

5. 在 Access 2010 中,可以根据模板建立数据库文件。(　　)

6. 若成绩表中包含了平时成绩、期末成绩的字段,若要直接在表中设置总评成绩字段,其值为:平时成绩×0.3+期末成绩×0.7。(　　)

7. 同一数据表字段间不能具有相互推导或计算的关系。(　　)

8. 在 Access 2010 中,可以根据一些数据文件直接建立数据库文件。(　　)

9. 在关系数据模型中,实体与实体之间的联系统一用二维表表示。(　　)

10. 同一个关系模型中可以出现值完全相同的两个元组。(　　)

11. 投影操作是对表进行水平方向的分割。(　　)

12. 在一个关系中不可能出现两个完全相同的元组是通过实体完整性规则实现的。(　　)

13. 在 Access 2010 建立数据库的表中,将年龄字段值限制在 18～25 岁。这种约束属于参照完整性约束。(　　)

14. 关系模型中有三类完整性约束,并且关系模型必须满足这三类完整性约束条件。(　　)

15. "通过输入数据创建表"方式建立的表结构既说明了表中字段的名称,也说明了每个字段的数据类型和字段属性。(　　)

16. 在 Access 2010 中,修改表结构在表设计选项卡中完成,编辑表记录只能在数据表选项卡中完成。(　　)

17. 在 Access 2010 中,格式属性既改变数据输出的形式,也改变其存储格式。(　　)

18. 在数据表选项卡中,每个字段的显示宽度受"字段大小"属性的影响,用户不能随意更改字段的显示宽度,以免造成数据丢失。(　　)

19. 在 Access 2010 中,任何数据类型的字段都可以建立索引以提高数据检索效率。(　　)

20. 数据表的复制既可以在不同数据库间复制,也可以在同一个数据库下复制。(　　)

21. 在 Access 2010 中不仅可按一个字段排序记录,也可以按多个字段排序记录。(　　)

22. 一对一的关系可以合并,多对多的关系可拆成两个一对多的关系,因此,表间关系可以都定义为一对多的关系。(　　)

23. 定义表间关系时,应设立一些准则,这些准则将有助于维护数据的完整性。参照完整性就是在输入、删除或更新记录时,为维持表之间已经定义的关系而须遵循的规则。(　　)

24. Access 2010 中可根据表来建立查询,但不可根据某一个查询来建立查询。（　　）
25. 在 Access 2010 中,SQL 视图用来显示与“设计”视图等效的 SQL 语句。（　　）
26. 查询的“数据表”视图看起来很像表,它们之间是没有什么差别的。（　　）
27. 使用选择查询可以从一个或多个表或查询中检索数据,可以对记录组或全部记录进行求总、计数等汇总运算。（　　）
28. 建立多表查询的两个表须有相同字段且通过该字段建立起两个表之间的关系。（　　）
29. 使用查询“设计”视图中的“条件”行,可以对查询中的全部记录或记录组计算一个或多个字段的统计值。使用“总计”行,可以添加影响计算结果的条件表达式。（　　）
30. Access 2010 支持一种特殊类型的总计查询,叫作交叉表查询。利用该查询,可以在类似电子表格的格式中查看计算值。（　　）
31. Access 2010 中建立交叉表查询的方法有使用交叉表向导和使用“设计”视图两种。（　　）
32. 使用“交叉表查询向导”建立交叉表查询时,使用的字段可以属于不同的表或查询。（　　）
33. 执行参数查询时,数据库系统显示所需参数的对话框,由用户输入相应的参数值。（　　）
34. 在 Access 2010 中,查询在运行过程中对原始表不能做任何修改。（　　）
35. 在 Access 2010 中,操作查询是指在一个操作中只能更改一条记录的查询。（　　）
36. Access 2010 中的查询准则主要有函数和表达式两种。（　　）
37. 使用 SQL 语言的 CREATE TABLE 命令可以直接建立表。（　　）
38. 在 SQL 中,ALTER 命令有两个选项,其中 MODIFY 用于修改字段的类型、宽度等,ADD 用于添加字段。（　　）
39. SQL 命令能在 Access 2010 中使用,也能在其他高级语言中使用。（　　）
40. 当进行多表查询时,既可用 JOIN 也可用 WHERE 来建立连接条件。（　　）
41. 进行数据查询时,不能指定查询结果标题,只能用字段名作标题。（　　）
42. SQL 可以用 UNION 将两个查询结果合并为一个查询结果。（　　）
43. 在 Access 2010 中,可以将查询结果送入一个新表中。（　　）
44. 在 Access 2010 中,用 SELECT 进行查询,结果可为字段值,也可为统计值。（　　）
45. 在 Access 2010 中,能显示多条记录的窗体只有表格式这种类型的窗体。（　　）

第十一章　信息安全技术基础

一、单选题

1. 下列关于计算机病毒的叙述中,正确的是（　　）。
   A. 反病毒软件可以查、杀所有种类的病毒
   B. 计算机病毒发作后,将对计算机硬件造成永久性的物理损坏

C. 反病毒软件必须随着新病毒的出现而升级,提高查、杀病毒的功能

D. 感染过计算机病毒的计算机具有对该病毒的免疫性

2. 下列叙述中,正确的是( )。

A. 所有计算机病毒只在可执行文件中传染

B. 计算机病毒主要通过读写移动存储器或 Internet 进行传播

C. 只要把带病毒的软盘片设置成只读状态,那么此盘片上的病毒就不会因读盘而传染给另一台计算机

D. 计算机病毒是由于软盘片表面不清洁而造成的

3. 计算机感染病毒的可能途径之一是( )。

A. 从键盘上输入数据

B. 随意运行外来的、未经消病毒软件严格审查的 U 盘或软盘上的软件

C. 所使用的 U 盘或软盘表面不清洁

D. 电源不稳定

4. 当磁盘上的文件感染病毒后,可采取的措施是( )。

A. 报废该磁盘　　B. 格式化该磁盘

C. 继续使用该磁盘　　D. 用防病毒软件清除磁盘上的病毒

5. 对计算机病毒说法错误的是( )。

A. 病毒是一种程序　　B. 病毒属于软件

C. 病毒发作有条件　　D. 病毒可毁坏 CPU

6. 网络安全的基本属性是( )。

A. 机密性　　B. 可用性　　C. 完整性　　D. 以上三项都是

7. 计算机病毒是计算机系统中一类隐藏在( )上蓄意破坏的捣乱程序。

A. 内存　　B. 软盘　　C. 存储介质　　D. 网络

8. 密码学的目的是( )。

A. 研究数据加密　　B. 研究数据解密　　C. 研究数据保密　　D. 研究信息安全

9. 网络安全是在分布网络环境中对( )提供安全保护。

A. 信息载体　　B. 信息处理与传输

C. 信息存储与访问　　D. 以上三项都是

10. 拒绝服务攻击的后果是( )。

A. 信息和应用程序不可用　　B. 系统宕机

C. 阻止通信　　D. 以上三项都是

11. 对目标的攻击威胁通常通过代理实现,而代理需要的特性包括( )。

A. 访问目标的能力　　B. 对目标发出威胁的动机

C. 有关目标的知识　　D. 以上三项都是

12. 威胁是一个可能破坏信息系统环境安全的动作或事件,威胁包括( )。

A. 目标　　B. 代理　　C. 事件　　D. 以上三项都是

13. 风险是丢失需要保护的( )的可能性,风险是( )和( )的综合结果。

A. 资产,攻击目标,威胁事件　　B. 设备,威胁,漏洞

C. 资产,威胁,漏洞　　D. 以上三项都不对

14. 一个组织的固定网络连接是由某些类型的(　　)接入的。

A. 无线通信线路　　B. 固定通信线路

C. 通信子网　　D. 以上均不正确

15. 最低级别的信息应该是(　　)。

A. 不公开的　　B. 加敏感信息标志的

C. 公开的　　D. 私有的

16. 下列对访问控制影响不大的是(　　)。

A. 主体身份　　B. 客体身份

C. 访问类型　　D. 主体与客体的类型

17. 基于通信双方共同拥有但是不为别人知道的秘密,利用计算机强大的计算能力,以该秘密作为加密和解密的密钥的认证是(　　)。

A. 公钥认证　　B. 零知识认证　　C. 共享密钥认证　　D. 口令认证

18. 在网络安全处理过程的评估阶段,需要从3个基本源搜集信息,即对组织的员工调查、文本检查和(　　)。

A. 风险分析　　B. 网络检验

C. 信息资产价值分析　　D. 物理检验

19. 数据保密性安全服务的基础理论是(　　)。

A. 数据完整性机制　　B. 数字签名机制

C. 访问控制机制　　D. 加密机制

20. 在ISO 7498-2中说明了访问控制服务应该采用(　　)安全机制。

A. 加密　　B. 路由管制　　C. 数字签名　　D. 访问控制

21. 数据完整性有两个方面:单个数据单元或字段的完整性和(　　)。

A. 数据单元流或字段流的完整性　　B. 无连接完整性

C. 选择字段无连接完整性　　D. 带恢复的连接完整性

22. 可以被数据完整性机制防止的攻击方式是(　　)。

A. 假冒源地址或用户的地址欺骗攻击　　B. 抵赖做过信息的递交行为

C. 数据中途被攻击者窃听获取　　D. 数据在途中被攻击者篡改或破坏

23. 以下不属于OSI安全管理活动的有(　　)。

A. 系统安全管理　　B. 安全服务管理

C. 路由管理　　D. 安全机制管理

24. (　　)属于Web中使用的安全协议。

A. PEM和SSL　　B. S-HTTP和S/MIME

C. SSL和S-HTTP　　D. S/MIME和SSL

25. 根据ISO 7498-2的安全体系,将选择字段连接完整性映射至TCP/IP协议集中的(　　)。

A. 网络接口　　B. 应用层　　C. 传输层　　D. 网络接口

26. 以下关于的通用结构的描述不正确的是(　　)。

A. 路由器和防火墙是一种通用结构　　B. 单个防火墙是一种通用结构

C. 双防火墙是一种通用结构　　D. 以上说法均不正确

27. 下列服务中,Internet 不提供的服务有(　　)。
A. HTTP 服务　B. Telnet 服务　C. Web 服务　D. 远程控制协议

28. 防火墙是一种(　　)隔离部件。
A. 物理　B. 逻辑
C. 物理及逻辑　D. 以上说法均不正确

29. 防火墙最基本的功能是(　　)。
A. 内容控制功能　B. 集中管理功能
C. 全面的日志功能　D. 访问控制功能

30. 以下有关数据包过滤局限性描述正确的是(　　)。
A. 能够进行内容级控制　B. 数据包过滤规则指定比较简单
C. 过滤规则不会存在冲突或漏洞　D. 有些协议不适合包过滤

31. 下列各项中,(　　)不是防火墙的特性。
A. 防火墙可以强化网络安全策略　B. 防火墙可以对网络进行监控
C. 集中的安全管理　D. 防火墙防范网络病毒

32. 密码猜测技术的原理主要是利用(　　)的方法猜测可能的明文密码。
A. 遴选　B. 枚举　C. 搜索　D. 穷举

33. (　　)主要是漏洞攻击技术和社会工程学攻击技术的综合应用。
A. 密码分析还原技术　B. 病毒或后门攻击技术
C. 拒绝服务攻击技术　D. 协议漏洞渗透技术

34. 查找防火墙最简便的方法是(　　)。
A. 对特定的默认端口执行扫描　B. 使用 trace route 这样的路由工具
C. ping 扫射　D. 以上均不正确

35. 黑客在真正入侵系统之前,通常都不会先进行(　　)工作。
A. 扫描　B. 窃取　C. 踩点　D. 查点

36. (　　)是指计算机系统具有的某种可能被入侵者恶意利用的属性。
A. 操作系统检测　B. 密码分析还原
C. IPSec　D. 计算机安全漏洞

37. 端口扫描最基本的方法是(　　)。
A. TCP ACK 扫描　B. TCP FIN 扫描
C. TCF connet 扫描　D. FTP 反弹扫描

38. 关于基于网络的入侵检测系统的优点描述不正确的是(　　)。
A. 可以提供实时的网络行为检测　B. 可以同时保护多台网络主机
C. 具有良好的隐蔽性　D. 检测性能不受硬件条件限制

39. 关于基于网络的入侵检测系统的特点的说明正确的是(　　)。
A. 防入侵欺骗的能力通常比较强　B. 检测性能不受硬件条件限制
C. 在交换式网络环境中难以配置　D. 不能处理加密后的数据

40. 目前病毒识别主要采用(　　)。
A. 特征判定技术和静态判定技术　B. 行为判定技术和动态判定错误
C. 特征判定技术和行为判定技术　D. 以上均不正确

41. 计算机病毒主要由(　　)等三种机制构成。

A. 潜伏机制、检测机制和表现机制　　B. 潜伏机制、传染机制和检测机制

C. 潜伏机制、传染机制和表现机制　　D. 检测机制、传染机制和表现机制

42. (　　)即非法用户利用合法用户的身份,访问系统资源。

A. 身份假冒　　B. 信息窃取　　C. 数据篡改　　D. 越权访问

43. 应用安全服务包括(　　)、机密性服务、完整性服务、访问控制服务、抗否认服务、审计跟踪服务和安全管理服务。

A. 连接机密性服务　　B. 鉴别服务

C. 无连接完整性　　D. 有交付证明的抗抵赖服务

44. 计算机系统的鉴别包括(　　)。

A. 用户标识认证　　B. 传输原发点的鉴别

C. 内容鉴别及特征检测　　D. 以上三项都正确

45. 技术安全需求集中在对(　　)的控制上,而技术安全控制的主要目标是保护组织信息资产的(　　)。

A. 计算机系统完整性　　B. 网络系统可用性

C. 应用程序机密性　　D. 以上三项都是

46. 安全基础设施的主要组成是(　　)。

A. 网络和平台　　B. 平台和物理设施

C. 物理设施和处理过程　　D. 以上三项都是

47. PKI 管理对象不包括(　　)。

A. ID 和口令　　B. 证书　　C. 密钥　　D. 证书撤销列表

48. 所有信息安全管理活动都应该在统一的(　　)指导下进行。

A. 风险评估原则　　B. 应急恢复原则　　C. 持续发展原则　　D. 策略

49. 以下不属于信息安全管理的具体对象的是(　　)。

A. 机构　　B. 人员　　C. 介质　　D. 风险

50. 信息安全管理策略的制定要依据(　　)的结果。

A. 应急恢复　　B. 安全分级　　C. 风险评估　　D. 技术选择

二、判断题

1. 信息网络的物理安全要从环境安全和设备安全两个角度来考虑。　(　　)

2. 计算机场地可以选择在公共区域人流量比较大的地方。　(　　)

3. 计算机场地可以选择在化工厂生产车间附近。　(　　)

4. 计算机场地在正常情况下温度保持在 18～28℃。　(　　)

5. 机房供电线路和动力、照明用电可以用同一线路。　(　　)

6. 只要手干净就可以直接触摸或者擦拔电路组件,不必有进一步的措施。　(　　)

7. 由于传输的内容不同,电力线可以与网络线同槽铺设。　(　　)

8. 有很高使用价值或很高机密程度的重要数据应采用加密等方法进行保护。　(　　)

9. 数据备份按数据类型划分可以分成系统数据备份和用户数据备份。　(　　)

10. Windows 防火墙能帮助阻止计算机病毒和蠕虫进入用户的计算机,但该防火墙不能检测或清除已经感染计算机的病毒和蠕虫。　(　　)

11. 数据库安全只依靠技术即可保障。 ( )

12. 通过采用各种技术和管理手段,可以获得绝对安全的数据库系统。 ( )

13. 防火墙是设置在内部网络与外部网络(如互联网)之间,实施访问控制策略的一个或一组系统。 ( )

14. 软件防火墙就是指个人防火墙。 ( )

15. 即使在企业环境中,个人防火墙作为企业纵深防御的一部分也是十分必要的。 ( )

16. 只要使用了防火墙,企业的网络安全就有了绝对的保障。 ( )

17. 防火墙规则集应该尽可能的简单,规则集越简单,错误配置的可能性就越小,系统就越安全。 ( )

18. 所有的漏洞都是可以通过打补丁来弥补的。 ( )

19. 通过网络扫描,可以判断目标主机的操作系统类型。 ( )

20. 在计算机上安装防病毒软件之后,就不必担心计算机受到病毒攻击。 ( )

21. 在安全模式下木马程序不能启动。 ( )

22. 大部分恶意网站所携带的病毒就是脚本病毒。 ( )

23. 利用互联网传播已经成为计算机病毒传播的一个发展趋势。 ( )

24. 运行防病毒软件可以帮助防止遭受网页仿冒欺诈。 ( )

25. 由于网络钓鱼通常利用垃圾邮件进行传播,因此,各种反垃圾邮件的技术也都可以用来反网络钓鱼。 ( )

26. 网络钓鱼的目标往往是细心选择的一些电子邮件地址。 ( )

27. 如果采用正确的用户名和口令成功登录网站,则证明这个网站不是仿冒的。 ( )

28. 在来自可信站点的电子邮件中输入个人或财务信息是安全的。 ( )

29. 可以采用内容过滤技术来过滤垃圾邮件。 ( )

30. 黑名单库的大小和过滤的有效性是内容过滤产品非常重要的指标。 ( )

31. 白名单方案规定邮件接收者只接收自己所信赖的邮件发送者所发送过来的邮件。 ( )

32. 对称密码体制的特征是:加密密钥和解密密钥完全相同,或者一个密钥很容易从另一个密钥中导出。 ( )

33. 公钥密码体制算法用一个密钥进行加密,而用另一个不同但有关的密钥进行解密。 ( )

34. 公钥密码体制有两种基本的模型:一种是加密模型,另一种是认证模型。 ( )

35. PKI 是利用公开密钥技术构建的、解决网络安全问题的、常用的一种基础设施。 ( )

36. 防火墙安全策略一旦设定,就不能在再做任何改变。 ( )

37. 入侵检测技术是用于检测任何损害或企图损害系统的机密性、完整性或可用性等行为的一种网络安全技术。 ( )

38. 主动响应和被动响应是相互对立的,不能同时采用。 ( )

39. 防火墙是在网络环境中的访问控制技术应用。 ( )

40. 针对入侵者采取措施是主动响应中最好的响应措施。（　）
41. 在早期大多数的入侵检测系统中，入侵响应都属于被动响应。（　）
42. 性能“瓶颈”是当前入侵防御系统面临的一个挑战。（　）
43. 与入侵检测系统不同，入侵防御系统采用在线(online)方式运行。（　）
44. 入侵检测系统可以弥补企业安全防御系统中的安全缺陷和漏洞。（　）
45. 可以通过技术手段，一次性弥补所有的安全漏洞。（　）

参考答案

第一章　计算机概述

一、单选题

1.～5. ACACD　6.～10. CDBCB　11.～15. BDBCD　16.～20. CAADC
21.～25. AABDB　26.～30. BCDDD　31.～35. DCCDB　36.～40. BBDCD
41.～45. ABDCB　46.～50. ABACB　51.～55. AABBC

二、判断题

1. ×　2. ×　3. ×　4. ×　5. √　6. √　7. ×　8. √
9. ×　10. √　11. ×　12. √

第二章　计算机中信息的表示与运算

一、单选题

1.～5. BAABD　6.～10. ABBBD　11.～15. DDABC　16.～20. CBBDD
21.～25. ABACB　26.～30. BACCC　31.～35. ACCBD　36.～40. BAAAD
41.～45. BAAAD　46.～50. BABCA　51.～55. DDABA　56.～60. CBBCB
61.～65. BDBCD

二、判断题

1. √　2. ×　3. ×　4. ×　5. ×　6. ×　7. ×　8. ×
9. √　10. √　11. √　12. ×　13. √　14. √　15. √　16. ×
17. √　18. √　19. ×　20. √

第三章　计算机硬件系统基础

一、单选题

1.～5. ACABC　6.～10. ADACD　11.～15. CAABB　16.～20. CCADC
21.～25. ACABA　26.～30. BBCBD　31.～35. ADBCD　36.～40. CDBDD
41.～45. DBCCC　46.～50. DAABB　51.～55. DCBCC　56.～60. DCAAC
61.～65. AACAB　66.～70. CCBCA　71.～75. DBABC

二、判断题

1. √　2. √　3. ×　4. ×　5. ×　6. ×　7. √　8. √
9. √　10. ×　11. ×　12. √　13. ×　14. √　15. √　16. ×

17. √ 18. √ 19. √ 20. √ 21. √ 22. √ 23. √ 24. √
25. √

第四章 计算机软件系统基础

一、单选题

1.～5. ACCBB 6.～10. CBCDC 11.～15. ADCCA 16.～20. ABABB
21.～25. DDDDB 26.～30. BCDCC 31.～35. BCCBB 36.～40. CBDAD
41.～45. BBCBC 46.～50. CBCCB 51.～55. CBBBD 56.～60. BADBD
61.～65. ACBDD 66.～70. CCDDC 71.～75. ADADD 76.～80. ADBBC
81.～85. DDCCC 86.～90. DADBC 91.～95. CDCBD 96.～100. CCCAC
101.～105. CCCAB 106.～110. BBCBD 111.～115. CBBDA 116.～120. CADDB
121.～125. CDDAB 126.～130. BCDAA 131.～135. BABAB 136.～140. DCCAB
141.～145. CACAB 146.～150. ABADB 151.～155. CBADB 156.～160. CBCCD
161.～165. BBAAC 166.～170. ADDDA 171.～175. DCBDC 176.～180. CBCBA
181.～185. DDACB 186.～190. BBBDA 191.～195. DDDBA 196.～200. CBCDC

二、判断题

1. √ 2. √ 3. × 4. √ 5. √ 6. × 7. √ 8. √
9. √ 10. × 11. × 12. × 13. × 14. × 15. √ 16. ×
17. × 18. √ 19. × 20. × 21. √ 22. √ 23. √ 24. ×
25. × 26. √ 27. √ 28. √ 29. √ 30. √ 31. × 32. ×
33. √ 34. √ 35. √ 36. × 37. √ 38. √ 39. √ 40. √
41. √ 42. × 43. √ 44. × 45. √

第五章 文字处理基础

一、单选题

1.～5. DCDCB 6.～10. BABAA 11.～15. CCACB 16.～20. DDBCB
21.～25. ACCBD 26.～30. CBDBC 31.～35. AAAAC 36.～40. BBDBA
41.～45. ABDDA 46.～50. BACBB 51.～55. BCDDD 56.～60. BCACD
61.～65. ADDCC 66.～70. DACBD 71.～75. DACBB 76.～80. ABBCC
81.～85. ACCCD 86.～90. AAABB 91.～95. DBBCA 96.～100. DBDDB
101.～105. CABCD 106.～110. DBCCB 111.～115. DBAAB 116.～120. DBBCA
121.～125. ACAAD 126.～130. DDCCA 131.～135. BDBAC 136.～140. DCDBA
141.～145. BDCCD 146.～150. CDBDD 151.～155. ABADA 156.～160. CDCDC
161.～165. DBBDC 166.～170. DCAAA 171.～175. BDCBD 176.～180. BCDDA
181.～185. ABABB 186.～190. ADDAD 191.～195. DCADD 196.～200. BDBAC

二、判断题

1. × 2. √ 3. √ 4. √ 5. × 6. × 7. √ 8. ×
9. × 10. √ 11. √ 12. √ 13. √ 14. × 15. × 16. ×
17. × 18. √ 19. √ 20. × 21. √ 22. × 23. √ 24. √

25. √　26. √　27. √　28. ×　29. ×　30. √　31. √　32. √
33. ×　34. √　35. √　36. ×　37. ×　38. √　39. √　40. √
41. ×　42. √　43. ×　44. √　45. √

第六章　电子表格处理基础

一、单选题

1. ～5. BDCBA　6. ～10. CDAAC　11. ～15. ABDBD　16. ～20. CBAAA
21. ～25. ACDBC　26. ～30. BACAC　31. ～35. ACCBD　36. ～40. DDBBC
41. ～45. BDDCD　46. ～50. BBCBD　51. ～55. BBACB　56. ～60. CDBAC
61. ～65. BCAAC　66. ～70. ABBBC　71. ～75. DABAD　76. ～80. DACDD
81. ～85. CDDCA　86. ～90. BBBCA　91. ～95. ABBDD　96. ～100. CACBC
101. ～105. DCAAD　106. ～110. DADDA　111. ～115. BDADC　116. ～120. CACDD
121. ～125. CDDBC　126. ～130. AADCB　131. ～135. BABCD　136. ～140. ADBCA
141. ～145. ADBBA　146. ～150. BCBAC　151. ～155. DDCCA　156. ～160. CAACC
161. ～165. DADCB　166. ～170. DADCB　171. ～175. CCCDD　176. ～180. CBCBB
181. ～185. DCADB　186. ～190. DDCCD　191. ～195. DAABA　196. ～200. DADAD

二、判断题

1. √　2. ×　3. √　4. ×　5. √　6. ×　7. √　8. ×
9. √　10. ×　11. √　12. ×　13. √　14. √　15. ×　16. √
17. ×　18. ×　19. ×　20. ×　21. √　22. ×　23. ×　24. √
25. ×　26. ×　27. ×　28. ×　29. √　30. √　31. √　32. √
33. √　34. ×　35. √　36. √　37. ×　38. √　39. √　40. ×
41. ×　42. ×　43. √　44. √　45. ×

第七章　演示文稿制作基础

一、单选题

1. ～5. BBDDA　6. ～10. BDCCD　11. ～15. CDDAD　16. ～20. BDAAB
21. ～25. ADACC　26. ～30. DCDCC　31. ～35. BBADD　36. ～40. CADBA
41. ～45. DDBDA　46. ～50. BABDC　51. ～55. AADCD　56. ～60. ACCBD
61. ～65. BBCBA　66. ～70. BADDB　71. ～75. DBCCA　76. ～80. AACDC
81. ～85. BBDBB　86. ～90. DABDC　91. ～95. BCDAD　96. ～100. ACAAD
101. ～105. DBABA　106. ～110. CCCAD　111. ～115. CCBBA　116. ～120. CAADD
121. ～125. BABAB　126. ～130. CCDDC　131. ～135. AAACD　136. ～140. CDDBA
141. ～145. ACDBC　146. ～150. CDBCB　151. ～155. ACAAA　156. ～160. BCBCA
161. ～165. CBCBC　166. ～170. DBDCD　171. ～175. ABCCD　176. ～180. CADDC
181. ～185. BACAB　186. ～190. CAABB　191. ～195. DCDAD　196. ～200. ADCAC

二、判断题

1. ×　2. √　3. ×　4. ×　5. √　6. ×　7. √　8. √
9. ×　10. ×　11. √　12. √　13. √　14. ×　15. ×　16. ×

17. × 18. √ 19. × 20. √ 21. √ 22. × 23. √ 24. ×
25. × 26. √ 27. √ 28. √ 29. × 30. √ 31. × 32. ×
33. √ 34. √ 35. × 36. √ 37. √ 38. √ 39. × 40. ×
41. × 42. √ 43. × 44. × 45. √

第八章　计算机网络与 Internet 基础

一、单选题

1.～5. DCBCB 6.～10. CAACC 11.～15. ACCAC 16.～20. BDBCB
21.～25. BDDCB 26.～30. CCABA 31.～35. BDBBC 36.～40. BAADB
41.～45. ACDBB 46.～50. ABAAA 51.～55. CACDC 56.～60. CCCDA
61.～65. BCBBD 66.～70. ACAAB 71.～75. BABDB 76.～80. DDAAB
81.～85. AAADA 86.～90. DAAAC 91.～95. ABABC 96.～100. CACBD
101.～105. BDABC 106.～110. DDBCD 111.～115. AACCB 116.～120. ADDCA
121.～125. BDBAB 126.～130. CDCAC 131.～135. ABCAB 136.～140. BACDB
141.～145. AADDA 146.～150. CDABA 151.～155. DDBBD 156.～160. BACDA
161.～165. CDADD 166.～170. BDCDC 171.～175. BABAB 176.～180. CABDA
181.～185. BBDAC 186.～190. CADAA 191.～195. BCADB 196.～200. CADBD

二、判断题

1. × 2. √ 3. √ 4. √ 5. √ 6. × 7. × 8. √
9. √ 10. √ 11. × 12. √ 13. √ 14. × 15. √ 16. √
17. √ 18. √ 19. × 20. √ 21. √ 22. × 23. √ 24. ×
25. √ 26. × 27. √ 28. √ 29. × 30. × 31. √ 32. √
33. √ 34. √ 35. × 36. √ 37. √ 38. × 39. √ 40. ×
41. × 42. × 43. √ 44. × 45. √

第九章　软件工程与程序设计基础

一、单选题

1.～5. DDAAC 6.～10. BCBBC 11.～15. DABBD 16.～20. CCADC
21.～25. BACCA 26.～30. BCBDD 31.～35. DCBBC 36.～40. CDABB
41.～45. BDBDB 46.～50. CBACC 51.～55. ADDCC 56.～60. ACABB
61.～65. ADBAB 66.～70. DCAAD 71.～75. BABDA 76.～80. CDCAB
81.～85. CCBDA 86.～90. BACBB 91.～95. DDDAD 96.～100. DDBBA
101.～105. CDDCB 106.～110. CAADB 111.～115. CCACD 116.～120. ABACA
121.～125. DCADC 126.～130. CDABC 131.～135. DCACB 136.～140. BCDDC
141.～145. BADDB 146.～150. ABBBB 151.～155. CCBBB 156.～160. CCBCA
161.～165. DCCBA 166.～170. DCACB 171.～175. BABDB 176.～180. DAAAB
181.～185. ABABD 186.～190. CDBAB 191.～195. CBCCA 196.～200. DCCDB

二、判断题

1. × 2. √ 3. √ 4. √ 5. × 6. √ 7. × 8. √

9. √ 10. √ 11. √ 12. × 13. × 14. × 15. √ 16. ×
17. × 18. √ 19. √ 20. √ 21. × 22. × 23. × 24. √
25. × 26. √ 27. × 28. × 29. √ 30. √ 31. √ 32. √
33. √ 34. × 35. × 36. √ 37. × 38. × 39. × 40. √
41. √ 42. √ 43. × 44. √ 45. ×

第十章 数据库与 Access 2010 应用基础

一、单选题

1.～5. ABCAC 6.～10. DBBBD 11.～15. DBDBC 16.～20. CDBBB
21.～25. ABABB 26.～30. AADAB 31.～35. CDCDA 36.～40. ACCCA
41.～45. CCDAA 46.～50. CAACD 51.～55. CDBCB 56.～60. DDCCD
61.～65. BCACB 66.～70. DADAA 71.～75. DDDBD 76.～80. BDDBD
81.～85. DACCD 86.～90. CDDAD 91.～95. DACDC 96.～100. BCCBD
101.～105. ABDCB 106.～110. CAADA 111.～115. BADBC 116.～120. CDBAB
121.～125. AABDD 126.～130. BDBDA 131.～135. CCCBC 136.～140. ACBCD
141.～145. ACADB 146.～150. DBACB 151.～155. CDABB 156.～160. DDCDB
161.～165. BDDAA 166.～170. ABBBD 171.～175. BBADC 176.～180. ACDCB
181.～185. DBCBB 186.～190. CBABA 191.～195. CDBCB 196.～200. ACCCA

二、判断题

1. × 2. √ 3. √ 4. × 5. √ 6. × 7. √ 8. √
9. √ 10. × 11. × 12. √ 13. × 14. × 15. × 16. √
17. × 18. × 19. × 20. √ 21. √ 22. √ 23. √ 24. ×
25. √ 26. × 27. √ 28. √ 29. × 30. √ 31. √ 32. √
33. √ 34. × 35. × 36. × 37. √ 38. × 39. √ 40. √
41. × 42. √ 43. √ 44. √ 45. ×

第十一章 信息安全技术基础

一、单选题

1.～5. CBBDB 6.～10. DCCDD 11.～15. DDCBD 16.～20. CDDDD
21.～25. ADCCB 26.～30. ADBDD 31.～35. ADBAB 36.～40. DCDCC
41.～45. CABDD 46.～50. DADDC

二、判断题

1. √ 2. × 3. × 4. √ 5. × 6. × 7. × 8. √
9. √ 10. √ 11. × 12. × 13. √ 14. × 15. √ 16. ×
17. √ 18. × 19. √ 20. × 21. × 22. √ 23. √ 24. √
25. √ 26. √ 27. × 28. × 29. √ 30. √ 31. √ 32. √
33. √ 34. √ 35. √ 36. × 37. √ 38. × 39. √ 40. ×
41. √ 42. √ 43. √ 44. × 45. ×

第三部分

Office 2010 综合练习

一、综合练习的目的

Office 2010 应用水平需要认真钻研、反复练习、联系实际才能得到全面提高。全国计算机等级考试的二级 Office 科目的设立，在很大程度上就是对考生的 Office 2010 应用水平的一种测试。为了提高学生的 Office 2010 应用水平，我们以全国计算机等级考试二级 Office 大纲为基础，给出了多套包含字处理、电子表格和演示文稿的二级 Office 模拟试题。

二、综合练习的题型及素材

Office 2010 综合练习包括三套 Office 操作题，每套操作题中包含了一个字处理题、一个电子表格题和一个演示文稿题，其内容符合全国计算机等级考试二级 Office 考试大纲要求，可作为全国计算机等级考试二级 Office 的考前训练和复习。

本教材只给出了每套综合练习的题干部分和操作提示部分，综合练习题涉及的文档和素材文件，不能编辑在本书中，我们将以压缩包的形式提供，或在学校的实验机房中，将其存储在"C:\大学计算机基础实验资源\Office 2010 综合练习"文件夹中，其中，01 文件夹即第一套综合练习题的文档和素材文件的文件夹，02 文件夹即第二套综合练习题的文档和素材文件的文件夹，03 文件夹即第三套综合练习题的文档和素材文件的文件夹。

读者在训练时，可将 01、02 和 03 文件夹复制到自己的实验文件夹中，作为综合练习目标文件夹。这样做的好处是可以很好地保护综合练习涉及的原始文档和素材文件。

三、综合练习题目

1. 综合练习 01 套

(1) 字处理题

请进入 01 目标文件夹，并按照题目要求完成下面的操作。注意，以下的文件必须保存在目标文件夹下。

在目标文件夹下打开文档 Word.docx。

某高校学生会计划举办一场“大学生网络创业交流会”的活动，拟邀请部分专家和老师给在校学生进行演讲。因此，校学生会外联部需制作一批邀请函，并分别递送给相关的专家和老师。

请按如下要求，完成邀请函的制作。

① 调整文档版面，要求页面高度18厘米、宽度30厘米，页边距(上、下)为2厘米，页边距(左、右)为3厘米。

② 将目标文件夹下的图片“背景图片.jpg”设置为邀请函背景。

③ 根据“Word-邀请函参考样式.docx”文件，调整邀请函中内容文字的字体、字号和颜色。

④ 调整邀请函中内容文字段落对齐方式。

⑤ 根据页面布局需要，调整邀请函中“大学生网络创业交流会”和“邀请函”两个段落的间距。

⑥ 在“尊敬的”和“(老师)”文字之间，插入拟邀请的专家和老师姓名，拟邀请的专家和老师姓名在目标文件夹下的“通讯录.xlsx ”文件中。每页邀请函中只能包含1位专家或老师的姓名，所有的邀请函页面请另外保存在一个名为“Word-邀请函.docx”文件中。

⑦ 邀请函文档制作完成后，请保存“Word.docx”文件。

(2) 电子表格题

请进入01目标文件夹，并按照题目要求完成下面的操作。注意，以下的文件必须保存在目标文件夹下。

小李今年毕业后，在一家计算机图书销售公司担任市场部助理，主要的工作职责是为部门经理提供销售信息的分析和汇总。

请根据销售数据报表(“Excel.xlsx”文件)，按照如下要求完成统计和分析工作。

① 请对“订单明细表”工作表进行格式调整，通过套用表格格式方法将所有的销售记录调整为一致的外观格式，并将“单价”列和“小计”列所包含的单元格调整为“会计专用”(人民币)数字格式。

② 根据图书编号，请在“订单明细表”工作表的“图书名称”列中，使用VLOOKUP函数完成图书名称的自动填充。“图书名称”和“图书编号”的对应关系在“编号对照”工作表中。

③ 根据图书编号，请在“订单明细表”工作表的“单价”列中，使用VLOOKUP函数完成图书单价的自动填充。“单价”和“图书编号”的对应关系在“编号对照”工作表中。

④ 在“订单明细表”工作表的“小计”列中，计算每笔订单的销售额。

⑤ 根据“订单明细表”工作表中的销售数据，统计所有订单的总销售金额，并将其填写在“统计报告”工作表的B3单元格中。

⑥ 根据“订单明细表”工作表中的销售数据，统计《MS Office高级应用》图书在2012年的总销售额，并将其填写在“统计报告”工作表的B4单元格中。

⑦ 根据“订单明细表”工作表中的销售数据，统计隆华书店在2011年第3季度的总销售额，并将其填写在“统计报告”工作表的B5单元格中。

⑧ 根据“订单明细表”工作表中的销售数据，统计隆华书店在2011年的每月平均销售额(保留两位小数)，并将其填写在“统计报告”工作表的B6单元格中。

⑨ 保存“Excel.xlsx”文件。

(3) 演示文稿题

请进入 01 目标文件夹,并按照题目要求完成下面的操作。注意,以下的文件必须保存在目标文件夹下。

为了更好地控制教材编写的内容、质量和流程,小李负责起草了图书策划方案(请参考"图书策划方案.docx"文件)。他需要将图书策划方案 Word 文档中的内容制作为可以向教材编委会进行展示的 PowerPoint 演示文稿。

现在,请根据图书策划方案(请参考"图书策划方案.docx"文件)中的内容,按照如下要求完成演示文稿的制作。

① 创建一个新演示文稿,内容需要包含"图书策划方案.docx"文件中所有讲解的要点,包括以下几点。

a. 演示文稿中的内容编排,需要严格遵循 Word 文档中的内容顺序,并仅需要包含 Word 文档中应用了"标题 1"、"标题 2"、"标题 3"样式的文字内容。

b. Word 文档中应用了"标题 1"样式的文字,需要成为演示文稿中每页幻灯片的标题文字。

c. Word 文档中应用了"标题 2"样式的文字,需要成为演示文稿中每页幻灯片的第一级文本内容。

d. Word 文档中应用了"标题 3"样式的文字,需要成为演示文稿中每页幻灯片的第二级文本内容。

② 将演示文稿中的第一页幻灯片,调整为"标题幻灯片"版式。

③ 为演示文稿应用一个美观的主题样式。

④ 在标题为"2012 年同类图书销量统计"的幻灯片页中,插入一个 6 行、5 列的表格,列标题分别为"图书名称"、"出版社"、"作者"、"定价"、"销量"。

⑤ 在标题为"新版图书创作流程示意"的幻灯片页中,将文本框中包含的流程文字利用 SmartArt 图形展现。

⑥ 在该演示文稿中创建一个演示方案,该演示方案包含第 1、2、4、7 页幻灯片,并将该演示方案命名为"放映方案 1"。

⑦ 在该演示文稿中创建一个演示方案,该演示方案包含第 1、2、3、5、6 页幻灯片,并将该演示方案命名为"放映方案 2"。

⑧ 保存制作完成的演示文稿,并将其命名为 PowerPoint.pptx。

2. 综合练习 02 套

(1) 字处理题

请进入 02 目标文件夹,并按照题目要求完成下面的操作。注意,以下的文件必须保存在目标文件夹下。

在目标文件夹下打开文档 Word.docx,按照要求完成下列操作并以该文件名 Word.docx 保存文档。

某高校为了使学生更好地进行职场定位和职业准备,增强就业能力,该校学工处将于 2013 年 4 月 29 日(星期五)19:30-21:30 在校国际会议中心举办题为"领慧讲堂—大学生人生规划"就业讲座,特别邀请资深媒体人、著名艺术评论家赵蕈先生担任演讲嘉宾。

请根据上述活动的描述,利用 Microsoft Word 制作一份宣传海报(宣传海报的参考样式请参考"Word-海报参考样式.docx"文件),要求如下。

① 调整文档版面，要求页面高度35厘米，页面宽度27厘米，页边距(上、下)为5厘米，页边距(左、右)为3厘米，并将目标文件夹下的图片"Word-海报背景图片.jpg"设置为海报背景。

② 根据"Word-海报参考样式.docx"文件，调整海报内容文字的字号、字体和颜色。

③ 根据页面布局需要，调整海报内容中"报告题目"、"报告人"、"报告日期"、"报告时间"、"报告地点"信息的段落间距。

④ 在"报告人："位置后面输入报告人姓名(赵蕈)。

⑤ 在"主办：校学工处"位置后另起一页，并设置第2页的页面纸张大小为A4篇幅，纸张方向设置为"横向"，页边距为"普通"页边距定义。

⑥ 在新页面的"日程安排"段落下面，复制本次活动的日程安排表(请参考"Word-活动日程安排.xlsx"文件)，要求表格内容引用Excel文件中的内容，如若Excel文件中的内容发生变化，Word文档中的日程安排信息随之发生变化。

⑦ 在新页面的"报名流程"段落下面，利用SmartArt，制作本次活动的报名流程(学工处报名、确认座席、领取资料、领取门票)。

⑧ 设置"报告人介绍"段落下面的文字排版布局为参考示例文件中所示的样式。

⑨ 更换报告人照片为目标文件夹下的Pic 2.jpg照片，将该照片调整到适当位置，并不要遮挡文档中的文字内容。

⑩ 保存本次活动的宣传海报设计为Word.docx。

(2) 电子表格题

请进入02目标文件夹，并按照题目要求完成下面的操作。注意，以下的文件必须保存在目标文件夹下。

小蒋是一位中学教师，在教务处负责初一年级学生的成绩管理。由于学校地处偏远地区，缺乏必要的教学设施，只有一台配置不太高的PC可以使用。他在这台电脑中安装了Microsoft Office，决定通过Excel来管理学生成绩，以弥补学校缺少数据库管理系统的不足。现在，第一学期期末考试刚刚结束，小蒋将初一年级3个班的成绩均录入了文件名为"学生成绩单.xlsx"的Excel工作簿文档中。

请根据下列要求帮助小蒋老师对该成绩单进行整理和分析。

① 对工作表"第一学期期末成绩"中的数据列表进行格式化操作：将第一列"学号"列设为文本，将所有成绩列设为保留两位小数的数值；适当加大行高列宽，改变字体、字号，设置对齐方式，增加适当的边框和底纹以使工作表更加美观。

② 利用"条件格式"功能进行下列设置：将语文、数学、英语3科中不低于110分的成绩所在的单元格以一种颜色填充，其他4科中高于95分的成绩以另一种字体颜色标出，所用颜色深浅以不遮挡数据为宜。

③ 利用SUM和AVERAGE函数计算每一个学生的总分及平均成绩。

④ 学号第3、4位代表学生所在的班级，例如：120105代表12级1班5号。请通过函数提取每个学生所在的班级并按下列对应关系填写在"班级"列中。

"学号"的3、4位对应班级：

01　　1班

02　　2班

03　　3班

⑤ 复制工作表“第一学期期末成绩”,将副本放置到原表之后;改变该副本表标签的颜色,并重新命名,新表名需包含“分类汇总”字样。

⑥ 通过分类汇总功能求出每个班各科的平均成绩,并将每组结果分页显示。

⑦ 以分类汇总结果为基础,创建一个簇状柱形图,对每个班各科平均成绩进行比较,并将该图表放置在一个名为“柱状分析图”新工作表中。

(3) 演示文稿题

请进入02目标文件夹,并按照题目要求完成下面的操作。注意,以下的文件必须保存在目标文件夹下。

文慧是新东方学校的人力资源培训讲师,负责对新入职的教师进行入职培训,其PowerPoint演示文稿的制作水平广受好评。最近,她应北京节水展馆的邀请,为展馆制作一份宣传水知识及节水工作重要性的演示文稿。

节水展馆提供的文字资料及素材参见“水资源利用与节水(素材).docx”,制作要求如下。

① 标题页包含演示主题、制作单位(北京节水展馆)和日期(××××年××月××日)。

② 演示文稿须指定一个主题,幻灯片不少于5页,且版式不少于3种。

③ 演示文稿中除文字外要有两张以上的图片,并有两个以上的超链接进行幻灯片之间的跳转。

④ 动画效果要丰富,幻灯片切换效果要多样。

⑤ 演示文稿播放的全程需要有背景音乐。

⑥ 将制作完成的演示文稿以“水资源利用与节水.pptx”为文件名进行保存。

3. 综合练习03套

(1) 字处理题

请进入03目标文件夹,并按照题目要求完成下面的操作。注意,以下的文件必须保存在目标文件夹下。

在目标文件夹下打开文档Word.docx,按照要求完成下列操作并以该文件名(Word.docx)保存文件。按照参考样式“word参考样式.gif”完成设置和制作,具体要求如下。

① 设置页边距为上下左右各2.7厘米,装订线在左侧;设置文字水印页面背景,文字为“中国互联网信息中心”,水印版式为斜式。

② 设置第一段落文字“中国网民规模达5.64亿”为标题;设置第二段落文字“互联网普及率为42.1%”为副标题;改变段间距和行间距(间距单位为行),使用“独特”样式修饰页面;在页面顶端插入“边线型提要栏”文本框,将第三段文字“中国经济网北京1月15日讯中国互联网信息中心今日发布《第31展状况统计报告》”。移入文本框内,设置字体、字号、颜色等;在该文本的最前面插入类别为“文档信息”、名称为“新闻提要”域。

③ 设置第四至第六段文字,要求首行缩进两个字符。将第四至第六段的段首“《报告》显示”和“《报告》表示”设置为斜体、加粗、红色、双下划线。

④ 将文档“附:统计数据”后面的内容转换成2列9行的表格,为表格设置样式;将表格的数据转换成簇状柱形图,插入文档中“附:统计数据”的前面,保存文档。

(2) 电子表格题

请进入03目标文件夹,并按照题目要求完成下面的操作。注意,以下的文件必须保存在目标文件夹下。

在目标文件夹下打开工作簿 Excel.xlsx,按照要求完成下列操作并以该文件名(Excel.xlsx)保存工作簿。

某公司拟对其产品季度销售情况进行统计,打开"Excel.xlsx"文件,按以下要求操作。

① 分别在"一季度销售情况表"、"二季度销售情况表"工作表内,计算"一季度销售额"列和"二季度销售额"列内容,均为数值型,保留小数点后 0 位。

② 在"产品销售汇总图表"内,计算"一二季度销售总量"和"一二季度销售总额"列内容,数值型,保留小数点后 0 位;在不改变原有数据顺序的情况下,按一二季度销售总额给出销售额排名。

③ 选择"产品销售汇总图表"内 A1:E21 单元格区域内容,建立数据透视表,行标签为"产品型号",列标签为"产品类别代码",求和计算一二季度销售额的总计,将表置于现工作表 G1 为起点的单元格区域内。

(3) 演示文稿题

请进入 03 目标文件夹,并按照题目要求完成下面的操作。注意,以下的文件必须保存在目标文件夹下。

打开目标文件夹下的演示文稿 yswg.pptx,根据目标文件夹下的文件"PPT-素材.docx",按照下列要求完善此文稿并保存。

① 使文稿包含 7 张幻灯片,设计第一张为"标题幻灯片"版式,第二张为"仅标题"版式,第三到第六张为"两栏内容"版式,第七张为"空白"版式;所有幻灯片统一设置背景样式,要求有预设颜色。

② 第一张幻灯片标题为"计算机发展简史",副标题为"计算机发展的四个阶段";第二张幻灯片标题为"计算机发展的 4 个阶段";在标题下面空白处插入 SmartArt 图形,要求含有 4 个文本框,在每个文本框中依次输入"第一代计算机",……,"第四代计算机",更改图形颜色,适当调整字体字号。

③ 第三张至第六张幻灯片,标题内容分别为素材中各段的标题;左侧内容为各段的文字介绍,加项目符号,右侧为目标文件夹下存放相对应的图片,第六张幻灯片需插入两张图片("第四代计算机-1.jpg"在上,"第四代计算机-2.jpg"在下);在第七张幻灯片中插入艺术字,内容为"谢谢!"。

④ 为第一张幻灯片的副标题、第三到第六张幻灯片的图片设置动画效果,第二张幻灯片的 4 个文本框超链接到相应内容幻灯片;为所有幻灯片设置切换效果。

四、综合练习操作提示

1. 综合练习 01 套　字处理题操作提示

(1) 打开目标文件夹下的 Word.docx 文档。

(2) 单击"页面布局"选项卡"页面设置"组中的"对话框启动器"按钮,在弹出的"页面设置"对话框中,切换至"纸张"选项卡,将高度设置为 18 厘米,宽度设置为 30 厘米。

(3) 切换至"页边距"选项卡,将上、下页边距设置为 2 厘米,左、右页边距设置为 3 厘米。设置完毕后,单击"确定"按钮即可。

(4) 单击“页面布局”选项卡“页面背景”组中的“页面颜色”下拉按钮,在弹出的下拉列表中选择“填充效果”,弹出“填充效果”对话框,切换至“图片”选项卡。

(5) 单击“选择图片”按钮,弹出“选择图片”对话框,从目标文件夹中选择“背景图片.jpg”,单击“插入”按钮,单击“确定”按钮,即可完成操作。

(6) 首先打开“Word-邀请函参考样式.docx”文件,看清楚所规定的各种样式。选中标题(第1、2段落),单击“开始”选项卡中“段落”组中的“居中”按钮。

(7) 选择“大学生网络创业交流会”,单击“开始”选项卡“字体”组中的“对话框启动器”按钮,弹出“字体”对话框,切换至“字体”选项卡,设置中文字体为“微软雅黑”、字号为“一号”、颜色为“蓝色”,单击“确定”按钮。

(8) 选择“邀请函”,以(7)相同的方式,设置中文字体为“微软雅黑”、字号为“一号”、颜色为“自动”。

(9) 选择文档中的其余部分,设置字体为“微软雅黑”、字号为“五号”、颜色为“自动”。

(10) 选择正文部分(第4、5段落),单击“开始”选项卡中“段落”组中的“对话框启动器”按钮,弹出“段落”对话框,切换至“缩进和间距”选项卡,单击“缩进”组中的“特殊格式”下拉按钮,在弹出的下拉列表中选择“首行缩进”;在“磅值”微调框中输入“2字符”,单击“确定”按钮。

(11) 选择文档的最后两个段落,单击“开始”选项卡中“段落”组中的“文本右对齐”按钮。

(12) 选择标题(第一、二段落),单击“开始”选项卡中“段落”组中的“对话框启动器”按钮,弹出“段落”对话框,切换至“缩进和间距”选项卡,在“间距”组中分别设置“段前”和“段后”为“0.5行”,单击“确定”按钮。

(13) 把插入光标定位在“尊敬的”和“(老师)”文字之间,选择“邮件”选项卡,在“开始邮件合并”组中单击“开始邮件合并”下拉按钮,在弹出的下拉列表中选择“邮件合并分步向导”。

(14) 进入邮件合并的第一步,在弹出的“邮件合并”向导对话框中,选择“选择文档类型”为“信函”,然后,单击“下一步正在启动文档”超链接。

(15) 进入邮件合并的第二步,在“选择开始文档”区域选择“使用当前文档”,然后,单击“下一步选取收件人”超链接。

(16) 进入邮件合并的第三步,在“选择收件人”区域选择“使用现有列表”,然后,单击“浏览”超链接,在弹出的“选取数据源”中选择目标文件夹中的“通讯录.xlsx”文档,单击“打开”按钮,在弹出的“选择表格”对话框中选择“通讯录$”,单击“确定”按钮,在弹出的“邮件合并收件人”对话框中单击“确定”按钮;然后,单击“下一步撰写信函”超链接。

(17) 进入邮件合并的第四步,在“撰写信函”区域选择“其他项目”超链接,在弹出的“插入合并域”对话框的“域”列表框中选择“姓名”域,单击“插入”按钮,然后,单击“关闭”按钮,再然后,单击“下一步预览信函”超链接。

(18) 进入邮件合并的第五步,在“预览信函”区域中可查看不同姓名的信函。然后,单击“下一步完成合并”超链接。

(19) 进入邮件合并的第六步,单击“编辑单个信函”超链接,在弹出的“合并到新文档”对话框中的“合并记录”区域,选择“全部”,单击“确定”按钮;单击“文件”选项卡中的“另存为”按钮,在打开的“另存为”对话框中,选择目标文件夹,并在“文件名”文本框中输入“Word

邀请函.docx”，然后，单击“保存”按钮。

(20) 单击快捷工具栏中的“保存”按钮，保存文件名为“Word.docx”。

2. 综合练习 01 套 电子表格题操作提示

(1) 打开目标文件夹中的“Excel.xlsx”，选择“订单明细表”工作表，选择 A2:H636 区域，单击“开始”选项卡“样式”组中的“套用表格格式”按钮，在弹出的下拉样式列表中选择“表样式浅色 10”，在弹出的“套用表格格式”对话框中单击“确定”按钮。

(2) 按住 Ctrl 键，同时单击“单价”列和“小计”列，然后，右击鼠标，在弹出的快捷菜单中选择“设置单元格格式”命令，在弹出的“设置单元格格式”对话框中切换至“数字”选项卡，在“分类”列表框中选择“会计专用”选项，然后，单击“货币符号”的下拉按钮，在其列表框中选择 CNY，单击“确定”按钮。

(3) 在“订单明细表”工作表的 E3 单元格中输入公式=VLOOKUP(D3,编号对照!$A$3:$C$19,2,FALSE)并按 Enter 键以完成 E3 单元格中图书名称的自动填充，然后，拖动 E3 单元格的填充柄，完成公式复制即图书名称的自动填充。

(4) 在“订单明细表”工作表的 F3 单元格中输入公式“=VLOOKUP(D3,编号对照!$A$3:$C$19,3,FALSE)”并按 Enter 键以完成 F3 单元格中图书单价的自动填充，然后，拖动 F3 单元格的填充柄，完成公式复制即图书单价的自动填充。

(5) 在“订单明细表”工作表的 H3 单元格中输入公式“=[@单价]*[@销量(本)]”并按 Enter 键以完成 H3 单元格中小计的自动填充，然后，拖动 H3 单元格的填充柄，完成公式复制即每笔订单销售额的自动填充。

(6) 切换到“统计报告”工作表，在 B3 单元格中输入公式“=SUM(订单明细表!H3:H636)”并按 Enter 键，即完成了“统计报告”工作表中 B3:B6 单元格中图书销售额的自动填充；然后，单击 B4 单元格右侧的“自动更正选项”按钮，从下拉列表中选择“撤销计算列”。

(7) 切换至“订单明细表”工作表，单击“日期”单元格的下拉按钮，从其下拉列表中选择“降序”，然后，再切换至“统计报告”工作表，在 B4 单元格中输入公式“=SUMPRODUCT(1*(订单明细表!E3:E262="《MS Office 高级应用》"),订单明细表!H3:H262)”，并按 Enter 键。

(8) 在“统计报告”工作表的 B5 单元格中输入公式“=SUMPRODUCT(1*(订单明细表!C350:C461="隆华书店"),订单明细表!H350:H461)”，并按 Enter 键。

(9) 在“统计报告”工作表的 B6 单元格中输入公式“=SUMPRODUCT(1*(订单明细表!C263:C636="隆华书店"),订单明细表!H263:H636)/12”，并按 Enter 键；然后，单击 B 列名选择 B 列，单击“开始”选项卡“数字”组中的“启动对话框”按钮，在弹出的“设置单元格格式”对话框中，切换至“数字”选项卡，调整“小数位数”微调按钮，设置值为 2，然后，单击“确定”按钮。

(10) 最后，单击快捷工具栏中的“保存”按钮，以保存“Excel.xlsx”。

3. 综合练习 01 套 演示文稿题操作提示

(1) 打开目标文件夹下的“图书策划方案.docx”文档，大致浏览一下其内容。

(2) 打开 PowerPoint 2010，新建一个空白演示文稿，并删除默认生成的第一张幻灯片，新建一张幻灯片。单击“开始”选项卡“幻灯片”组中的“新建幻灯片”按钮，在弹出的“幻灯片版式”列表框中，选择“节标题”版式；然后，输入标题“Microsoft Office 图书策划案”。

(3) 以相同的方式,新建第二张幻灯片,版式为“比较”;在其“标题”处输入“推荐作者简介”;在其下方左右两个窗格的文本区域的上、下两个部分中分别输入(复制→粘贴)“图书策划方案.docx”文档中“推荐作者简介”对应的二级标题和三级标题的内容。

(4) 以相同的方式,新建第三张幻灯片,版式为“标题和内容”;在标题中输入“Office 2010 的十大优势”,在文本区域中粘贴“Office 2010 的十大优势”的全部二级标题内容。

(5) 以相同的方式,新建第四张幻灯片,版式为“标题和竖排文字”;在标题中输入“新版图书读者定位”,在文本区域中粘贴“新版图书读者定位”的全部二级标题内容。

(6) 以相同的方式,新建第五张幻灯片,版式为“垂直排列标题与文本”;在标题中输入“PowerPoint 2010 创新的功能体验”,在文本区域中粘贴“PowerPoint 2010 创新的功能体验”的全部二级标题内容。

(7) 以相同的方式,新建第六张幻灯片,版式为“仅标题”;在标题中输入“2012 年同类图书销量统计”。

(8) 以相同的方式,新建第七张幻灯片,版式为“标题和内容”;在标题中输入“新版图书创作流程示意”;在文本区域中粘贴“新版图书创作流程示意”的全部二级标题和三级标题的内容并删除所有的项目符号;选择文本中的全部三级标题的内容,右击,从弹出的快捷菜单中执行“项目符号”命令,在弹出的项目符号列表框中选择“3 级项目符号”。

(9) 选择第一张幻灯片,单击“开始”选项卡中“幻灯片”组中的“幻灯片版式”按钮,在弹出的“幻灯片版式”列表框中,选择“标题幻灯片”版式。

(10) 单击“设计”选项卡中“主题”组中的“其他”按钮,在弹出的“主题”列表框中,选择“平衡”主题。

(11) 选择第六张幻灯片,在“插入”选项卡的“表格”组中选择“表格”下拉按钮,在弹出的“插入表格”列表框中,选择“插入表格”,在弹出的“插入表格”对话框中设置行数为 6、列数为 5,然后单击“确定”按钮;列标题分别输入“图书名称”、“出版社”、“作者”、“定价”、“销量”。

(12) 选择第七张幻灯片,在“插入”选项卡的“插图”组中单击 SmarArt 按钮,在弹出的“选择 SmarArt 图形”对话框中,选择“层次结构”类型的“组织结构图”,单击“确定”按钮;调整插入的组织结构图:①删除第二行的形状;②在第二行最右边的形状之后添加二个形状;③在第 2 行第 3 个形状的下方添加二个形状;④ 将幻灯片中包括标题的文字分别剪贴到相应的形状中,并适当调整第一层形状的宽度。

(13) 单击“幻灯片放映”选项卡“开始放映幻灯片”组中的“自定义幻灯片放映”下拉按钮,在弹出的列表框中选择“自定义幻灯片放映”;在弹出的“自定义放映”对话框中单击“新建”按钮,弹出“定义自定义放映”对话框,将左侧“在演示文稿中的幻灯片”列表框中的第一、二、四、七张幻灯片分别添加到右侧“在自定义放映中的幻灯片”列表框中,单击“确定”按钮;在返回的“自定义放映”对话框中单击“编辑”按钮,在“幻灯片放映名称”文本框中输入“放映方案 1”,单击“确定”按钮;最后,单击“关闭”按钮。

(14) 以第(13)步骤相同的方法,自定义第一、二、三、五、六页幻灯片的演示方案,并将该演示方案命名为“放映方案 2”。

(15) 单击“文件”选项卡中的“保存”按钮,在弹出的“另存为”对话框中选择 01 目标文件夹,在“文件名”文本框中输入“PowerPoint.pptx”,最后,单击“保存”按钮。

4. 综合练习02套　字处理题操作提示

(1) 打开目标文件夹下的Word.docx。

(2) 单击"页面布局"选项卡"页面设置"组的"对话框启动器"按钮。弹出"页面设置"对话框,切换至"纸张"选项卡,设置高度为35厘米、宽度27厘米,单击"确定"按钮。

(3) 单击"页面布局"选项卡"页面设置"组中的"对话框启动器"按钮。弹出"页面设置"对话框,切换至"页边距"选项卡,将"页边距"组中"上"、"下"微调框中均设置为"5厘米",将"左"、"右"微调框中均设置为"3厘米",单击"确定"按钮。

(4) 单击"页面布局"选项卡"页面背景"组中的"页面颜色"下拉按钮,从弹出下拉列表中选择"填充效果",弹出"填充效果"对话框,切换至"图片"选项卡,单击"选择图片"按钮,弹出"选择图片"对话框,从目标文件中选择"Word-海报背景图片.jpg"。设置完毕后单击"确定"按钮。

(5) 参考"Word-海报参考样式.docx"文件,选中""领慧讲堂"就业讲座",单击"开始"选项卡"字体"组中的"字体"下拉按钮,从字体列表中选择"微软雅黑",单击"字号"下拉按钮,从字号列表中选择48,单击"字体颜色"下拉按钮,从弹出的颜色列表中选择"红色",然后,单击"段落"组的"居中"按钮。

(6) 按同样方式设置正文部分的字体为"黑体"、字号为28号,字体颜色分别为"深蓝"和"白色,背景1"。"欢迎大家踊跃参加!"设置为"华文行楷"、48号,"白色,背景1"。

(7) 选中"报告题目"、"报告人"、"报告日期"、"报告时间"、"报告地点"信息所在的段落,单击"开始"选项卡"段落"组中的"对话框启动器"按钮,弹出"段落"对话框,切换至"缩进和间距"选项卡,在"间距"组中单击"行距"下拉按钮,从列表框中选择"1.5倍行距";将"段前"和"段后"微调框均置为"1行";在"缩进"组中,单击"特殊格式"下拉按钮,从列表框中选择"首行缩进",并设置"磅值"下拉列表框为"3字符"。

(8) 选中"欢迎大家踊跃参加!",单击"开始"选项卡"段落"组中的"居中"按钮;选中"主办:校学工处",单击"开始"选项卡"段落"组中的"文本右对齐"按钮。

(9) 在"报告人:"位置后面输入报告人"赵蕈"。

(10) 将鼠标定位于"主办:校学工处"行的最后面,单击"页面布局"选项卡"页面设置"组中的"分隔符"下拉按钮,选择"分节符"组的"下一页"。

(11) 选择第二页,单击"页面布局"选项卡"页面设置"组中的"对话框启动器"按钮,弹出"页面设置"对话框。切换至"纸张"选项卡,在"纸张大小"列表框中选择A4,然后,切换至"页边距"选项卡,选择"纸张方向"组中的"横向"选项;单击"确定"按钮。

(12) 单击"页面设置"选项卡"页面设置"组中的"页边距"下拉按钮,在弹出的列表框中选择"普通"选项。

(13) 打开"Word-活动日程安排.xlsx",选中表格中的所有内容,按Ctrl+C组合键,复制所选内容;切换到Word.docx文件,在"日程安排:"后按Enter键另起一行,单击"开始"选项卡"剪贴板"组中的"粘贴"下拉按钮,弹出"粘贴选项"列表框,选择"选择性粘贴",弹出"选择性粘贴"对话框,从中执行"粘贴链接"命令,在"形式"下拉列表框中选择"Microsoft Excel工作表对象",单击"确定"按钮。

(14) 将光标置于"报名流程"字样后,按Enter键另起一行。单击"插入"选项卡"插图"组中的SmartArt按钮,弹出"选择SmartArt图像"对话框,选择"流程"中的"基本流程"命令,单击“确定”按钮,在“SmartArt——设计”选项卡的“SmartArt 样式”组中选择“中等效果”样式;单击“SmartArt——设计”选项卡的“创建图形”组中的“添加形状”下拉按钮,在弹出的下拉列表中选择“在后面添加形状”,即在原有图形之后增加第 4 个匹配图形;在“基本流程”的 4 个文本框中输入相应的流程名称;单击“SmartArt——设计”选项卡的“SmartArt 样式”组中的“更改颜色”下拉按钮,在弹出的列表框中选择“彩色-强调文字颜色”;在“SmartArt 样式”组中选择“强烈效果”,即可完成报名流程的设置。

(15) 选中最后一段中的“赵”字,单击“插入”选项卡“文本”组中的“首字下沉”下拉按钮,在弹出的下拉列表中选择“首字下沉选项”,弹出“首字下沉”对话框,在“位置”组中选择“下沉”,单击“选项”组中的“字体”下拉列表框,选择“+中文正文”选项,并将“下沉行数”微调至 3。

(16) 选择最后一段文字,单击“开始”选项卡“字体”组中的“字体颜色”下拉按钮,从弹出的颜色列表中选择“白色,背景 1”。

(17) 选中图片,在“图片工具——格式”选项卡下,单击“调整”组中的“更改图片”按钮,弹出“插入图片”对话框,选择目标文件夹中的 Pic 2.jpg,单击“插入”按钮,更改,拖动图片到恰当位置。

(18) 单击“保存”按钮保存本次编辑的文档为 Word.docx 文件。

5. 综合练习 02 套　电子表格题操作提示

(1) 打开目标文件夹下的“学生成绩单.xlsx”,选择“学号”列,右击鼠标,在弹出的快捷菜单中选择“设置单元格格式”命令,弹出“设置单元格格式”对话框;切换至“数字”选项卡,在“分类”列表框中选择“文本”,单击“确定”按钮。

(2) 选中所有成绩列(D~J 列)右击,在弹出的快捷菜单中选择“设置单元格格式”命令,弹出“设置单元格格式”对话框,切换至“数字”选项卡,在“分类”列表框中选择“数值”,在“小数位数”微调框中设置小数位数为 2,单击“确定”按钮。

(3) 选中 A1:L19 单元格,单击“开始”选项卡“单元格”组中的“格式”下拉按钮,弹出的下拉列表中选择“行高”,弹出“行高”对话框,设置行高为 18,单击“确定”按钮。再次单击“开始”选项卡“单元格”组中的“格式”下拉按钮,弹出的下拉列表中选择“列宽”,弹出“列宽”对话框,设置列宽为 10,单击“确定”按钮。

(4) 单击“开始”选项卡“字体”组中的“对话框启动器”按钮,弹出“设置单元格格式”对话框,切换至“字体”选项卡,在“字体”下拉列表框中选择字体为“楷体”,在“字号”下拉列表中设置字号为 12;切换至“对齐”选项卡,在“文本对齐方式”组中设置“水平对齐”与“垂直对齐”均为“居中”;切换至“边框”选项卡,在“预置”组中选择“外边框”和“内部”两个选项;切换至“填充”选项卡,在“背景色”组中选择“浅蓝”色;最后,单击“确定”按钮。

(5) 选择 A1:L1 区域,单击“开始”选项卡“字体”组中的“加粗”按钮。

(6) 选择 D2:F19 区域,单击“开始”选项卡“样式”组中的“条件格式”下拉按钮,在弹出的列表框中选择“突出显示单元格规则”下的“其他规则”,弹出“新建格式规则”对话框,在“编辑规则说明”选项下设置“单元格值大于或等于 110”,再单击“格式”按钮,弹出“设置单元格格式”对话框,切换至“填充”选项卡,选择“红色”,单击“确定”按钮;选中 G2:J19 区域,按照上述同样方法,把单元格值大于 95 的字体颜色设置为红色。

(7) 在 K2 单元格中输入“=SUM(D2:J2)”并按 Enter 键,拖动 K2 右下角的填充柄直至 K19 单元格，完成总分的填充；在 L2 单元格中输入"＝AVERAGE(D2:J2)"并按 Enter 键，拖动 L2 右下角的填充柄直至 L19 单元格，完成平均分的填充。

(8) 在 C2 单元格中输入"＝LOOKUP(MID(A2,3,2),{"01","02","03"},{"1 班","2 班","3 班"})"并按 Enter 键，C2 单元格值为"3 班"，拖动 C2 右下角的填充柄直至 C19 单元格，完成班级的填充。

(9) 右击"第一学期期末成绩"工作表表名，在弹出的快捷菜单中选择"移动或复制"命令，弹出"移动或复制工作表"对话框，在"下列选定工作表之前"列表框中选择 Sheet2，选中"建立副本"复选框后，单击"确定"按钮，在"第一学期期末成绩"工作表之后，建立了其副本"第一学期期末成绩(2)"；双击"第一学期期末成绩(2)"工作表名，呈可编辑状态，重新命名为"第一学期期末成绩分类汇总"；右击"第一学期期末成绩分类汇总"工作表表名，在弹出的快捷菜单中选择"工作表标签颜色"的级联菜单中选择"红色"。

(10) 选中 C2:C19 区域，单击"数据"选项卡"排序和筛选"组中的"升序"按钮，弹出"排序提醒"对话框，选中"扩展选定区域"单选按钮，单击"排序"按钮；选中 D20 单元格，单击"数据"选项卡"分级显示"组中的"分类汇总"按钮，弹出"分类汇总"对话框，单击"分类字段"的下拉按钮，选择"班级"选项，单击"汇总方式"的下拉按钮，选择"平均值"选项，在"选定汇总项"列表框中选中"语文"、"数学"、"英语"、"生物"、"地理"、"历史"、"政治"复选框。最后，选中"每组数据分页"复选框，单击"确定"按钮。

(11) 以多个不连续区域选择的方式，选中 D8:J8、D15:J15、D22:J22 三个班各科平均成绩所在的单元格，单击"插入"选项卡"图表"组中的"柱形图"按钮，在弹出的下拉列表中选择"簇状柱形图"；右击图表区，在弹出的快捷菜单中执行"选择数据"命令，弹出"选择数据源"对话框，选中"图例项"组中的"系列 1"，单击其上行中的"编辑"按钮，弹出"编辑数据系列"对话框，在"系列名称"文本框中输入"1 班"，然后单击"确定"按钮；以同样方法将"系列 2"、"系列 3"改为"2 班"、"3 班"；在"选择数据源"对话框中，选中"水平(分类)轴标签"下的 1，单击其"编辑"按钮，弹出"轴标签"对话框，在"轴标签区域"文本框中输入"语文，数学，英语，生物，地理，历史，政治"，单击"确定"按钮。

(12) 剪切该图表粘贴到 Sheet2 工作表中，把 Sheet2 工作表重命名为"柱状分析图"。

6. 综合练习 02 套　演示文稿题操作提示

(1) 首先启动 Microsoft PowerPoint 2010，新建一个空白文档；单击"开始"选项卡"幻灯片"组中的"新建幻灯片"下拉按钮，在弹出下拉列表中选择"标题幻灯片"，新建的第一张幻灯片；选中第一张"标题"幻灯片，在"单击此处添加标题"占位符中输入标题名"水资源利用与节水"；单击"开始"选项卡"字体"组中的"字体"下拉按钮，从其下拉列表中选择"华文琥珀"，在"字号"下拉列表中选择 60，在"字体颜色"下拉列表中选择"深蓝"；在"单击此处添加副标题"占位符中输入副标题名"北京节水展馆××××年××月××日"，用同样的方式设置副标题的字体为"黑体"，字号为 40。

(2) 单击"开始"选项卡"幻灯片"组中的"新建幻灯片"下拉按钮，在弹出下拉列表中选择"标题和内容"版式新建第二张幻灯片；用同样的方式新建其他 3 张幻灯片，其版式分别为"标题和内容"、"内容与标题"、"标题和内容"。

(3) 单击"设计"选项卡"主题"组中的"其他"下三角按钮，在弹出的下拉列表中选择"展销会"主题样式。

(4) 打开目标文件夹中“水资源利用与节水(素材).docx”文档,将文档中“一、水的知识”及其二级标题分别复制到第二张幻灯片的“单击此处添加标题”和“单击此处添加文本”占位符中;用相同的方法,将素材文档中的“二、水的应用”和“三、节水工作”及其二级标题,分别复制到第三、四张幻灯片的“单击此处添加标题”和“单击此处添加文本”占位符中。

(5) 选中第三张幻灯片,单击文本区域的“插入来自文件的图片”按钮,弹出“插入图片”对话框,选择目标文件夹中的“节水标志.jpg”图片,单击“插入”按钮;选中第五张幻灯片,按照同样的方式插入图片“节约用水.jpg”。

(6) 选择第二张幻灯片中的标题“一、水的知识”,单击“插入”选项卡“链接”组中的“超链接”按钮,弹出“插入超链接”对话框,单击“链接到”组中的“本文档中的位置”按钮,在“请选择文档中的位置”列表框中选择“下一张幻灯片”选项,单击“确定”按钮;用同样的方式设置第四张幻灯片的标题的超链接,由此链接到第五张幻灯片。

(7) 选择第二张幻灯片的文本区域的文字,单击“动画”选项卡“动画”组中的“其他”按钮,在弹出的列表中选择“进入”组中的“翻转式由远及近”;用同样的方式分别为第三、四张幻灯片文本区域的文字设置动画效果为“飞入”和“轮子”,第三张幻灯片中的图片设置动画效果为“旋转”,为第五张幻灯片中的图片设置动画效果为“缩放”。

(8) 选中第四张幻灯片,单击“切换”选项卡“切换到此幻灯片”组中的“其他”下三角按钮,在弹出的下拉列表“华丽型”组中选择“棋盘”;用同样的方式为第五张幻灯片设置“百叶窗”切换效果。

(9) 选中第一张幻灯片,单击“插入”选项卡“媒体”组中的“音频”按钮,弹出“插入音频”对话框,选择目标文件夹中的素材音频“清晨.mp3”,单击“插入”按钮;单击“音频工具——播放”选项卡“音频选项”组中的“开始”的右侧下拉按钮,在弹出的列表中选择“跨幻灯片播放”,并选中“放映时隐藏”复选框。

(10) 单击“文件”选项卡的“另存为”按钮,将制作完成的演示文稿以“水资源利用与节水.pptx”为文件名保存到目标文件夹中。

7. 综合练习 03 套 字处理题操作提示

(1) 打开目标文件夹下的素材文档 Word.docx,单击“页面布局”选项卡“页面设置”组中的“对话框启动器”按钮,弹出“页面设置”对话框,切换至“页边距”选项卡,设置“页边距”组中的“上”、“下”、“左”、“右”微调框均为 2.7 厘米,单击“装订线位置”下拉按钮,从弹出的列表框中选择“左”,单击“确定”按钮。

(2) 单击“页面布局”选项卡“页面背景”组中的“水印”按钮,从弹出的列表中选择“自定义水印”命令,弹出“水印”对话框,选择“文字水印”单选按钮,在“文字”文本框中输入“中国互联网信息中心”,选择“版式”组中的“斜式”单选按钮,单击“确定”按钮。

(3) 选择第一段文字“中国网民规模达 5.64 亿”,单击“开始”选项卡“样式”组中的“标题”按钮;选中第二段文字“互联网普及率为 42.1%”,单击“开始”选项卡“样式”组中的“副标题”按钮。

(4) 按 Ctrl+A 组合键选中全文,单击“开始”选项卡“段落”组中的“对话框启动器”按钮,弹出“段落”对话框。切换至“缩进和间距”选项卡,在“间距”组下设置“段前”和“段后”均为“0.5 行”,设置“行距”为“1.5 倍行距”,单击“确定”按钮。

(5) 单击“开始”选项卡“样式”组中的“更改样式”下拉按钮,在弹出的下拉列表中选择

“样式集”的级联菜单中的“独特”。

(6) 将光标定位到文档第一段文字的最前面，单击“插入”选项卡“文本”组中的“文本框”下拉按钮，从弹出的下拉列表中选择“边线型提要栏”，选中文档中第三段文字，剪切并粘贴到该文本框内；选中文本框内的文字，单击“开始”选项卡“字体”组中的“对话框启动器”按钮，弹出“字体”对话框，设置“中文字体”为“黑体”，“字号”为“小四”，“字形”为“倾斜”，单击“字体颜色”下拉按钮，从弹出的下拉列表中选择“红色”，单击“确定”按钮。

(7) 将光标定位到上面所插入文本框中文本的最前面，单击“插入”选项卡“文本”组中的“文档部件”按钮，从弹出的下拉列表中选择“域”，弹出“域”对话框，将“类别”选择为“文档信息”，在“新名称”文本框中输入“新闻提要：”，单击“确定”按钮。

(8) 选择第四至第六段文字(即三段正文)，单击“开始”选项卡“段落”组中的“对话框启动器”按钮，弹出“段落”对话框，切换至“缩进和间距”选项卡，设置“特殊格式”为“首行缩进”，“磅值”为“2 字符”，单击“确定”按钮。

(9) 首先选择第四段中的“《报告》显示”，再按住 Ctrl 键不放，同时选择第五、六段中的“《报告》显示”和“《报告》表示”文字，单击“开始”选项卡“字体”组中的“加粗”和“倾斜”按钮；单击“下划线”下拉按钮，从弹出的下拉列表中执行“双下划线”命令；单击“字体颜色”下拉按钮，从弹出的下拉列表中选择“红色”。

(10) 选择文档中“附：统计数据”下面的 9 行文字内容，单击“插入”选项卡“表格”组中的“表格”下拉按钮，从弹出的下拉列表中选择“文本转换成表格”，弹出“将文字转换成表格”对话框，单击“确定”按钮；选中整个表格，单击“表格工具——设计”选项卡“表格样式”组中的“浅色列表-强调文字颜色 2”。

(11) 将光标定位到文档中“附：统计数据”之前，单击“插入”选项卡“插图”组中的“图表”按钮，弹出“插入图表”对话框，选择“柱形图”中的“簇状柱形图”，单击“确定”按钮。将 Word 中的表格数据复制粘贴到 Excel 中，再删除 Excel 中的 C 列和 D 列，关闭 Excel 文件。

(12) 单击 Word 左上角“快速访问工具栏”中的“保存”按钮，保存文档 Word. docx。

8. 综合练习 03 套 电子表格题操作提示

(1) 在目标文件夹下打开 Excel. xlsx 工作簿，选择“一季度销售情况表”工作表的 D2 单元格，输入“=产品基本信息表!C2 * C2”，并按 Enter 键；选择 D2 单元格填充柄，拖曳到 D21 单元格；切换到“二季度销售情况表”工作表，选择 D2 单元格，输入“=产品基本信息表!C2 * C2”，并按 Enter 键；选择 D2 单元格的填充柄，拖曳到 D21 单元格。

(2) 切换到“一季度销售情况表”工作表，选择 D2:D21 单元格区域，单击“开始”选项卡“数字”组中的“对话框启动器”按钮，弹出“设置单元格格式”对话框，切换到“数字”选项卡，选择“分类”列表框中的“数值”，在“小数位数”微调框中输入“0”，单击“确定”按钮；用相同的方法设置“二季度销售情况表”工作表中 D2:D21 单元格区域为数值型、保留小数点后 0 位。

(3) 切换到“产品销售汇总图表”工作表，选择 C2 单元格，输入“=一季度销售情况表!C2+'二季度销售情况表'!C2”并按 Enter 键，拖曳 C2 单元格的填充柄至 C21 单元格；在“产品销售汇总图表”工作表中选择 D2 单元格，输入“=一季度销售情况表!D2+'二季度销售情况表'!D2”并按 Enter 键，拖曳 D2 单元格的填充柄至 D21 单元格；在“产品销售汇总图表”工作表中，选择 C2:D21 单元格区域，单击“开始”选项卡“数字”组中的“对话框启动器”按钮，弹出“设置单元格格式”对话框，切换至“数字”选项卡，在“分类”列表框中选择“数值”，在“小数位数”微调框中输入“0”，单击“确定”按钮。

(4) 选择“产品销售汇总图表”工作的 E2 单元格，输入“=RANK(D2，$D$2：$D$21,0)”，并按 Enter 键，拖曳 E2 单元格填充柄至 E21 单元格。

(5) 选择“产品销售汇总图表”工作表，单击“插入”选项卡“表格”组中的“数据透视表”按钮，从弹出的下拉列表中选择“数据透视表”，弹出“创建数据透视表”对话框，设置“表/区域”为“产品销售汇总图表！$A$1：$E$21”，在“选择放置数据透视表的位置”组中选择“现有工作表”、“位置”为“产品销售汇总图表！$G$1”，单击“确定”按钮；在“数据透视字段列表”任务窗格中拖曳“产品型号”到“行标签”，拖曳“产品类别代码”到“列标签”，拖曳“一二季度销售总额”到数值。

(6) 单击“快速访问工具栏”中的“保存”按钮，保存文件 Excel. xlsx。

9. 综合练习 03 套 演示文稿题操作提示

(1) 打开目标文件夹下的演示文稿 yswg. pptx，选择“开始”选项卡“幻灯片”组中的“版式”下拉按钮，在弹出的下拉列表中选择“标题幻灯片”；单击“开始”选项卡“幻灯片”组中的“新建幻灯片”下拉按钮，在弹出的下拉列表中选择“仅标题”；用同样方法新建第三到第六张幻灯片为“两栏内容”版式，第七张为“空白”版式。

(2) 单击“设计”选项卡“背景”组中的“背景样式”下拉按钮，在弹出的下拉列表中选择“设置背景格式”，弹出“设置背景格式”对话框，选择“填充”选项卡，选中“渐变填充”单选按钮，单击“预设颜色”下拉按钮，在弹出的下拉列表框中选择“碧海蓝天”，单击“全部应用”按钮后，单击“关闭”按钮。

(3) 选中第一张幻灯片，单击“单击此处添加标题”标题占位符，输入“计算机发展简史”；单击“单击此处添加副标题”标题占位符，输入“计算机发展的四个阶段”。

(4) 选中第二张幻灯片，单击“单击此处添加标题”标题占位符，输入“计算机发展的四个阶段”，并单击“插入”选项卡“插图”组中的“SmartArt”按钮，弹出“选择 SmartArt 图形”对话框，选择“流程”组中的“基本流程”，单击“确定”按钮，然后，选中其第三个文本框，单击“SmartArt 工具——设计”选项卡“创建图形”组中的“添加形状”下拉按钮，从弹出的下拉列表中选择“在后面添加形状”；在以上 4 个文本框中依次输入“第一代计算机”、“第二代计算机”、“第三代计算机”、“第四代计算机”；选中插入的 SmartArt 图形，单击“SmartArt 工具——设计”选项卡“SmartArt 样式”组中的“更改颜色”下拉按钮，从弹出下拉列表框中选择“彩色-强调文字颜色”；选中 SmartArt 图形，单击“开始”选项卡“字体”组中的“对话框启动器”按钮，弹出“字体”对话框，设置“中文字体”为“黑体”，“大小”为 20，单击“确定”按钮。

(5) 打开“ppt-素材. docx”文档，选中第三张幻灯片，单击“单击此处添加标题”标题占位符，输入“第一代计算机：电子管数字计算机(1946—1958 年)”，选择素材文档的第一段的二级文字内容，复制粘贴到该幻灯片的左侧内容占位符区，选中左侧内容区的文字，单击“开始”选项卡“段落”组中“项目符号”按钮，在弹出的下拉列表中选择“带填充效果的大方形项目符号”；在右侧的内容占位符中，单击“插入来自文件的图片”按钮，在弹出的“插入图片”对话框中，从目标文件夹下选择“第一代计算机. jpg”，单击“插入”按钮；按照同样方法，在第四、五、六张幻灯片中的标题占位符中分别粘贴素材文档中各段的标题、左侧内容占位符中分别粘贴各段的文字介绍且设置项目符号，右侧内容占位符中分别插入目标文件夹下相应的图片，第六张幻灯片分上下插入“第四代计算机-1. jpg”、“第四代计算机-2. jpg”两张图片。

(6) 选中第七张幻灯片,单击"插入"选项卡"文本"组中的"艺术字"按钮,从弹出的下拉列表中选择"填充-无,强调文字颜色 2"样式,输入文字"谢谢!"。

(7) 选中第一张幻灯片的副标题,单击"动画"选项卡"动画"组中的"飞入",再单击"效果选项"下拉按钮,从弹出的下拉列表中选择"自底部";按同样的方法为第三到第六张幻灯片的图片设置动画效果。

(8) 选中第二张幻灯片的"SmartArt 图形"中的第一个文本框,单击"插入"选项卡"链接"组中的"超链接"按钮,弹出"插入超链接"对话框,在"链接到:"区域单击"本文档中的位置"按钮,在"请选择文档中的位置"列表中单击"第三张幻灯片",然后单击"确定"按钮;用同样方法将其余 3 个文本框超链接到相应内容的幻灯片。

(9) 单击"切换"选项卡"切换到此幻灯片"组中的"其他"按钮,从弹出的列表框中选择"百叶窗",单击"效果选项"下拉按钮,从弹出的下拉列表中选择"垂直",然后,单击"计时"组中的"全部应用"按钮。

(10) 单击"快速访问工具栏"中的"保存"按钮,保存演示文稿。

附录

全国计算机等级考试二级 MS Office 高级应用考试大纲(2013 年版)

基本要求

1. 掌握计算机基础知识及计算机系统组成。
2. 了解信息安全的基本知识,掌握计算机病毒及防治的基本概念。
3. 掌握多媒体技术基本概念和基本应用。
4. 了解计算机网络的基本概念和基本原理,掌握因特网网络服务和应用。
5. 正确采集信息并能在文字处理软件 Word、电子表格软件 Excel、演示文稿制作软件 PowerPoint 中熟练应用。
6. 掌握 Word 的操作技能,并熟练应用编制文档。
7. 掌握 Excel 的操作技能,并熟练应用进行数据计算及分析。
8. 掌握 PowerPoint 的操作技能,并熟练应用制作演示文稿。

考试内容

一、计算机基础知识

1. 计算机的发展、类型及其应用领域。
2. 计算机软硬件系统的组成及主要技术指标。
3. 计算机中数据的表示与存储。
4. 多媒体技术的概念与应用。
5. 计算机病毒的特征、分类与防治。
6. 计算机网络的概念、组成和分类;计算机与网络信息安全的概念和防控。
7. 因特网网络服务的概念、原理和应用。

二、Word 的功能和使用

1. Microsoft Office 应用界面使用和功能设置。
2. Word 的基本功能,文档的创建、编辑、保存、打印和保护等基本操作。
3. 设置字体和段落格式、应用文档样式和主题、调整页面布局等排版操作。
4. 文档中表格的制作与编辑。
5. 文档中图形、图像(片)对象的编辑和处理,文本框和文档部件的使用,符号与数学公式的输入与编辑。

6. 文档的分栏、分页和分节操作,文档页眉、页脚的设置,文档内容引用操作。

7. 文档审阅和修订。

8. 利用邮件合并功能批量制作和处理文档。

9. 多窗口和多文档的编辑,文档视图的使用。

10. 分析图文素材,并根据需求提取相关信息引用到 Word 文档中。

三、Excel 的功能和使用

1. Excel 的基本功能,工作簿和工作表的基本操作,工作视图的控制。

2. 工作表数据的输入、编辑和修改。

3. 单元格格式化操作、数据格式的设置。

4. 工作簿和工作表的保护、共享及修订。

5. 单元格的引用、公式和函数的使用。

6. 多个工作表的联动操作。

7. 迷你图和图表的创建、编辑与修饰。

8. 数据的排序、筛选、分类汇总、分组显示和合并计算。

9. 数据透视表和数据透视图的使用。

10. 数据模拟分析和运算。

11. 宏功能的简单使用。

12. 获取外部数据并分析处理。

13. 分析数据素材,并根据需求提取相关信息引用到 Excel 文档中。

四、PowerPoint 的功能和使用

1. PowerPoint 的基本功能和基本操作,演示文稿的视图模式和使用。

2. 演示文稿中幻灯片的主题设置、背景设置、母版制作和使用。

3. 幻灯片中文本、图形、SmartArt、图像(片)、图表、音频、视频、艺术字等对象的编辑和应用。

4. 幻灯片中对象动画、幻灯片切换效果、链接操作等交互设置。

5. 幻灯片放映设置,演示文稿的打包和输出。

6. 分析图文素材,并根据需求提取相关信息引用到 PowerPoint 文档中。

考试方式

上机考试,考试时长 120 分钟,满分 100 分。

1. 题型及分值

单项选择题 20 分(含公共基础知识部分 10 分)

操作题 80 分(包括 Word、Excel 及 PowerPoint)

2. 考试环境

Windows 7

Microsoft Office 2010